机电专业应用型人才培养特色教材

可编程序控制器应用实训

张宝生　编著

机械工业出版社

本书以西门子 S7-200 系列 PLC 为例，全面介绍了可编程序控制器的软、硬件系统和编程方法。全书共 9 章，第 1 章简要介绍了 PLC 基本知识；第 2 章以典型控制实例详细介绍了位逻辑、计数器、定时器等基本指令和编程软件 STEP7-Micro/Win32 的使用方法；第 3、4 章全面介绍了 PLC 硬件和指令系统；第 5 章用大量的控制实例详尽介绍了顺序控制功能图的概念和编程方法；第 6、7 章用多个实例详细阐述了 PLC 控制系统的设计方法；第 8 章简要介绍了 PLC 网络通信知识；第 9 章用多个实例介绍了 MCGS 工控组态软件的使用方法。附录中给出了实验指导书和各章部分习题的参考答案。

　　本书实用性较强，可作为大中专院校、高职高专院校机电一体化、机械工程及自动化、电气自动化专业的教材，也可供广大工程技术人员参考。

图书在版编目（CIP）数据

可编程序控制器应用实训/张宝生编著 . —北京：机械工业出版社，2012. 8
（2019. 1 重印）
机电专业应用型人才培养特色教材

ISBN 978-7-111-39389-4

Ⅰ.①可…　Ⅱ.①张…　Ⅲ.①可编程序控制器—高等学校—教材
Ⅳ.①TP332. 3

中国版本图书馆 CIP 数据核字（2012）第 185436 号

机械工业出版社（北京市百万庄大街22 号　邮政编码 100037）
策划编辑：吕德齐　责任编辑：吕德齐
版式设计：霍永明　责任校对：陈　越
封面设计：赵颖喆　责任印制：张　博
三河市宏达印刷有限公司印刷
2019 年 1 月第 1 版第 2 次印刷
184mm×260mm · 15 印张 · 365 千字
3001—4000 册
标准书号：ISBN 978-7-111-39389-4
定价：45. 00 元

　　　　　　　　　　　　　　　　策划编辑（010）88379772
电话服务　　　　　　　　　　　网络服务
社 服 务 中 心：(010)88361066　　教材网：http://www.cmpedu.com
销 售 一 部：(010)68326294　　机工官网：http://www.cmpbook.com
销 售 二 部：(010)88379649　　机工官博：http://weibo.com/cmp1952
读者购书热线：(010)88379203　　**封面无防伪标均为盗版**

序

　　为了适应我国制造业迅速发展的需要，需要培养大批素质高、工程能力与实践能力强的应用综合型人才，这需要在本科教学中改变以往重视工程科学，轻视工程实践训练；注重理论知识的传授，轻视创新精神的培养；注重教材的系统性和完整性，缺乏工程应用背景等现象。本套教材的编著者结合近年来在机电测控类课程群建设以及 CDIO 教学改革方面的经验积累，组织主要专业课程授课教师在总结多年教学的基础上，本着"重基本理论、基本概念，突出实践能力和工程应用"的原则，进行了本套教材的编写工作，力求建设一套富有特色、有利于应用型人才培养的机电测控类本科教材，以满足工程应用型人才培养的要求。本套教材突出以下特点：

　　(1) 科学定位。本套教材主要面向工程应用的、具有较好理论素养与实际结合能力的、动手和实践能力强的、综合型、复合型人才的培养，不同于培养研究型人才的教材，也不同于一般应用型本科的教材。

　　(2) 简化理论知识的讲授，突出教学内容的实用性，强调对学生实践能力和技术应用能力的培养。

　　(3) 采用循序渐进、由浅入深的编写模式，强调实践和实践属性，精练理论，突出实用技能，内容体系更加合理；

　　(4) 注重现实社会发展和就业需求，以培养工程综合能力为目标，强化应用，有针对性地培养学生的实践能力；

　　(5) 教材内容的设置有利于扩展学生的思维空间和学生的自主学习；着力于培养和提高学生的综合素质，使学生具有较强的创新能力，促进学生的个性发展。

　　本套教材由俞建荣、曹建树组织策划并主持编写。

　　本套教材得到北京市高等学校人才强教深化计划资助项目（PHR200907221）暨北京市机电测控技术基础课程群优秀教学团队的资助。

俞建荣　　曹建树

前 言

可编程序控制器（PLC）具有功能强、可靠性高、使用灵活方便、易于编程及适应于工业环境下应用等一系列优点，近年来在工业自动化、机电一体化、传统产业技术等方面应用得越来越广，成为现代工业控制三大支柱之一。本书以现在流行的西门子 S7-200 系列小型 PLC 为例，所有内容都立足于实际应用和教学，并融入编者的经验和成果，编写时力求做到循序渐进、重点突出、讲述清晰。全书共 9 章，第 1 章主要阐述了PLC 的基本知识，以最常见的电梯控制实例简要介绍了 PLC 的工作原理、编程语言，并对 PLC 发展过程、主要特点进行了介绍；第 2 章以三个工业中最常见的控制实例讲述了PLC 控制系统的软、硬件设计方法，详细介绍了位逻辑、计数器、定时器等基本指令和编程软件 STEP7-Micro/Win32 的使用方法；第 3 章全面介绍了 PLC 硬件模块和提供给用户的编程资源；第 4 章用实例详细介绍了 S7-200 的梯形图指令系统；第 5 章用大量的控制实例详尽介绍了顺序功能图的概念、编制方法和转化为梯形图的编程方法；第 6 章介绍了 PLC 控制系统的总体设计方法、步骤和应遵循的原则；第 7 章用机床电气控制、高压焊接舱的液压控制、步进电动机控制等多个实例深入介绍了 PLC 控制系统的设计方法；第 8 章简要介绍了 PLC 网络通信知识；第 9 章用多个实例介绍了 MCGS 工控组态软件的使用方法。附录中给出了实验指导书和各章部分习题的参考答案，提供了 S7-200 PLC 的速查参考资料。本书主要由北京石油化工学院张宝生编写，参加编写的还有黄松涛、袁浩然、王平、李青松、何冰等，俞建荣教授担任本书的审核，他在百忙之中认真审阅了全书并提出了宝贵的意见。

本书部分章节的编写参考了有关资料，在此对参考文献的作者表示衷心的感谢。在本书的编写过程中，北京昆仑通态自动化软件科技有限公司、西门子（中国）有限公司给予了热情的帮助，并提供了大量的文献资料，在此表示衷心的感谢！由于本书编者水平有限，虽多次修改，但书中难免有错误和不足之处，敬请读者批评指正。

编 者

目 录

第1章 认识可编程序控制器

1.1 可编程序控制器简介

可编程序控制器（Programmable Logic Controller，PLC）是一种数字运算操作的电子系统，专为工业环境而设计。它采用可编程序的存储器在其内部存储、执行逻辑运算、顺序控制、定时、计数和算术运算等操作指令，并通过数字式或模拟式的输入和输出，控制各种类型机械的生产过程。可编程序控制器及其有关设备，都应按易于使工业系统形成一个整体，易于扩充其功能的原则设计。

PLC 的生产厂家众多，目前世界上有 200 多个厂家生产可编程序控制器，比较著名的厂家有美国的 AB、GE，日本的三菱、欧姆龙、富士电机、松下电工，德国的西门子，法国的施耐德，我国台湾的台达等；比较有代表性的产品有日本欧姆龙公司的 C 系列，三菱公司的 F 系列，美国 AB 公司的 PLC-5 系列，德国西门子公司的 S5 系列和 S7 系列等。

德国西门子（Siemens）公司的 S7 系列可编程序控制器包括 S7-200 系列、S7-300 系列和 S7-400 系列，其功能强大，分别应用于小型、中型和大型自动化系统。S7-200 系列小型 PLC，将 CPU、电源、I/O 集成为一体，控制功能丰富、通信能力强、使用简单方便、易于掌握，具有极高的性价比，广泛应用于各个行业。本书以 S7-200 系列为主要对象进行讲解，同时介绍了 S7-300 系列的硬件模块和基本指令，图 1-1 分别为这两个系列产品的外观结构图。

PLC 之所以能在工业生产和民用控制领域得到广泛应用，是基于 PLC 所具有的独特优点。

1. 抗干扰能力强，可靠性高

工业生产对电气控制设备的可靠性的要求是非常高的，应具有很强的抗干扰能力，能在很恶劣的环境下（如温度高、湿度大、金属粉尘多、距离高压设备近、有较强的高频电磁干扰等）长期连续可靠地工作，平均无故障时间长，故障修复时间短。PLC 是专为工业环境设计的设备，在电子线路、机械结构以及软件结构上吸取了生产厂家长期积累的生产控制经验，主要模块均采用大规模与超大规模集成电路；I/O 系统设计有完善的通道保护与信号调理电路；在结构上对耐热、防潮、防尘、抗震等都有周到的考虑；在硬件上采用隔离、屏蔽、滤波、接地等抗干扰措施；在软件上采用数字滤波等抗干扰和故障诊断措施等，所有这些都使 PLC 具有较高的抗干扰能力。PLC 的平均无故障时间通常在几万小时甚至几十万小时以上，这是其他电气控制设备根本做不到的。另外，PLC 特有的循环扫描的工作方式，有效地屏蔽了绝大多数的干扰信号。通过这些有效的措施，保证了可编程序控制器的高可靠性。

2. 编程方便

PLC 是面向工业企业中一般电气工程技术人员而设计的，它采用易于理解和掌握的梯形

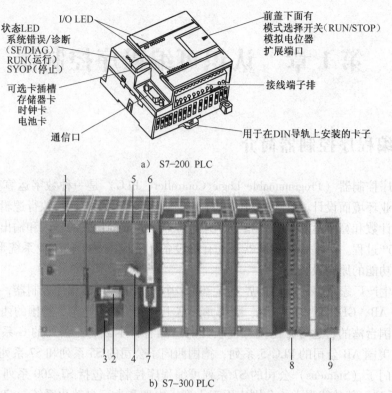

状态LED
系统错误/诊断
（SF/DIAG）
RUN（运行）
SYOP（停止）
可选卡插槽
存储器卡
时钟卡
电池卡
通信口

I/O LED

前盖下面有
模式选择开关（RUN/STOP）
模拟电位器
扩展端口

接线端子排

用于在DIN导轨上安装的卡子

a）S7-200 PLC

b) S7-300 PLC

图 1-1　可编程序控制器外观结构示意图

1—负载电源（选项）　2—后备电池（CPU 313 以上）　3—24V DC 连接　4—模式开关
5—状态和故障指示灯　6—存储器卡（CPU 313 以上）　7—MPI 多点接口　8—前连接器　9—前门

图语言，这种梯形图语言既继承了传统继电器控制线路的表达形式（如线圈、触点、常开、常闭），又考虑到了工业企业中电气技术人员的看图习惯，因此形象、直观、简单、易学，受到了广大电气技术人员的欢迎。

3. 使用、维护方便

PLC 及其扩展模块品种繁多，所构成的产品已系列化和模块化，并且配有品种齐全的各种软件，用户可灵活组合成各种大小和不同要求的控制系统。在生产工艺流程改变、生产线设备更新或系统控制要求改变以及需要变更控制系统的功能时，除了 I/O 通道上的外部接线需做很小的调整外，只要把用户程序做相应的修改就可以了。

PLC 具有很强的自诊断能力，能随时检查出自身的故障，并显示给操作人员，如 I/O 通道的状态、RAM 后备电池的状态、数据通信的异常以及 PLC 内部电路的异常等信息。通过 PLC 这种完善的诊断和显示能力，当 PLC 主机或外部的输入装置及执行机构发生故障时，操作人员能迅速检查、判断故障原因，确定故障位置，以便迅速采取有效的措施。如果是 PLC 本身的故障，在维修时只需要更换插入式模板或其他易损件即可完成，既方便又减少了影响生产的时间。

4. 设计、施工、调试周期短

用继电器控制完成一项控制工程，必须首先按工艺要求画出电气原理图，然后画出继电器控制屏（柜）的布置和接线图等，再进行安装调试，以后修改起来非常不便。而采用 PLC 控制，由于其硬件、软件齐全，设计和施工可同时进行。用软件编程取代了继电器硬接线，使控制柜的设计及安装接线工作量大为减少，调试方便、快速、安全，具体的程序编制工作也可在 PLC 到货之前进行，因此大大缩短了设计和投运周期。

1.2　可编程序控制器的应用领域与电梯应用实例

1.2.1　可编程序控制器的应用领域

PLC 最初主要用于开关量的逻辑控制，随着技术的进步，它的应用领域不断扩大。在现代工业控制和民用控制场合，PLC 不仅用于开关量控制，还用于模拟量及脉冲量的控制，可采集与存储数据，还可对控制系统进行监控，并可联网、通信，实现大范围、跨地域的控制与管理。

1. 开关量顺序控制

开关量顺序控制是 PLC 最基本、最广泛的应用领域，它取代传统的继电器控制系统，实现逻辑控制、顺序控制，可用于单机控制、多机群控制、自动化生产线的控制等，广泛用于冶金、机械、轻工、化工、纺织等行业，在注塑机、印刷机械、订书机械、切纸机械、组合机床、磨床、包装生产线、电镀流水线等行业都得到广泛应用。

2. 模拟量控制

在生产过程中，许多连续变化的物理量需要进行控制，如温度、压力、流量、液位等，这些都属于模拟量。PLC 进行模拟量控制，要配置有模拟量与数字量相互转换的 A/D、D/A 单元。A/D 单元是把外电路的模拟量转换成数字量，然后送入 PLC。D/A 单元，是把 PLC 的数字量转换成模拟量，再送给外电路。目前大部分 PLC 产品都具备处理模拟量的功能，特别是在系统中模拟量控制点数不多，同时混有较多的开关量时，PLC 具有其他控制装置无法比拟的优势。某些 PLC 产品还提供了典型控制策略模块，如 PID 模块，从而实现对系统的 PID 闭环控制。

3. 用于脉冲量和运动控制

实际的物理量，除了开关量、模拟量，还有脉冲量，如机床部件的位移，常以脉冲量表示。PLC 可接收计数脉冲，频率可高达几千赫到几十千赫，可用多种方式接收该脉冲，还可多路接收。有的 PLC 还有脉冲输出功能，脉冲频率也可达几十千赫。有了这两种功能，加上 PLC 有数据处理及运算能力，若再配备相应的传感器（旋转编码器）或脉冲伺服装置（如环形分配器、功率放大器、步进电动机），则完全可以依数控 NC 的原理实现步进或伺服传动控制。

4. 数据采集与监控

由于 PLC 是在现场实行控制，把控制现场的数据采集下来，做进一步分析研究是很重要的。对于这种应用，目前较普遍采用的方法是上、下位机架构，下位机采用 PLC，上位机采用计算机或触摸屏，进行信号的实时采集和后期的统计分析。由于 PLC 的自检信号多，PLC 控制系统可利用这些自检信号实现自诊断式的监控，以减少系统的故障和故障修复时间，提高平均累计无故障运行时间和系统的可靠性。

5. 联网、通信及集散控制

PLC 通过网络通信模块以及远程 I/O 控制模块，可实现 PLC 与 PLC 之间、PLC 与上位机之间的通信、联网；实现 PLC 分布控制，计算机集中管理的集散控制，增加系统的控制规模，满足工厂自动化（FA）系统发展的需要。

1.2.2　电梯应用实例介绍

1. 电梯的基本结构

电梯是高层建筑中应用极为普遍的垂直交通工具，是生活中人们最常见的采用 PLC 进行控制的设备。电梯的种类相当多，按用途主要分为乘客电梯、载货电梯、客货电梯、医用电梯、住宅电梯、杂物电梯（不许乘人）、观光电梯、自动扶梯等。图 1-2 所示为一般客货电梯的基本结构，主要包括：

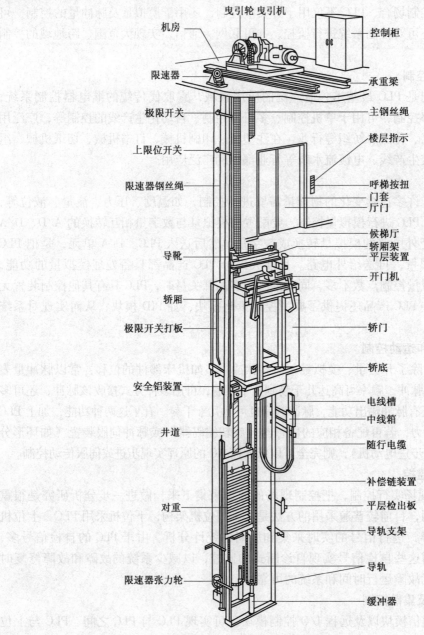

图 1-2　一般客货电梯的基本结构

（1）电梯的曳引系统　电梯系统的牵引功能很简单，无论是输出功率或传递动力，主要用于驱动电梯。由曳引机（主机）、钢丝绳、导向轮和反向轮组成。曳引机为动力源，它由电动机、牵引轮、联轴器、减速箱和电磁制动器等部件组成。轿厢和对重是用钢丝绳连接起来的，依靠它和曳引轮之间的摩擦来实现轿厢的升与降。导向轮的作用是分开轿厢和对重的间距，避免碰撞，另外采用复绕型还可以增加曳引力。

（2）电梯的导向系统　导向系统由导轨、导靴和导轨支架组成。它的作用是限制轿厢和对重的活动自由度，使电梯轿厢和对重只能沿着固定的导轨做升降运动。

（3）电梯的门系统　门系统由轿门、厅门、开门联动机构等组成。轿门设在轿厢出入口，由门扇和门导轨架等组成，厅门设在层站出入口处。开门机设在轿厢上，是轿门和厅门的动力来源，紧急时可通过厅门三角钥匙打开门。

（4）电梯的轿厢　轿厢用来运送乘客或者货物，它是由轿架和轿体组成的。轿架是轿厢体的承重机构，由横梁、立柱、底梁和斜拉杆等组成。轿厢由轿壁、轿顶、轿底以及照明通风设备、轿厢装饰件（如扶手等）和轿内操纵盘等组成。

（5）电梯的电力拖动系统　机房内供电箱为电动机提供电源装置，一般采用三线五相制，380V 电压。速度反馈系统是电梯高速信号的速度控制系统。一般采用测速发电机或速度脉冲发生器与电动机相连。曳引电动机的速度控制是由调速装置进行的。

（6）电梯重量平衡系统　曳引电动机、供电系统、速度反馈装置、调速装置等组成了电力拖动系统，其主要作用是对电梯进行速度控制。曳引电动机为电梯提供了动力来源，根据电梯配置可判断采用交流电动机还是直流电动机。

（7）电梯的安全保护系统　电梯的安全保护系统包括机械的和电气的各种保护系统，可让乘客放心安全地使用。机械方面的安全保护系统有：限速器、安全钳、缓冲器等；电气方面的安全保护系统有：超速保护装置、供电系统断相错相保护装置、超越上下极限工作位置、层门锁与轿门锁电气联锁装置等。

（8）电梯的电气控制装置　电梯的电气控制系统由电子控制装置、操纵装置、平层设备和位置显示设备等组成。其中，控制装置根据电梯的运行逻辑功能的要求，控制电梯的运行，放在机房的控制柜中。操纵装置是由轿厢内的按钮箱和厅门的外召唤箱按钮组成的，用来操纵电梯运行。平层装置是发出平层控制信号，使电梯轿厢准确平层的控制装置。所谓平层，是指轿厢在接近某一层的停靠站时，欲使轿厢地坎与厅门地坎达到同一平面的操作。位置显示装置是用来显示电梯所在楼层位置的轿厢内和厅门外的指示灯，厅门外指示灯常用箭头指示电梯运行的方向。

2. 基于 PLC 的电梯控制系统

电梯具有复杂的电气控制系统，要求按照一定的逻辑关系可靠地运行，以往采用继电器控制系统，但这种控制方式具有硬件逻辑关系极其复杂、故障率高、不易检修等缺点，随着 PLC 控制技术的兴起，目前大部分电梯都采用 PLC 控制系统来取代传统的继电器控制。由于电梯的控制系统比较复杂，下面以四层楼电梯的控制系统为例来初步认识可编程序控制器的工作过程。

（1）电梯控制系统输入/输出设备　电梯的控制系统输入输出设备分布于电梯轿厢的内部和外部，在电梯轿厢内部，有四个楼层的按钮（称为选层按钮）、开门和关门按钮、楼层指示灯、上升和下降指示灯。在电梯轿厢的外部，有呼叫按钮、呼叫指示灯、上升和下降指示灯，以及楼层指示灯；四层楼电梯中，一层只有上呼叫按钮，四层只有下呼叫按钮，其余三层都同时具有上呼叫和下呼叫按钮。表1-1为与PLC相接的输入、输出设备表，电梯控制中所涉及的设备都和PLC的输入/输出端口直接或间接相连，PLC通过控制程序接受各种按钮、开关等输入设备的信号，向电梯的曳引电动机和开关门电动机发出动作信号，从而完成对电梯上下楼层和开关门控制。

表1-1 四层电梯PLC控制系统输入/输出设备分配表

输　　入		输　　出	
开门按钮 SB0	I0.0	外部一层上呼叫指示灯	Q0.0
关门按钮 SB1	I0.1	外部二层上呼叫指示灯	Q0.1
开门行程开关 SQ1	I0.2	外部二层下呼叫指示灯	Q0.2
关门行程开关 SQ2	I0.3	外部三层上呼叫指示灯	Q0.3
外部一层上呼叫按钮 SB2	I0.4	外部三层下呼叫指示灯	Q0.4
外部二层上呼叫按钮 SB3	I0.5	外部四层下呼叫指示灯	Q0.5
外部二层下呼叫按钮 SB4	I0.6	一层位置指示灯	Q0.6
外部三层上呼叫按钮 SB5	I0.7	二层位置指示灯	Q0.7
外部三层下呼叫按钮 SB6	I1.0	三层位置指示灯	Q1.0
外部四层下呼叫按钮 SB7	I1.1	四层位置指示灯	Q1.1
一层行程开关 SQ3	I1.2	轿内一层选层指示灯	Q1.2
二层行程开关 SQ4	I1.3	轿内二层选层指示灯	Q1.3
三层行程开关 SQ5	I1.4	轿内三层选层指示灯	Q1.4
四层行程开关 SQ6	I1.5	轿内四层选层指示灯	Q1.5
轿内一层选层按钮 SB8	I1.6	电梯上升接触器 KM1	Q1.6
轿内二层选层按钮 SB9	I1.7	电梯下降接触器 KM2	Q1.7
轿内三层选层按钮 SB10	I2.0	电梯上升指示灯	Q2.0
轿内四层选层按钮 SB11	I2.1	电梯下降指示灯	Q2.1
左红外线检测器	I2.2	电梯开门接触器 KM3	Q2.2
右红外线检测器	I2.3	电梯关门接触器 KM4	Q2.3

（2）电梯控制要求

1）当电梯运行到指定位置后，自动开门；或停在某层时，在电梯内部按动开门按钮，则电梯门打开，按动电梯内部的关门按钮，则电梯门关闭。但在电梯行进期间电梯门是不能被打开的。

2）接受每个呼叫按钮（包括内部和外部的呼叫）的呼叫命令，并做出相应的响应。

3）电梯停在某一层（例如三层）时，此时按动该层（三层）的呼叫按钮（上呼叫或下呼叫），则相当于发出打开电梯门命令，进行开门的动作过程；若此时电梯的轿厢不在该层（在一、二、四层），则等到电梯关门后，按照不换向原则控制电梯向上或向下运行。

4）电梯运行的不换向原则是指电梯优先响应不改变现在电梯运行方向的呼叫，直到这些命令全部响应完毕后，才响应使电梯反方向运行的呼叫。例如，现在电梯的位置在二层和三层之间上行，此时出现了一层上呼叫、二层下呼叫和三层上呼叫，则电梯首先响应三层上呼叫，然后再依次响应二层下呼叫和一层上呼叫。

5）电梯在每一层都有一个行程开关，当电梯碰到某层的行程开关时，表示电梯已经到达该层。

6）当按动某个呼叫按钮后，相应的呼叫指示灯亮并保持，直到电梯到达该层为止。

7）当电梯运行到某层后，相应的楼层指示灯亮，直到电梯运行到另一层时楼层指示灯改变。

（3）电梯控制程序　根据电梯的控制要求所编制的 PLC 控制程序比较复杂，这里以电梯的开、关门控制为例简单介绍其控制程序的功能。图 1-3 所示为电梯的开、关门控制梯形图。程序说明如下：

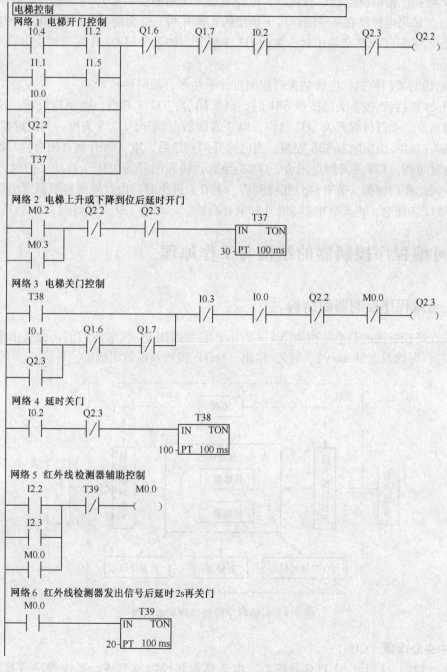

图 1-3　电梯的开、关门控制梯形图

1）电梯的开门控制：当电梯既不上升也不下降时才能进行开门，电梯的开门控制分手动和自动两种方式。

手动开门时：当电梯运行到位后，按下开门按钮 SB0，I0.0 闭合，Q2.2 导电，电动机正转，轿厢门打开。开门到位，开门行程开关 SQ1 动作，I0.2 常闭触点断开，Q2.2 失电，手动开门过程结束。

自动开门时：无论电梯上升到位还是下降到位，只要 M0.2（上升到位辅助继电器）或 M0.3（下降到位辅助继电器）有输出，电梯经过延时后都会自动开门（延时时间由定时器 T37 控制）。如果电梯停在某一层，按下该层的外部呼叫，也会使 M0.2 或 M0.3 导通，电梯门也会打开。当开门 Q2.2 输出时，关门 Q2.3 断开。如果关门 Q2.3 接通时，开门 Q2.2 也应立即断开。

2）电梯的关门控制：电梯的关门控制也分手动和自动两种。

手动关门时：当按下关门按钮 SB1 时，I0.1 闭合，Q2.3 导通，电动机反转，轿厢门关闭。关门到位，关门行程开关 SQ2 动作，I0.3 常闭触点断开，Q2.3 失电，关门过程结束。

自动关门时：由定时器 T38 控制。当电梯开门到位后，I0.2 常开触点闭合，T38 开始计时，延时时间到，T38 常开触点闭合，Q2.3 导通，轿厢门开始关闭。自动关门时，可能夹住乘客，因此在门两侧安装有红外线检测器。当有人进出时，由红外线检测器发出信号，使得 I2.2 和 I2.3 闭合，内部继电器 M0.0 导电并自锁。定时器 T39 开始计时，2s 后再次关门。

1.3　可编程序控制器的结构与工作原理

1.3.1　可编程序控制器的结构

可编程序控制器的基本结构如图 1-4 所示，它与通用 PC 机结构类似，也是由中央处理器（CPU）、存储器（Memory）、输入/输出（I/O）接口及电源组成的。

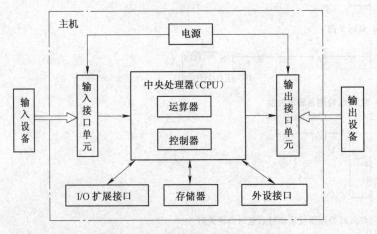

图 1-4　可编程序控制器的基本结构

1. 中央处理器（CPU）

中央处理器（CPU）是 PLC 的核心，由运算器和控制器组成。系统程序（操作系统）

赋予它的功能是：

1）接收与存储用户由编程器键入的用户程序和数据。

2）检查编程过程中的语法错误，诊断电源及 PLC 内部的工作故障。

3）用扫描方式工作，接收来自现场的输入信号，并输入到输入映像寄存器和数据存储器中。

4）在进入运行方式后，从存储器中逐条读取并执行用户程序，完成用户程序所规定的逻辑运算、算术运算及数据处理等操作。

5）根据运算结果更新有关标志位的状态，刷新输出映像寄存器的内容，再经输出部件实现输出控制、打印制表或数据通信等功能。

小型 PLC 采用单 CPU 系统，而大、中型 PLC 通常是双 CPU 或多 CPU 系统。不同型号 PLC 的 CPU 芯片是不同的，有采用通用 CPU 芯片的，如 8031、8051、8086、80286 等；也有采用厂家自行设计的专用 CPU 芯片的。CPU 芯片的性能关系到 PLC 处理数据的能力与速度，CPU 位数越高，系统处理的信息量越大，运算速度越快。但是 PLC 的 CPU 与通用 PC 机相比，无论是执行速度还是处理位数都相差悬殊。

2. 存储器

PLC 的存储器分为系统程序存储器和用户程序存储器。系统程序存储器是 ROM（只读）型存储器，存储系统监控程序，该程序由生产厂家编写，主要由系统管理解释指令、标准程序及系统调用等程序组成。

用户程序存放在用户程序存储器中，主要存储 PLC 内部的输入、输出信息，以及内部继电器、移位寄存器、累加寄存器、数据寄存器、定时器和计数器的动作状态。用户程序存储器采用 RAM（随机）或 EEPROM 型存储器。采用 RAM 型存储器时用锂电池供电，在 PLC 电源关闭时，程序和数据依然能保存。EEPROM 型电擦除可编程序只读存储器，兼有 ROM 存储器和 RAM 存储器的优点，但是读写时间长，主要用来存储用户程序和需要长期保存的数据。用户程序存储器包括程序存储区和数据存储区。程序存储区用来存储由用户编写的程序，而数据存储区用来存储输入信号、输出信号的状态，PLC 中各个内部器件的状态以及特殊功能要求的有关数据。PLC 存储器的存储结构见表 1-2。PLC 存储器的存储容量很小，单位是 KB，比如 S7-200 的 CPU224 用户程序区为 8KB，数据存储区也是 8KB。

表 1-2　PLC 存储器的存储结构

存　储　器		存　储　内　容
系统程序存储器		系统监控程序
用户程序存储器	程序存储区	用户程序（如梯形图、语句表等）
	数据存储区	I/O 及内部器件的状态

3. 输入接口

来自现场的主令元件、检测元件的信号经输入接口进入到 PLC。主令元件的信号多数是指控制按钮，这种信号基本上都是人为操作的。检测元件的信号主要来自各种传感器、限位开关、继电器等的触头，以及过程控制中位置变化或参数值变化所产生的信号。这些信号有的是开关量（数字量）；有的是模拟量（连续变化的量）；有的是直流信号，有的是交流信号，要根据输入信号的类型选择合适的输入接口。

为提高系统的抗干扰能力，各种输入接口均采取了抗干扰措施，如在输入接口内带有光耦合电路，使 PLC 与外部输入信号进行隔离。为消除信号噪声，在输入接口内还设置了多种滤波电路。为便于 PLC 的信号处理，输入接口内有电平转换及信号锁存电路。为便于现场信号的连接，在输入接口的外部设有接线端子排。

4. 输出接口（数字量）

由 PLC 产生的各种输出控制信号经输出接口去控制和驱动负载（如接触器和继电器线圈、电磁阀、指示灯、报警器等）。输出接口的负载有交流的，也有直流的，要根据负载性质选择合适的输出接口。输出接口的输出方式分为晶体管输出型，双向晶闸管输出型及继电器输出型。

晶体管输出型适用直流负载或 TTL 电路，每个输出点的最大带负载能力约为 0.75A，其接口响应速度较快，工作寿命长，适合控制步进电动机之类的直流脉冲型负载。

双向晶闸管输出型适用交流负载，每个点最大带负载能力约为 0.5～1A，其接口响应速度较快，使用寿命比较长，适合控制要求频繁动作的交流负载。

继电器输出型既可用于直流负载，又可用于交流负载，每个输出点的最大带负载能力约为 2A，作为数字量输出选择继电器型则更为自由和方便，且适用场合普遍。因此在对动作时间和动作频率要求不高的情况下，常常采用此方式。

5. I/O 扩展接口

I/O 扩展接口是 PLC 主机为了扩展 I/O 点数或类型的部件。当用户所需的 I/O 点数或类型超过 PLC 主机的 I/O 接口单元的点数或类型时，可以通过加接 I/O 扩展部件来实现。I/O 扩展部件通常有简单型和智能型两种。简单型 I/O 扩展部件自身不带 CPU，对外部现场信号的 I/O 处理完全由主机的 CPU 管理，依赖于主机的程序扫描过程。智能型 I/O 扩展部件自身带有 CPU，不依赖主机的程序扫描过程。PLC 不仅能处理数字量信号，还能处理模拟量信号，如温度、压力、速度、位移、电流、电压等信号。通过采用模拟量输入接口模块能把现场中被测的模拟量信号转变成 PLC 可以处理的数字量信号。模拟量输出接口模块的任务是将 CPU 送来的数字量转换成模拟量，用以驱动执行机构，实现对生产过程或装置的闭环控制。

6. 输入/输出设备与外设接口

由 PLC 生产厂家生产的专用编程器使用范围有限，价格一般也较高，目前 PLC 更多的是采用计算机来编程。用户在计算机上直接编写梯形图，然后下载到 PLC 中进行调试，还可以通过计算机监视程序运行，方便、快捷、直观。人-机接口装置（HMI）又叫操作员接口，用于实现操作人员与 PLC 控制系统的对话和相互作用。它们用来指示 PLC 的 I/O 系统状态及各种信息。通过合理的程序设计，PLC 控制系统可以接收并执行操作员的指令。

1.3.2　可编程序控制器工作原理

PLC 虽具有计算机的许多特点，但它的工作方式却与通用计算机有很大不同，计算机一般采用等待命令的工作方式，PLC 则采用循环扫描工作方式。整个工作过程可分为五个阶段：自诊断、处理通信、输入采样、用户程序的执行、输出刷新，如图 1-5 所示。

（1）执行 CPU 自诊断　每次扫描用户程序之前，都先执行故障自诊断程序。自诊断包括对 I/O、存储器、CPU 等部分的检测，发现异常则停机，显示出错。若自诊断正常，继续向下扫描。

（2）处理通信请求　PLC 检查是否有与编程器、计算机等的通信请求，若有则进行相应处理，如接收由编程器送来的程序、命令和各种数据，并把要显示的状态、数据、出错信息等发送给编程器进行显示。如果有与计算机等的通信请求，也在这段时间完成数据的接收和发送任务。

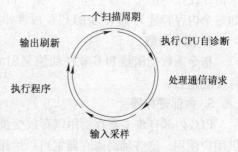

图 1-5　PLC 一个扫描周期

（3）输入采样　PLC 的中央处理器对各个输入端进行扫描，将输入端的状态送到输入状态寄存器，这就是输入采样阶段。

（4）执行程序　中央处理器 CPU 将指令逐条调出并执行，以对输入和原输出状态（这些状态统称为数据）进行"处理"，即按程序对数据进行逻辑、算术运算，再将正确的结果送到输出状态寄存器中，这就是程序执行阶段。

（5）输出刷新　当所有的指令执行完毕时，集中把输出状态寄存器的状态通过输出部件转换成被控设备所能接受的电压或电流信号，以驱动被控设备，这就是输出刷新阶段。

PLC 经过这五个阶段的工作过程，称为一个扫描周期，完成一个周期后，又重新执行上述过程，扫描周而复始地进行。扫描周期是 PLC 的重要指标之一，在不考虑第二个因素（与编程器等通信）时，扫描周期 T 为：

$$T =（读入 1 点时间×输入点数）+（运算速度×程序步数）+$$
$$（输出 1 点时间×输出点数）+ 故障诊断时间$$

扫描时间主要取决于程序的长短，一般小型 PLC 每秒钟扫描 5 次左右，这对于工业设备通常没有什么影响。但对控制时间要求较严格，要求响应速度快的系统，就应该精确地计算响应时间，细心编排程序，合理安排指令的顺序，以尽可能减少扫描周期造成的响应延时等不良影响。

PLC 与继电器–接触器控制的工作方式不同。继电器–接触器是按并行方式工作的，也就是按同时执行的方式工作，只要形成电流通路，就可能有几个电器同时动作。而 PLC 是循环连续逐条执行程序，任一时刻它只能执行一条指令，因此 PLC 是以"串行"方式工作的。这种串行工作方式可以避免继电器–接触器控制的触头竞争和时序失配问题。

1.4　可编程序控制器的主要性能指标

1. 输入/输出点数（即 I/O 点数）

输入/输出点数即指 PLC 外部输入、输出端子数。这是最重要的一项技术指标。

2. 指令执行速度

一般以执行 1000 步指令所需时间来衡量，故单位为 ms/千步。也可以执行一步指令的时间计，由于各指令执行时间长短不同，通常按平均执行时间来衡量，比如 CPU224 指令平均执行速度为 $0.27\mu s$/条。

3. 内存容量

一般以 PLC 所能存放用户程序多少来衡量。在 PLC 中程序指令是按"步"存放的（一条指令往往不止一"步"），一"步"占用一个地址单元，一个地址单元一般占用两个字节。如一个内存容量为 1000 步的 PLC 可推知其内存为 2KB。

4. 指令条数

指令条数是衡量 PLC 软件功能强弱的主要指标。PLC 具有的指令种类越多，说明其软件功能越强。

5. 内部寄存器

PLC 内部有许多寄存器用以存放变量状态、中间结果、数据等。还有许多辅助寄存器可供用户使用，这些辅助寄存器常可以给用户提供许多特殊功能或简化整个系统设计。因此寄存器的配置情况常是衡量 PLC 硬件功能的一个指标。

6. 高功能模块

PLC 除了主控模块外还可以配接各种高功能模块。主控模块实现基本控制功能，高功能模块则可实现某一种特殊的专门功能。高功能模块的多少，功能强弱常是衡量 PLC 产品水平高低的一个重要标志。

常用高功能模块有：A/D 模块、D/A 模块、高速计数模块、速度控制模块、位置控制模块、轴定位模块、温度控制模块、远程通信模块、高级语言编辑以及各种物理量转换模块等。

1.5　可编程序控制器的分类

1.5.1　根据控制规模分类

PLC 的控制规模是以所配置的输入/输出点数来衡量的，PLC 的 I/O 点数表明了 PLC 可从外部接收多少个输入信号和向外部发出多少个输出信号，实际上也就是 PLC 的输入、输出端子数。根据 I/O 点数的多少可将 PLC 分为小型机、中型机和大型机，一般来说，点数多的 PLC，功能也相应较强。

1. 小型机

小型 PLC 的功能一般以开关量控制为主，小型 PLC 输入、输出总点数一般在 256 点以下，用户程序存储器容量在 4KB 左右。现在的高性能小型 PLC 还具有一定的通信能力和少量的模拟量处理能力，这类 PLC 的特点是价格低廉、体积小巧，适合于控制单台设备和开发机电一体化产品。

典型的小型机有欧姆龙公司的 CPM 系列、三菱公司的 F1 系列以及西门子公司的 S7-200 系列等。

2. 中型机

I/O 总点数在 256 ～ 1024 之间的称为中型机，它除了具备逻辑运算功能，还增加了模拟量输入/输出、算术运算、数据传送、数据通信等功能，可完成既有开关量又有模拟量的复杂控制。用户程序存储器容量达到 8KB 左右。中型机的软件比小型机丰富，在已固化的程序内，一般还有 PID（比例、积分、微分）调节，整数/浮点运算等功能模板。

中型机的特点是功能强，配置灵活，适用于具有诸如温度、压力、流量、速度、角度、位置等模拟量控制和大量开关量控制的复杂机械，以及连续生产过程控制场合。

典型的中型机有欧姆龙公司的 C200P/H 系列、三菱公司的 A 系列以及西门子公司的 S7-300系列等。

3. 大型机

I/O 总点数在 1024 点以上的称为大型机，用户程序存储器容量达到 16KB 以上，大型 PLC 的功能更加完善，具有数据运算、模拟调节、联网通信、监视记录、打印等功能。大型机的内存容量超过 640KB，监控系统采用 CRT 显示，能够表示生产过程的工艺流程，记录各种曲线、PID 调节参数选择图等，能进行中断控制、智能控制、远程控制等。

大型机的特点是 I/O 点数特别多，控制规模宏大，组网能力强。可用于大规模的过程控制，构成分布式控制系统，或者整个工厂的集散控制系统。

典型的 PLC 大型机有西门子公司的 S7-400、欧姆龙公司的 CVM1 和 CS1 系列、AB 公司的 SLC5/05 等系列产品。

以上划分没有十分严格的界限，随着 PLC 技术的飞速发展，某些小型 PLC 也具有中型或大型 PLC 的功能，这也是 PLC 的发展趋势。

1.5.2　根据结构形式分类

根据 PLC 结构形式的不同，可分为整体式、模块式两种形式。

1. 整体式

整体式 PLC 结构紧凑、体积小、重量轻、价格低、容易装配在工业控制设备的内部，比较适合于生产机械的单机控制。这种结构的缺点是主机的 I/O 点数固定，使用不够灵活，维修也较麻烦。微型和部分小型 PLC 采用整体式结构，如西门子 S7-200 系列中的低档机型 CPU221。

2. 模块式

这种结构的 PLC 各部分以单独的模板或者模块分开设置，如电源模板、CPU 模板、I/O 模板、各种功能模板及通信模板等。这种 PLC 一般设有机架底板（也有的 PLC 为串行连接，没有底板），在底板上有若干插座，使用时，各种模板直接插入机架底板即可。各模块功能是独立的，外形尺寸是统一的，可根据需要灵活配置，装配方便、维修简单、易于扩展，目前 PLC 多采用这种结构形式。

1.6　可编程序控制器的编程语言

PLC 为用户提供了完整的编程语言，以适应程序用户编制的需要。PLC 提供的编程语言通常有以下几种：梯形图、语句表、功能块图和顺序功能图。图 1-6 为实现电动机起保停控制的梯形图、语句表、功能块图 3 种编程语言的表达方式。图 1-7 为顺序功能图。

1. 梯形图（LAD）

梯形图（Ladder，LAD）是一种图形编程语言，它是从继电器控制原理图的基础上演变而来的。PLC 的梯形图与继电器控制系统原理图的基本思想是一致的，它沿用继电器的触点（触点在梯形图中又常称为接点）、线圈、串并联等术语和图形符号，同时还增加了一些继电器-接触器控制系统中没有的特殊功能符号。对于熟悉继电器控制线路的电气技术人员来说，很容易接受梯形图编程，且不需要学习专门的计算机知识。需要说明的是，这种编程方

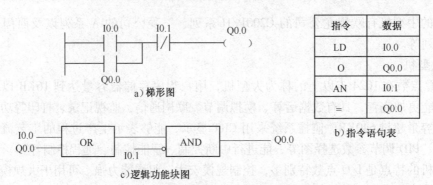

a) 梯形图

指令	数据
LD	I0.0
O	Q0.0
AN	I0.1
=	Q0.0

b) 指令语句表

c) 逻辑功能块图

图1-6 电动机起保停控制的3种编程语言表达方式

式只能用编程软件通过计算机下载到 PLC 中。如果使用编程器编程，还需要将梯形图转变为语句表，用助记符将程序输入到 PLC 中。在梯形图中，各个编程元件的动作顺序是按扫描顺序依次执行的，或者说是按串行的方式工作的，在执行梯形图程序时，是自上而下，从左到右，串行扫描，不会发生触点竞争现象。

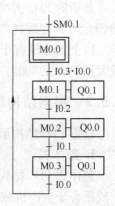

图1-7 顺序功能图

2. 语句表（STL）

语句表（Statements List，STL）就是用助记符来表达 PLC 的各种功能，是 PLC 最基础的编程语言。所谓语句表编程，是用一个或几个容易记忆的字符来代表 PLC 的某种操作功能。这种编程语言可使用简易编程器编程，尤其是在未开发计算机软件时，就只能将已编好的梯形图程序转换成语句表的形式，再通过简易编程器将用户程序逐条输入到 PLC 的存储器中进行编程。通常每条指令由地址、操作码（指令）和操作数（数据或器件编号）三部分组成。语句表编程设备简单，逻辑紧凑，系统化，连接范围不受限制，但比较抽象，一般与梯形图语言配合使用，互为补充。目前，大多数 PLC 都有语句表编程功能。

3. 功能块图（FBD）

这是一种由逻辑功能符号组成的功能块图（Function Block Diagrams，FBD）来表达命令的编程语言，这种编程语言基本上沿用半导体逻辑电路的逻辑框图。对每一种功能都使用一个运算方块，其运算功能由方块内的符号确定，常用"与"、"或"、"非"等逻辑功能表达控制逻辑。和功能方块有关的输入画在方块的左边，输出画在方块的右边。利用 FBD 可以查到像普通逻辑门图形的逻辑盒指令。它没有梯形图编程器中的触点和线圈，但有与之等价的指令，这些指令是作为盒指令出现的。程序逻辑由这些盒指令之间的连接决定。采用这种编程语言，不仅能简单明确地表达逻辑功能，还能通过对各种功能块的组合，实现加法、乘法、比较等高级功能，所以它也是一种功能较强的图形编程语言。对于熟悉逻辑电路和具有逻辑代数基础的人来说，是非常方便的。

4. 顺序功能图（SFC）

顺序功能图（Sequence Function Chart，SFC）的编程方式采用画工艺流程图的方法，也称为顺序控制功能图。只要在每一个工艺方框的输入和输出端上标上特定的符号即可。对于在工厂中搞工艺设计的人来说，用这种方法编程，不需要很多的电气知识，非常方便。不少 PLC 的新产品采用了顺序功能图，提供了用于 SFC 编程的指令，有的公司已生产出系列的、可供不同的 PLC 使用的 SFC 编程器，原来十几页的梯形图程序，SFC 只用一页就可以完成。它是一种效果显著、深受欢迎、前途光明的编程语言。目前，国际电工委员会（IEC）正在实施并发展这种语言的编程标准。

1.7　可编程序控制器的发展历程与现状

PLC 产生以前，以各种继电器为主要元件的电气控制系统承担着生产过程自动控制的艰巨任务。这种控制系统需要大量的导线，大量的控制柜，占据大量的空间。当这些继电器运行时又产生大量的噪声，消耗大量的电能。为保证控制系统正常运行，需要安排大量的电气技术人员进行维护，有时某个继电器的损坏，甚至某个继电器的触头接触不良都会影响整个系统的正常运行。检查和排除故障又是非常困难的，现场电气技术人员的技术水平也直接影响设备恢复运行的速度。尤其是在生产工艺发生变化时，可能需要增加很多继电器或继电器控制柜，重新接线或改线的工作量极大，甚至可能需要重新设计控制系统。面对这种局面，人们迫切需要一种新的工业控制装置来取代传统的继电器控制系统，使电气控制系统工作更可靠、更容易维修、更能适应经常变化的生产工艺的要求。

20 世纪 60 年代末期，美国的汽车制造业竞争激烈。各生产厂家的汽车型号不断更新，它必然要求生产线的控制亦随之改变，甚至对整个控制系统重新配置。为此要寻求一种比继电器更可靠、响应速度更快、功能更强大的通用工业控制器。通用汽车公司（GM 公司）提出了著名的 10 条技术指标，在社会上招标，要求控制设备制造商为其生产线提供一种新型的通用工业控制器，它应具有以下特点：

1）编程简单，可在现场修改程序。

2）维修方便，采用插件式结构。

3）可靠性高于继电器控制装置。

4）体积小于继电器控制柜。

5）数据可直接进入管理计算机。

6）成本可与继电器控制柜竞争。

7）输入可以是交流 115V（美国电压标准）。

8）输出为交流 115V，2A 以上。

9）扩展时原系统改变最小。

10）用户存储器至少能扩展到 4KB。

1969 年美国数据设备公司（DEC）根据上述要求，研制开发出世界上第一台可编程序控制器，并在 GM 公司汽车生产线上首次应用成功，取得了显著的经济效益。当时人们把它称为可编程序逻辑控制器（Programmable Logic Controller，PLC）。

可编程序控制器这一新技术的出现，受到国内外工程技术界的极大关注。纷纷投入力量研制。第一个把 PLC 商品化的是美国的哥德公司（Gould），时间也是 1969 年。1971 年，日本从美国引进了这项新技术，研制出日本第一台可编程序控制器。1973～1974 年，德国和法国也都相继研制出自己的可编程序控制器，德国西门子公司（Siemens）于 1973 年研制出欧洲第一台 PLC。我国从 1974 年开始研制，1977 年开始工业应用。

20 世纪 70 年代后期，随着微电子技术和计算机技术的发展，可编程序逻辑控制器具备更多的计算机功能，不仅用逻辑编程取代硬接线逻辑，还增加了运算、数据传送和处理等功能，真正成为一种电子计算机工业控制装置，而且做到了小型化和超小型化。这种采用微电脑技术的工业控制装置的功能远远超出逻辑控制、顺序控制的范围，故称为可编程序控制器，简称 PC（Programmable Controller）。但由于 PC 容易和个人计算机（Personal Computer）混淆，故人们仍习惯地用 PLC 作为可编程序控制器的缩写。

　　进入 20 世纪 80 年代以来，随着大规模和超大规模集成电路等微电子技术的迅猛发展，以 16 位和 32 位微处理器构成的微机化 PLC 得到了惊人的发展，使 PLC 在概念、设计、性能价格比以及应用等方面都有了新的突破，不仅控制功能增强，功耗、体积减小，成本下降，可靠性提高，编程和故障检测更为灵活方便，而且远程 I/O 和通信网络、数据处理以及图像显示也有了长足的发展。所有这些已经使 PLC 应用于连续生产的过程控制系统，使之成为现代工业生产自动化的三大支柱之一。

　　PLC 总的发展趋势是向高集成度、小体积、大容量、高速度、易使用、高性能方向发展。具体表现在以下几个方面：

　　1）向小型化、专业化、低成本方向发展。20 世纪 80 年代初，小型 PLC 在价格上还高于小系统用的继电器控制装置。随着微电子技术的发展，新型器件大幅度地提高了功能，降低了价格，使 PLC 结构更为紧凑，操作使用十分简便，功能不断增加。将原来大、中型 PLC 才有的功能部分地移植到小型 PLC 上，如模拟量处理、数据通信和复杂的功能指令等，但价格不断下降，真正成为现代电气控制系统中不可替代的控制装置。

　　2）向大容量、高速度方向发展。随着自动化水平的不断提高，对中、大型机处理数据的速度要求也越来越高。在三菱公司的 32 位微处理器 M887788 中，在一块芯片上实现了 PLC 的全部功能，它将扫描时间缩短为每条基本指令 $0.15\mu s$。OMRON 公司的 CV 系列，每条基本指令的扫描时间为 $0.125\mu s$。Siemens 公司的 TI555 采用了多微处理器，每条基本指令的扫描时间为 $0.068\mu s$。大型 PLC 采用多微处理器系统，可同时进行多任务操作，处理速度提高，特别是增强了过程控制和数据处理的功能。另外，存储容量大大增加。

　　3）智能型 I/O 模块的发展。智能型 I/O 模块是以微处理器和存储器为基础的功能部件，它们的 CPU 与 PLC 的主 CPU 并行工作，占用主 CPU 的时间很少，有利于提高 PLC 的扫描速度。它们本身就是一个小的微型计算机系统。智能 I/O 模块主要有模拟量 I/O、高速计数输入、中断输入、机械运动输入、热电偶输入、热电阻输入、条形码阅读器、多路 BCD 码输入/输出、模糊控制器、PID 回路控制和各种通信模块等。

　　4）PLC 与现场总线相结合。IEC 对现场总线（Field Bus）的定义是："安装在制造和过程区域的现场装置与控制室内的自动控制装置之间的数字式、串行、多点通信的数据总线称为现场总线"。现场总线以开放的、独立的、全数字化的双向多变量通信代替 0～10mA 或 4～20mA 的现场电动仪表信号。现场总线 I/O 的接线极为简单，只需一根电缆，从主机开始，沿数据链从一个现场总线 I/O 连接到下一个现场总线 I/O。使用现场总线后，自动控制系统的配线、安装、调试和维护等方面的费用可以节约 2/3 左右，现场总线 I/O 与 PLC 可以组成功能强大的、廉价的 DCS。

习　题

1. 简述可编程序控制器的结构和工作原理。

2. 简述可编程序控制器的特点和分类。

3. 简述可编程序控制器的应用领域。

4. 简述可编程序控制器有哪些基本性能指标。

5. 简述可编程序控制器编程语言类别和特点。

6. 简述可编程序控制器的产生背景和发展历程。

第2章 可编程序控制器编程初步

2.1 问题的提出

如何采用可编程序控制器解决实际控制问题呢?

问题1 三相异步电动机正反转控制

对电动机的正反转控制在工业生产中应用广泛,图2-1所示为继电器控制电路图。按下点动按钮SB1,接触器KM1接通并自锁,电动机正转;按下点动按钮SB2,接触器KM2接通并自锁,电动机反转;按下点动按钮SB3,KM1或KM2断开,电动机停转;KM1接通,即电动机正传时,KM2被切断,电动机不能反转;同理KM2接通,即电动机反转时,KM1被切断,电动机不能正转,两者互锁。

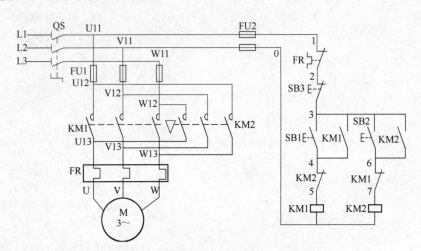

图2-1 电动机正反转继电器控制电路图

问题2 工件传送计件控制

如图2-2所示,当没有工件通过时,件数检测仪为低电平,有工件通过时,为高电平。传送工件个数达到3个满足装车要求后,气压推杆起动,推送工件装车,推杆返回。

问题3 工件定时检测报警控制

在以上工件传送线上用光电开关检测传送带上通过的产品,如果在10s内没有产品通过,发出报警

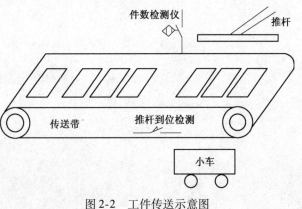

图2-2 工件传送示意图

信号。

问题 1 是典型的开关量控制问题，传统控制系统采用继电器控制，容易出现触头接触不良、硬件逻辑线路复杂的缺点，尤其是在控制的设备数量多、逻辑控制要求多的情况下，这些缺点更为突出，而 PLC 控制能克服继电器控制的缺点，尤其适合这种开关量逻辑控制。

问题 2 中，控制系统通过检测传送工件的数量，控制推杆动作，PLC 所拥有的计数功能可以解决这个问题。

问题 3 中有时间控制要求，可以采用 PLC 的定时器功能来解决。

因此这几个工业生产中常见的控制问题都可以采用 PLC 控制系统解决，PLC 控制系统由硬件系统和控制程序两部分组成，硬件系统就是将输入信号的开关、传感器等设备和需要控制动作的电动机、气压推杆、报警指示灯等输出设备连接在 PLC 的输入输出端口上，而控制程序则能根据输入信号的状态发出输出信号，从而控制电动机、气压推杆和指示灯等输出设备的动作。PLC 硬件系统比较简单，输入输出的接线方法比较规范。控制程序的设计与问题的复杂程度紧密相关，通常采用经验编程法来解决简单的控制问题，而对较为复杂的控制问题采用顺序控制功能图法。经验编程法就是根据控制要求，一步步地编程，然后再反复调试和修改，最后得到满足控制要求的程序。上述三个控制问题比较简单，控制程序的编写采用经验编程法。控制系统核心采用 S7-200 系列中较为常用的 CPU224。

2.2　PLC 控制系统硬件设计

图 2-3 是 AC/DC/继电器型 S7-200 CPU224 接线端子图，这种型号的 PLC 电源采用交流，输入用直流，输出可用交流或直流。交流电源接在 L 和 N 端。14 个输入点分为两组，I0.0 ~ I0.7 为一组，I1.0 ~ I1.5 为另一组，1M、2M 分别是两组输入点内部电路的公共端。L + 和 M 端子分别是模块提供的 24V 直流电源的正极和负极，可用该电源作为输入电路的电源，也可以用于外部的传感器。10 个输出点分为三组，分别是 Q0.0 ~ Q0.3，Q0.4 ~ Q0.6，Q0.7 ~ Q1.1，1L、2L、3L 分别是三组输出点的公共端。因为是继电器输出，回路可使用交流 220V 或直流 24V 电源。

S7-200 CPU224 除了 AC/DC/ 继电器型还有 DC/DC/DC 型，即电源、输入、输出都用 24V 直流电，在购买使用时要注意。图 2-4 是 DC/DC/DC 晶体管型 S7-200 CPU224 的接线端子图。直流 2 4V 电源接在 L + 和 M 端。14 个输入点分为两组，I0.0 ~ I0.7 为一组，I1.0 ~ I1.5 为另一组，1M、2M 分别是两组输入点内部电路的公共端。L + 和 M 端子分别是模块提供的 24V 直流电源的正极和负极，该电源可作为输入电路的电源，也可用于外部的传感器。10 个输出点分为两组，分别是 Q0.0 ~ Q0.4，Q0.5 ~ Q1.1，1L + 、2L + 分别是两组输出点的公共端。

在实际应用中，按照控制要求把设备接到输入输出点上，即称为 I/O 分配表。表 2-1 为问题 1 的 I/O 分配表，表 2-2 为问题 2 和问题 3 的 I/O 分配表。图 2-5 为三相异步电动机正反转控制 PLC 接线图，图 2-6 为传送带工件检测 PLC 接线图。

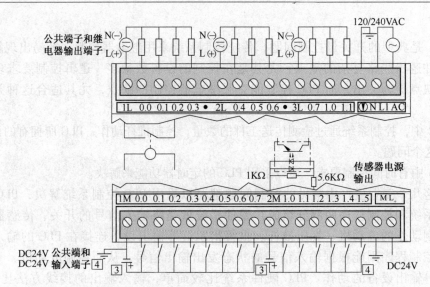

图 2-3 AC/DC/继电器型 S7-200 CPU224 的接线端子图

注：

　　1. 实际元件值可能有变更。

　　2. 把 AC 线连到 L 端。

　　3. 可接受任何极性。

　　4. 可选接地。

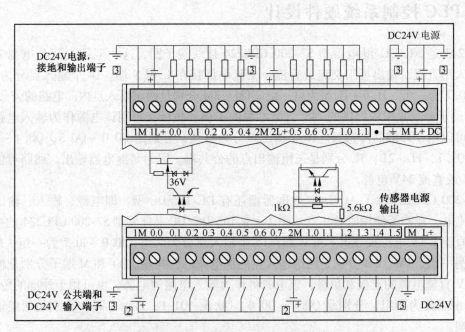

图 2-4 DC/DC/DC 晶体管型 S7-200 CPU224 的接线端子图

注：

　　1. 实际元件值可能有变更。

　　2. 可接受任何极性。

　　3. 可选接地。

表 2-1　三相异步电动机正反转控制 I/O 分配表

输　入		输　出	
元件	输入点	元件	输出点
正转按钮 SB1	I0.0	正转接触器 KM1	Q0.0
反转按钮 SB2	I0.1	反转接触器 KM2	Q0.1
停止按钮 SB3	I0.2	—	—

表 2-2　传送带工件检测控制 I/O 分配表

输　入		输　出	
元件	输入点	元件	输出点
件数检测仪	I0.0	推杆	Q0.0
推杆到位信号	I0.1	报警信号	Q0.1
光电检测开关	I0.2	—	—

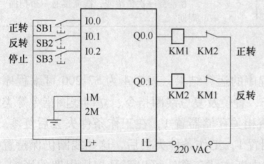

图 2-5　三相异步电动机正反转控制 PLC 接线图

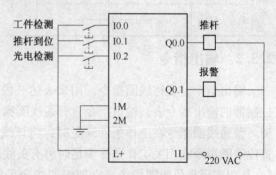

图 2-6　传送带工件检测 PLC 接线图

2.3　基本位逻辑指令与编程

PLC 的位操作指令主要实现逻辑控制和顺序控制，用 S7-200 PLC 的位操作指令编写的控制程序可以代替传统的继电器-接触器控制系统。

2.3.1　触点指令

触点指令是 PLC 中应用最多的一类指令。表 2-3 为西门子 S7-200 PLC 部分触点指令，主要包括触点指令、边沿脉冲触点指令、取反触点指令三类。触点分为常开触点及常闭触点，又以其在梯形图中的位置分为和母线相连的常开触点或常闭触点、与前边触点串联的常开触点及常闭触点、并联的常开触点及常闭触点三种方式；边沿脉冲触点指令是在满足工作条件时，接通一个扫描周期；取反触点指令是将送入的能流取反后送出。

表 2-3　西门子 S7-200 PLC 部分触点指令表

指　令		梯形图符号	数据类型	操作数	指令功能
标准触点	常开 LD	Bit —┤ ├—	位	I、Q、V、M、SM、S、T、C	将常开触点接在母线上
	常开 A	Bit —┤ ├—			常开触点与其他程序段相串联
	常开 O	Bit ┤ ├			常开触点与其他程序段相并联
	常闭 LDN	Bit —┤/├—			将常闭触点接在母线上
	常闭 AN	Bit —┤/├—			常闭触点与其他程序段相串联
	常闭 ON	Bit ┤/├			常闭触点与其他程序段相并联
取反	NOT	—┤NOT├—	—		改变能流输入状态
正负跳变	正 EU	—┤P├—	—		检测到一次正跳变，能流接通一个扫描周期
	负 ED	—┤N├—			检测到一次负跳变，能流接通一个扫描周期

2.3.2　输出指令

输出指令，也称线圈指令，用来表达一段程序的运算结果，表 2-4 为 S7-200 可编程序控制器的输出指令表。输出指令含普通线圈指令、置位及复位线圈指令、立即线圈指令等类型。普通线圈指令在工作条件满足时，将该线圈相关存储器置 1，在工作条件失去后复零。置位线圈指令在相关工作条件满足时将有关线圈置 1，工作条件失去后，这些线圈仍保持置 1，复位需用复位线圈指令。立即线圈指令采用中断方式工作，可以不受扫描周期的影响，将程序运算的结果立即送到输出口。

表 2-4　S7-200 可编程序控制器的输出指令表

指令与助记符		梯形图符号	数据类型	操作数	指令功能
输出	=	Bit —( )	位	Q、V、M、SM、S、T、C	将运算结果输出到某个继电器
立即输出	=I	Bit —(I)	位	Q	立即将运算结果输出到某个继电器
置位与复位	S	Bit —(S) N	位 N：BYTE 或常数	位：Q、V、M、SM、S、T、C N：IB、QB、VB、SMB、SB、LB、AC、MB、常数等	将从指定地址开始的 N 个位置位
	R	Bit —(R) N	位 N：BYTE 或常数	位：Q、V、M、SM、S、T、C N：IB、QB、VB、SMB、SB、LB、AC、MB、常数等	将从指定地址开始的 N 个位复位

（续）

指令与助记符		梯形图符号	数据类型	操作数	指令功能
立即置位与立即复位	SI	—(SI) Bit N	位 N：BYTE 或常数	位：Q N：IB、QB、VB、SMB、SB、 LB、AC、MB、常数等	立即将从指定地址开始的 N 个位置位
	RI	—(RI) Bit N	位 N：BYTE 或常数	位：Q N：IB、QB、VB、SMB、SB、 LB、AC、MB、常数等	立即将从指定地址开始的 N 个位复位

2.3.3　用触点及输出指令实现电动机正反转控制

1. 用自锁和互锁方法编程

问题 1 中三相异步电动机的正反转控制是典型的开关量控制问题，采用触点和输出指令就能解决，以下为经验编程法编程的步骤：

（1）首先解决电动机正转的编程　由表 2-1 I/O 分配表可知，正转控制按钮 SB1 接在输入点 I0.0 上，正转接触器 KM1 接在输出点 Q0.0 上，按控制要求，按下正转控制按钮 SB1，电动机正转，因此梯形图程序如图 2-7a 所示，这是最简单的输入输出程序，但是这段程序并不能满足控制要求，原因是正转控制按钮 SB1 是点动按钮，当其按下时，按钮接通，I0.0 输入信号为 1，Q0.0 接通，电动机正传；而松开时，按钮断开，I0.0 输入信号为 0，Q0.0 断开，电动机停转，显然这样电动机是无法正常运行的，怎么解决这个问题？这里用到自锁这个编程技巧。在继电器控制线路里，其实已经用到这个方法。如图 2-7b 所示梯形图，用输出线圈 Q0.0 并联在输入点 I0.0 上，当 I0.0 为 1 使 Q0.0 接通后，由于 PLC 的工作原理是循环扫描运行，当程序再次从上到下扫描执行时，Q0.0 就能作为自己的输入给自己接通，即使几个扫描周期后，输入 I0.0 断开，Q0.0 依然接通，这就是自锁。

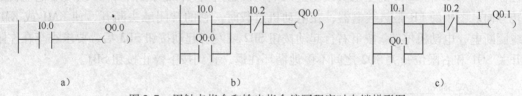

图 2-7　用触点指令和输出指令编写程序时自锁梯形图

（2）然后解决电动机停转的编程　电动机正转后，按下停止按钮 SB3，电动机停转。停止按钮 SB3 对应输入点 I0.2，也就是当 I0.2 为 1 的时候，输出点 Q0.0 为 0，电动机停转，这两者之间存在相反的状态关系，因此 I0.2 采用常闭触点来切断电动机正转，称为解锁，即当 I0.2 为 1 时，触点取反变为 0，切断能流，使 Q0.0 为 0，电动机停转。梯形图如图 2-7b 所示，该梯形图也俗称起保停电路。

（3）解决电动机反转的编程　电动机的反转和停止程序编制过程同（1）、（2），只是反转按钮 SB2 对应为输入点 I0.1，反转接触器 KM2 对应输出口 Q0.1，梯形图如图 2-7c 所示。

（4）解决实际运行中的误操作问题　在实际运行中，由于操作失误等因素，可能会出现同时按下按钮 SB1 和 SB2 的情况，这时 Q0.0 和 Q0.1 会同时为 1，KM1 和 KM2 都接通，这样将导致主电路短路，因此应绝对避免这种情况发生，也就是 Q0.1 为 1 的时候，Q0.0 必须为 0，而 Q0.0 为 1 的时候，Q0.1 必须为 0，两者具有相反的互锁关系，因此电动机正反转控制梯形图如图 2-8 所示，其中采用 Q0.0 的常闭触点作为 Q0.1 的输入条件以达到 Q0.0 闭合时 Q0.1 断开的效果，同样采用 Q0.1 的常闭触点作为 Q0.0 的输入条件以达到 Q0.1 闭合时 Q0.0 断开的效果，这样的编程程技巧称为互锁。

2. 采用置位和复位指令编程

使用置位和复位指令也能实现电动机正反转中输出 Q0.0 和 Q0.1 的自锁和解锁，如图 2-9a所示，加上互锁关系后得到如图 2-9b 所示采用置位和复位指令编写电动机正反转控制梯形图。

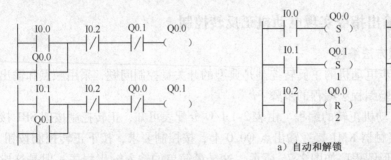

图 2-8　采用触点和输出指令编写的
电动机正反转控制梯形图

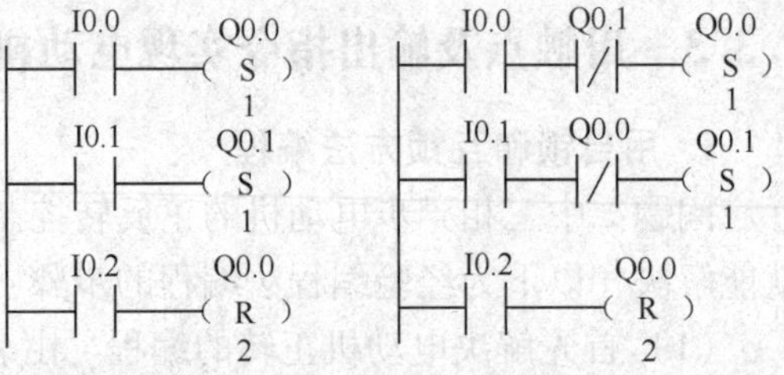

a）自动和解锁　　　　b）加入互锁

图 2-9　采用置位和复位指令编写
电动机正反转控制梯形图

2.3.4　小车自动往复运动控制实例

小车自动往复运动控制是三相异步电动机正反转控制的一个应用实例。如图 2-10 所示为其主电路和继电器控制电路图，其中 KM1 和 KM2 分别是控制正转运行和反转运行的交流接触器。用 KM1 和 KM2 的主触头改变进入电动机的三相电源的相序，即可以改变电动机的旋转方向。图中的 FR 是热继电器，在电动机过载时，它的常闭触头断开，使 KM1 或 KM2 的线圈断电，电动机停转。按下右行起动按钮 SB2 或左行起动按钮 SB3 后，要求小车在左限位开关 SQ1 和右限位开关 SQ2 之间不停地循环往返，直到按下停止按钮 SB1。

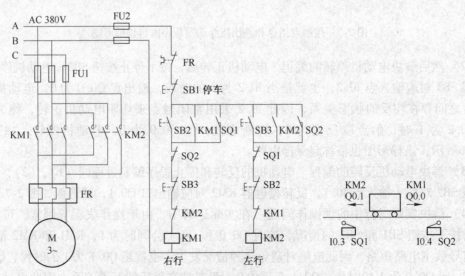

图 2-10　小车自动往复运动的继电器控制电路

　　图 2-11 和图 2-12 分别是小车自动往复运动控制的 PLC 控制系统的外部接线图和梯形图。图 2-12 用两个起保停电路来分别控制电动机的正转和反转。按下正转起动按钮 SB2，I0.0 变为接通，其常开触点接通，Q0.0 的线圈"得电"并保持，使 KM1 的线圈通电，电动机开始正转运行。按下停止按钮 SB1，I0.2 变为接通，其常闭触点断开，使 Q0.0 线圈"失电"，电动机停止运行。

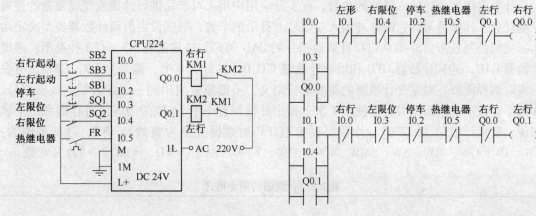

图 2-11　小车自动往复运动控制系统 PLC 接线图　　　图 2-12　小车自动往复运动控制梯形图

　　在梯形图中，除了 Q0.0 和 Q0.1 的常闭触点分别与对方的线圈串联，保证 KM1 和 KM2 的线圈不会同时通电，实现"互锁"外，在梯形图中还设置了"按钮互锁"，即将左行起动按钮控制的 I0.1 的常闭触点与控制右行的 Q0.0 的线圈串联，将右行起动按钮控制的 I0.0 的常闭触点与控制左行的 Q0.1 的线圈串联。设 Q0.0 为接通，小车右行，这时如果想改为左行，可以不按停止按钮 SB1，直接按左行起动按钮 SB3，I0.1 变为接通，它的常闭触点断开，使 Q0.0 的线圈"失电"，同时 I0.1 的常开触点接通，使 Q0.1 的线圈"得电"并自保持，小车由右行变为左行。

　　为了使小车的运动在极限位置自动停止，将右限位开关 I0.4 的常闭触点与控制右行的 Q0.0 的线圈串联，将左限位开关 I0.3 的常闭触点与控制左行的 Q0.1 的线圈串联。为使小车自动改变运动方向，将左限位开关 I0.3 的常开触点与手动起动右行的 I0.0 的常开触点并联，将右限位开关 I0.4 的常开触点与手动起动左行的 I1.1 的常开触点并联。假设按下左行起动按钮 I0.1，则 Q0.1 接通，小车开始左行，碰到左限位开关时，I0.3 的常闭触点断开，使 Q0.1 的线圈"失电"，小车停止左行。I0.3 的常开触点接通，使 Q0.0 的线圈"得电"，开始右行。以后将这样不断地往返运动下去，直到按下停止按钮 I0.2。这种控制方法适用于小容量的异步电动机，且往返不能太频繁，否则电动机将会过热。

　　梯形图中的软件互锁和按钮互锁电路并不保险，在电动机切换方向的过程中，可能原来接通的接触器的主触头的电弧还没有熄灭，另一个接触器的主触头已经闭合了，由此造成瞬时的电源相间短路，使熔断器熔断。此外，如果因为主电路电流过大或接触器质量不好，某一接触器的主触头被断电时产生的电弧熔焊而粘在一起，其线圈断电后主触头仍然是接通的，这时如果另一接触器的线圈通电，也会造成三相电源短路的事故。为了防止出现这种情况，应在 PLC 外部设置由 KM1 和 KM2 的辅助常闭触头组成的硬件互锁电路，如图 2-11 所示，假设 KM1 的主触头被电弧熔焊，这时它与 KM2 线圈串联的辅助常闭触头处于断开状态，因此 KM2 的线圈不可能得电。

2.4　计数器指令与编程

计数器用来累计输入脉冲的次数，在实际应用中用来对产品进行计数或完成复杂的逻辑控制任务。计数器累计它的脉冲输入端信号上升沿的个数，根据设定值及计数器类型决定动作，完成控制任务。S7-200 PLC 计数器指令的 LAD 和 STL 格式见表2-5，有 3 种类型：递增计数器 CTU，递减计数器 CTD 和增减计数器 CTUD，共计 256 个，编号为 C0 ~ C255。可根据实际编程需要，对某个计数器的类型进行定义。不能重复使用同一个计数器的线圈编号，即每个计数器的线圈编号只能使用 1 次。每个计数器有一个 16 位的当前值寄存器和一个状态位，最大计数值为 32767。计数器设定值 PV 的数据类型为整数型 INT，寻址范围为：VW、IW、QW、MW、SW、SMW、LW、AIW、T、C、AC、＊VD、＊AC、＊LD 及常数。

表2-5　计数器的指令格式

格式	名　称		
	增　计　数	增减计数	减　计　数
LAD	CTU ─┤CU　　CTU├ ─┤R ─┤PV	CTUD ─┤CU　　CTUD├ ─┤CD ─┤R ─┤PV	CTD ─┤CD　　CTD├ ─┤LD ─┤PV
STL	CUT C＊＊＊, PV	CTUD C＊＊＊, PV	CTD C＊＊＊, PV

2.4.1　增计数器 CTU

如图 2-13 所示为增计数器梯形图、语句表和时序图，指令名称为 CTU（Count Up），梯形图以功能框的形式编程。它有 3 个输入端：CU、R 和 PV。当复位输入端（R）电路断开，增计数脉冲输入端（CU）电路由断开变为接通（即 CU 信号的上升沿），计数器计数 1 次，当前值增加 1 个单位，PV 为设定值输入端，当前值达到设定值时，计数器动作，计数器位接通，当前值可继续计数到 32767 后停止计数。当复位输入端（R）为接通或对计数器执行复位指令，计数器自动复位，即计数器位为断开，当前值为零。

2.4.2　减计数器 CTD

图 2-14 为减计数器梯形图、语句表和时序图，指令名称为 CTD（Count Down）。梯形图以功能框的形式编程，它有 3 个输入端：CD、LD 和 PV。当复位输入端（LD）电路断开，减计数脉冲输入端（CD）电路由断开变为接通（即 CD 信号的上升沿），计数器计数 1 次，当前值减去 1 个单位。PV 为设定值输入端，当前值减到 0 时，计数器动作，计数器位接通，计数器的当前值保持为 0。当复位输入端（LD）为接通或对计数器执行复位指令，计数器自动复位，即计数器位为断开，当前值为设定值。

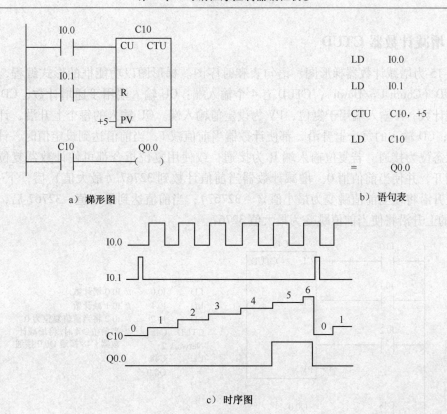

a) 梯形图

b) 语句表

```
LD      I0.0
LD      I0.1
CTU     C10，+5
LD      C10
=       Q0.0
```

c) 时序图

图 2-13　增计数器梯形图、语句表和时序图

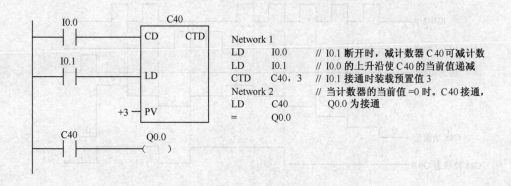

Network 1
```
LD      I0.0      // I0.1 断开时，减计数器 C40 可减计数
LD      I0.1      // I0.0 的上升沿使 C40 的当前值递减
CTD     C40，3     // I0.1 接通时装载预置值 3
Network 2         // 当计数器的当前值 =0 时。C40 接通，
LD      C40           Q0.0 为接通
=       Q0.0
```

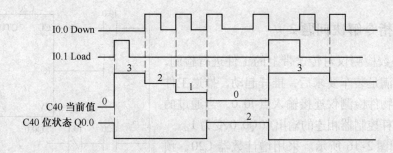

图 2-14　减计数器梯形图、语句表和时序图

2.4.3 增减计数器 CTUD

图 2-15 为增减计数器梯形图、语句表和时序图。梯形图以功能框的形式编程，指令名称为 CTUD（Count Up/Down），CTUD 有 4 个输入端：CU 输入端用于递增计数，CD 输入端用于递减计数，R 输入端用于复位，PV 为设定值输入端。CU 输入的每个上升沿，计数器当前值加 1；CD 输入的每个上升沿，都使计数器当前值减 1，当前值达到设定值时，计数器动作，其状态位为接通。若复位输入端 R 为接通，或使用复位指令都可使计数器复位，状态位变为断开，并使当前值清 0。增减计数器当前值计数到 32767（最大值）后，下一个 CU 输入的上升沿将使当前值跳变为最小值（−32767）；当前值达到最小值 −32767 后，下一个 CD 输入的上升沿将使当前值跳变为最大值 32767。

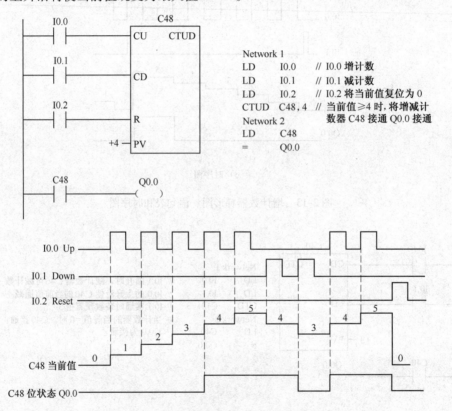

```
Network 1
LD    I0.0    // I0.0 增计数
LD    I0.1    // I0.1 减计数
LD    I0.2    // I0.2 将当前值复位为 0
CTUD  C48,4   // 当前值≥4 时,将增减计
              // 数器 C48 接通 Q0.0 接通
Network 2
LD    C48
=     Q0.0
```

图 2-15 增减计数器梯形图、语句表和时序图

2.4.4 采用计数器指令解决问题 2

问题 2 中要求用件数检测仪对传送带上的工件进行检测，传送工件个数达到 3 个满足装车要求后，推杆起动，推送工件装车，然后推杆返回。物件检测仪连接输入点 I0.0，当通过的物件达到 3 个时，与推杆控制器相连的输出点 Q0.0 变为 1。

梯形图控制程序如图 2-16 所示。采用增计数器 C20，预设值为 3，当推杆碰到限位开关后，I0.1 变为 1，切断 Q0.0，

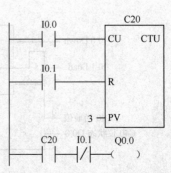

图 2-16 工件检测控制梯形图

使推杆缩回，同时使 C20 复位，等待下一批工件。

2.4.5 计数器的串级组合

PLC 的单个计数器的计数次数是一定的，或者说是有限的。在 S7-200 PLC 中，单个计数器的最大计数范围是 32767，当所需计数的次数超过这个最大值时，可通过计数器串级组合的方法来扩大计数器的计数范围。

例如，某产品的生产个数达到 50 万个时，将有一个输出动作。假设 I0.0 为计数开关，I0.1 为清零开关，Q0.0 为 50 万个时的输出位，梯形图程序如图 2-17 所示，50 万个数用一个计数器是实现不了的，这里使用了两个，C1 的设定值是 25000，C2 的设定值是 20，当达到 C2 的设定值时，对 I0.0 的计数次数已达到 $25000 \times 20 = 500000$ 次。

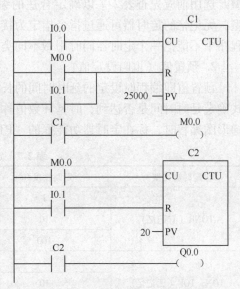

图 2-17 两个计数器串联使用的梯形图

2.5 定时器指令与编程

2.5.1 定时器指令基本要素

S7-200 PLC 的定时器有 3 种类型：接通延时型定时器 TON、保持型（有记忆的）接通延时定时器 TONR、断开延时型定时器 TOF。表 2-6 为西门子 S7-200 系列 PLC 定时器指令表，3 条指令规定了三种不同功能的定时器。

表 2-6 定时器类别表

定时器类别	接通延时定时器	保持型接通延时定时器	断开延时定时器
指令的表达形式	T×× IN TON PT ××ms	T×× IN TONR PT ××ms	T×× IN TOF PT ××ms
操作数的范围及类型	T××：字型；常数 T0 ~ T255，指定定时器号 IN：位型；I、Q、V、M、SM、S、T、C、L、能流，启动定时器 PT：整数型；IW、QW、VW、MW、SMW、T、C、LW、AC、AIW、*VD、*LD、*AC、常数，设定值输入端		

注：带"*"的存储单元具有变址功能。

西门子 S7-200 系列定时器使用的基本要素如下：

1. 编号、类型及精度

S7-200 系列 PLC 配置了 256 个定时器，编号为 T0 ~ T255，每个定时器均有一个 16 位（bit）当前值寄存器及一个 1 位（bit）的状态位（反映其触点的状态）。定时器有 1ms、10ms、100ms 三种精度，1ms 的定时器有 4 个，10ms 的定时器有 16 个，100ms 的定时器有 236 个。编号和类型与精度有关，例如编号是 T2 的精度是 10ms，类型为有记忆的接通延时型。选用前应先查表 2-7 以确定合适的编号，从表中可知，有记忆的定时器均是接通延时型，无记忆的定时器可通过指令指定为接通延时型或断开延时型，使用时还须注意，在一个程序中不能把一个定时器同时用做不同类型，如既有 TON37 又有 TOF37，就是错误的。

2. 预置值（也叫设定值）

预置值即编程时设定的延时时间的长短，PLC 定时器采用时基计数及与预置值比较的方式确定延时时间是否达到，时基计数值称为当前值，存储在当前值寄存器中，预置值在使用梯形图编程时，标在定时器功能框的"PT"端。

表 2-7　定时器的精度及编号

定时器类型	定时精度/ms	最大当前值/s	定时器编号
TONR（有记忆）	1	32.767	T0，T64
	10	327.67	T1 ~ T4，T65 ~ T68
	100	3276.7	T5 ~ T31，T69 ~ T95
TON，TOF（无记忆）	1	32.767	T32，T96
	10	327.67	T33 ~ T36，T97 ~ T100
	100	3276.7	T37 ~ T63，T101 ~ T255

3. 工作条件

工作条件也叫使能输入，从梯形图的角度看，定时器功能框中"IN"端连接的是定时器的工作条件同时也是复位条件。对于接通延时型定时器和有记忆接通延时型定时器来说，有能流流到"IN"端时开始计时，而对于断开延时型定时器来说，能流从有变到无时开始计时。对于接通延时型定时器，当能流从有变到无时，无论定时器计时是否达到预置值，定时器均复位，前边的计时值清零；对于有记忆定时器来说，定时器的复位得靠复位指令；对于断开延时型定时器来说，能流从无变到有就是复位，不过其复位时计时值清零，但输出位为 1。

4. 输出位

每个定时器都有一个输出状态位，当定时时间到的时候，都会改变输出状态位的值，在程序设计中利用这个输出状态位，可以控制其他输出。对接通延时定时器和有记忆的接通延时定时器在"IN"端接通，定时器的当前值大于等于 PT 端的预置值时，输出状态位被置位。当达到预设时间后，接通延时定时器和有记忆的接通延时定时器继续计时，后者的当前值可以分段累加，一直到最大值 32767。断开延时定时器在使能输入"IN"端接通时，定时器位立即接通，并把当前值设为 0。当"IN"端断开时启动计时，达到预设值 PT 时，定时器位断开，并且停止当前值计数。当"IN"端断开的时间短于预置值时，定时器位保持接通。

5. 分辨率

S7-200 PLC 的定时器有 1ms、10ms、100ms 3 种不同的定时精度，即每种定时精度对应不同的基脉冲。定时器计时的过程就是基脉冲增加的过程。

6. 刷新方式

不同定时精度的定时器的刷新方式不同，要正确使用定时器，要了解定时器的刷新方式，保证定时器在每个扫描周期都能刷新 1 次，并能执行 1 次定时器指令。

（1）1ms 定时器的刷新方式　1ms 定时器采用中断刷新的方式，系统每隔 1ms 刷新 1

次，与扫描周期即程序处理无关。当扫描周期较长时，1ms 的定时器在 1 个扫描周期内将多次被刷新，其当前值在每个扫描周期内可能不一致。

（2）10ms 定时器的刷新方式　10ms 的定时器由系统在每个扫描周期开始时自动刷新，在每次程序处理阶段，定时器位和当前值在整个扫描过程中不变。在每个扫描周期开始时将一个扫描周期累计的时间加到定时器当前值上，例如扫描周期是 30ms 的程序，这个定时器在 "IN" 端接通有效的本周期内走过 18ms，下个周期整个扫描过程中的当前值都是 18ms，再下个周期就是 48ms，再下个周期就是 78ms，假设我们的定时器的预置值是 70ms，在这个周期定时器的位就可起作用了。

（3）100ms 定时器的刷新方式　100ms 的定时器是在该定时器指令执行时被刷新。为了使定时器正确地定时，要确保每个扫描周期都能执行一次 100ms 定时器指令，程序的长短会影响定时的准确性。

2.5.2　接通延时定时器指令 TON

接通延时定时器的梯形图及其对应的时序图如图 2-18 所示。当使能输入端接通时，接通延时定时器开始计时，当定时器的当前值大于等于预设值时，该定时器的状态位被置 1（即触点被接通），但定时器继续计时，一直计到最大值 32767，并保持状态位，直到使能输入端断开，清除接通延时定时器的当前值，定时器才复位。操作数 PT：VW、IW、QW、MW、SW、SMW、LW、T、C、AC、常数。

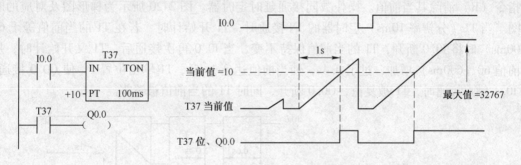

图 2-18　接通延时定时器工作原理

在图 2-18 中，当 I0.0 接通时，T37（分辨率 100ms）开始定时，计时到设定值 PT = 10（1s）时，T37 状态位置 1，其常开触点接通，驱动 Q0.0 输出为 1；其后定时器当前值继续增加，但不影响状态位。当 I0.0 断开时，T37 复位，当前值清 0，状态位也清 0。若 I0.0 的接通时间未到设定值就断开了，则 T37 跟随复位，Q0.0 不会有输出。

2.5.3　断开延时定时器（TOF）

断开延时定时器的梯形图及对应的时序图如图 2-19 所示。断开延时定时器（TOF）用来在输入断开延时一段时间后，才断开输出。当使能输入端接通时，定时器立即接通，并把当前值设为 0，当使能输入端断开时定时器开始计时，直到达到预设的时间。当达到预设时间时，定时器断开输出，并停止计时。当输入断开的时间小于预设时间时，定时器仍保持接通。当 IN 再接通时，定时器当前值仍设为 0。操作数同接通延时定时器。

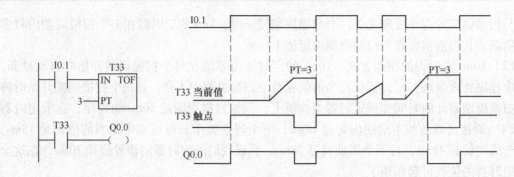

图 2-19　断开延时定时器的梯形图及对应的时序图

在图 2-19 中，当 I0.1 接通时，T33（分辨率 10ms）立刻接通，状态位置 1，使 Q0.1 输出为 1。当 I0.1 从接通变为断开时，T33 开始计时，计时到设定值 PT = 3（30ms）时，T33 状态位断开变为 0，使 Q0.0 输出为 0；其后定时器当前值保持不变，状态位不变。

2.5.4　有记忆接通延时定时器指令 TONR

对于有记忆接通延时定时器，当使能输入端接通时，定时器开始计时，当使能输入端断开时，该定时器保持当前值不变；当使能输入端再接通时，则定时器从原保持值开始再往上加，当定时器的当前值大于等于预设值时，定时器的状态位置 1，但定时器继续计时，一直计到最大值 32767，以后即使输入端再断开，定时器也不会复位，若要定时器复位必须用复位指令（R）清除其当前值。操作数同接通延时定时器。图 2-20 所示为梯形图及对应的时序图。当 T1（分辨率 10ms）定时器的 IN 接通时，T1 开始计时，若在 T1 的当前值等于 60（600ms）时将 I0.0 断开，T1 的当前值保持不变，当 I0.0 再次接通后，T1 又开始计时，从当前值 60（600ms）增加，过了 0.4s，使当前值达到 1s 后，T1 输出位置 1，使 Q0.0 接通。当 I0.1 触点接通时，T1 被复位，Q0.0 断开，同时 T1 的当前值被清零。

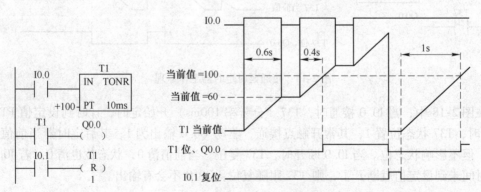

图 2-20　有记忆接通延时定时器梯形图和时序图

2.5.5　采用定时器指令解决问题 3

接通延时定时器是最常用的定时器，能解决大部分定时问题，其启动条件是输入端信号为 1，问题 3 中需要设定的定时时间是 10s，因此采用分辨率 100ms 的定时器就可以满足要求，编程时采用常用的分辨率为 100ms 定时器 T37 做接通延时定时器。连接输入点 I0.2 的光电信号检测开关通常是在有产品通过时信号为 1，无产品通过时为 0。

梯形图控制程序如图 2-21 所示。为满足无产品通过时接通信号为 1 的条件，采用 I0.2 的常闭触点作为 T37 的输入端，定时参数为 100，定时时间为 $100 \times 0.1 = 10s$，并用 T37 的输出触点启动报警信号输出 Q0.1。

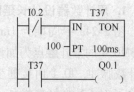

图 2-21　问题 3 的梯形图

2.5.6　双定时器的应用

1. 串联使用

图 2-22 为两个定时器串联使用的梯形图和时序图。采用 I0.0 作为输入，T37 和 T38 两个定时器串联来控制 Q0.1，其中 T37 为接通延时定时器，T38 为断开延时定时器。I0.0 的常开触点接通后，T37 开始计时，9s 后 T38 的常开触点接通，使断开延时定时器 T38 的线圈通电，T38 的常开触点接通，使 Q0.1 的线圈通电。I0.0 变为 0 状态后 T38 开始定时，7s 后 T38 的定时时间到，其常开触点断开，使 Q0.1 变为 0 状态。

2. 逆联使用

图 2-23 为两个定时器逆联使用的梯形图和时序图。当 I0.0 处于接通状态后，Q0.1 输出间隔 3s，持续时间 5s 的震荡波，称为闪烁电路。梯形图中，当 I0.0 接通后，T37 的 IN 输入端为 1 状态，T37 开始计时。3s 后定时时间到，T37 的常开触点接通，使 Q1.0 变为接通，同时 T38 开始计时。5s 后定时时间到，它的常闭触点断开，使 T37 的 IN 输入端变为 0 状态，T37 的常开触点断开，使 Q1.0 变为断开，同时 T38 因为 IN 输入端变为 0 状态，它被复位。复位后其常闭触点又接通，T37 又开始计时，往后 Q1.0 的线圈就这样周期性地"通电"与"断电"，直到 I0.0 变为断开。Q1.0 线圈"通电"与"断电"的时间分别等于 T38 与 T37 的预置值。

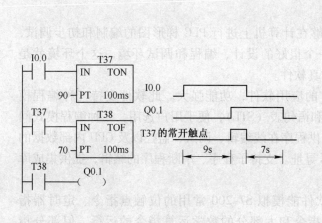

图 2-22　双定时器串联使用

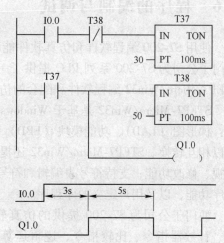

图 2-23　双定时器逆联使用实现振荡电路控制

2.5.7　采用定时器和计数器实现长延时控制

S7-200 的定时器最长的定时时间为 3276.7s，如果需要更长的定时时间，可以使用

图 2-24 中的长延时控制程序。

1. 用计数器设计长延时电路

图 2-24a 中周期为 1min 的时钟脉冲 SM0.4 的常开触点为加计数器 C2 提供计数脉冲，I0.1 由接通变为断开时，解除了对 C2 的复位操作，C2 开始定时，图中的定时时间为 30000min。

2. 用计数器扩展定时器的定时范围

图 2-24b 中的 T37 和 C4 组成了长延时电路。I0.2 为断开时，100ms 定时器 T37 和加计数器 C4 处于复位状态，它们不能工作。I0.2 为接通

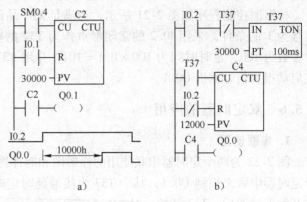

图 2-24　长延时电路

时，其常开触点接通，T37 开始计时，3000s 后 T37 的定时时间到，其当前值等于设定值，它的常闭触点断开，使它自己复位，复位后 T37 的当前值变为 0，同时它的常闭触点接通，使它自己的线圈重新"通电"，又开始定时。T37 这样周而复始地工作，直到 I0.2 变为断开。

从上面的分析可知，图 2-24b 最上面一行电路是一个脉冲信号发生器，脉冲周期等于 T37 的设定值（3000s）。这种定时器自复位的电路只能用于 100ms 的定时器。图中 T37 产生的脉冲送给 C4 计数，计满 12000 个数（即 10000h）后，C4 的当前值等于设定值，它的常开触点闭合。设 T37 和 C4 的设定值分别为 K_t 和 K_c，对于 100ms 定时器，总的定时时间（s）为 $T = 0.1K_tK_c = 0.1s30000 \times 12000 = 36000000s = 10000h$。

2.6　程序的编制与调试

使用 S7-200 编程软件和仿真软件能够在计算机上进行 PLC 梯形图的编制和初步调试，西门子公司为 S7-200 系列 PLC 提供了一个很好的设计、编程和调试环境，这个环境就是 STEP7-Micro/Win32 编程软件和配套的仿真软件。

STEP7-Micro/Win32 是基于 Windows 的应用软件，功能强大。此软件支持三种编程模式：梯形图（LAD）、功能模块（FBD）和语句表（STL），便于用户选用，三种编程模式间可以相互转换。STEP7-Micro/Win32 还提供程序在线编辑、调试、监控以及 CPU 内部数据的监视、修改功能；支持符号表编辑和符号寻址。支持子程序、中断程序的编辑，提供集成库程序功能，以及用户定义的库程序。

西门子公司为 S7-200 提供的仿真软件能模拟 S7-200 常用的位触点指令、定时器指令、计数器指令、比较指令、逻辑运算指令和大部分的数学运算指令的运行，但部分指令如顺序控制指令、循环指令、高速计数器指令和通信指令等尚无法支持。仿真程序提供了数字信号输入开关、两个模拟电位器和 LED 输出显示，仿真程序同时还支持对 TD-200 文本显示器的仿真，在实验条件尚不具备的情况下，完全可以作为学习 S7-200 的一个辅助工具。

2.6.1　STEP7-Micro/Win32 编程软件的使用

1. 新建项目

新建程序文件，可以用"文件（File）"菜单中的"新建（New）"项或工具条中的"新建（New）"按钮新建一个程序文件。在新建程序文件的初始设置中，文件以"Project1（CPU221）"命名，CPU221 是系统默认的 PLC 的 CPU 型号，可以根据需要设置 CPU 型号。在指令树中可见一个程序文件包含 7 个相关的块（程序块、符号表、状态图、数据块、系统块、交叉索引及通信），其中程序块包含一个主程序、一个可选的子程序和一个中断服务程序。

STEP7-Micro/Win 32 软件的编程步骤如下：

1）创建项目或打开已有的项目。新建文件窗口如图 2-25 所示。

2）设置 PLC 的型号。在给 PLC 编程之前，应正确地设置其型号，执行菜单命令"PLC"→"类型"，在出现的对话框中设置 PLC 的型号。如果已经成功地建立起与 PLC 的通信连接，单击对话框中的"读取 PLC"按钮，可以通过通信读出 PLC 的型号与 CPU 的版本号。按"确认"按钮后启用新的型号和版本。

指令树用红色"×"表示对选择的 PLC 的型号无效的指令。如果设置的 PLC 的型号与 PLC 实际的型号不一致，不能下载系统块。

3）选择默认的编程语言和指令助记符集。执行命令"工具"→"选项"，将弹出"选项"对话框，选中左边窗口的"常规"图标，在"常规"选项卡中选择语言、默认的程序编辑器的类型，一般选择 SIMATIC 编程模式。

4）确定程序结构。较简单的数字量控制程序一般只有主程序（OBI），系统较大、功能复杂的程序除了主程序外，可能还有子程序、中断程序和数据块。

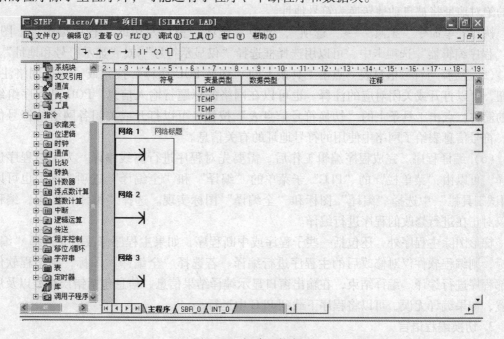

图 2-25　新建文件窗口

5）用系统块设置 PLC 的参数。一般对 CPU 模块和输入输出特性没有特殊要求的程序，可以全部采用系统块的默认值。

2. 程序的编辑与编译

（1）定义符号地址　为了方便程序的调试和阅读，可以用符号表来定义变量的符号地址，较简单的程序也可以不用符号表。双击指令树的"符号表"文件夹中的"用户定义"图标，打开自动生成的符号表。用鼠标右键点击符号表中的某一行，在执行弹出的快捷菜单中选择"插入"→"行"命令，可以在所选行的上面插入新的一行，然后按回车键，将会在该行下面自动生成新的行。执行"插入"→"新符号表"命令，可以生成新的符号表。

（2）编写用户程序　用选择的编程语言编写用户程序。梯形图程序被划分为若干个网络，一个网络中只能有一块独立电路，有时一条指令也算一个网络。如果一个网络中有两块独立电路，在编译时将会显示"无效网络或网络太复杂无法编译"。

生成梯形图程序时，点击工具条上的触点按钮，在矩形光标所在的位置放置一个触点，在出现的窗口中选择触点的类型，也可以用键盘输入触点的类型；点击触点上面或下面的红色问号，设置该触点的地址或其他参数。用相同的方法在梯形图中放置线圈和方框指令。点击工具条上带箭头的线段，可以生成触点间的连线。

（3）对网络的操作　用鼠标左键点击程序区左边的灰色部分，对应的网络被选中，整个网络的背景变为黑色。点击程序区左边灰色的部分后，按住鼠标左键，往上或往下拖动，可以选中相邻的若干个网络。可以用删除键删除选中的网络或者用剪贴板复制、粘贴选中的网络中的程序。用光标（细线组成的方框）选中梯形图中某个编程元件后，可以删除它或者用剪贴板复制和粘贴它。

（4）符号的显示　执行菜单命令"查看"→"符号寻址"，可以在程序中切换符号地址或绝对地址的显示。在符号地址显示方式输入地址时，可以输入符号地址或绝对地址，输入的绝对地址将被自动地转换为符号地址。

执行菜单命令"工具"→"选项"，选中"选项"窗口左边的"程序编辑器"图标，在"程序编辑器"选项卡中，可以用选择框选择"仅显示符号"或"显示符号和地址"。

（5）注释与符号信息表　点击工具条上的"切换 POU 注释"按钮或"切换网络注释"按钮，可以打开或关闭对应的注释。也可以在网络的标题行输入信息。POU 是程序组织单元的简称。点击工具条上的"切换符号信息表"按钮，可以打开或关闭各网络的符号信息表。符号信息表给了网络中使用的符号地址的有关信息。

（6）编译程序　完成程序编辑工作后，需要先对程序进行离线编译。为了对程序进行编译，可以由"菜单栏"的"PLC"子菜单的"编译"和"全编译"选项实现。也可以在"调试工具栏"中选择"编译"图标和"全编译"图标实现。选择"编译"图标，编程软件仅对正在进行修改的程序进行编译。

梯形图除主程序外，还包括一些子程序或中断程序，如果主程序修改后，选择"编译"图标，则编程软件仅对修改后的主程序进行编译。若选择"全编译"图标，则编程软件对全部程序进行编译。编译结束，在输出窗口显示编译结果信息，信息包括错误类型以及所在位置，如果编译无误，可以将程序下载到 PLC 中运行。

3. 切换编程语言

STEP7-Micro/Win 32 编程软件可方便地进行三种编程语言（语句表、梯形图和功能表图）的相互切换。方法是在"视图（View）"菜单中单击"STL"、"LAD"或"FBD"，即可进入相应的编程环境。应该注意的是，在某一模式程序编好后，经编译不存在错误，方可进行切换。如有错误，则无法切换。

4. 项目下载与上传

（1）下载　计算机与 PLC 建立起通信连接后，可以将程序下载到 PLC 中去。

单击工具栏中的"下载"按钮或者执行菜单命令"文件"→"下载"，将会出现下载对话框。用户可以用多选框选择是否下载程序块、数据块、系统块、配方和数据记录配置。不能下载或上载符号表或状态表。单击"下载"按钮，开始下载数据。

下载应在 STOP 模式进行，下载时可以将 CPU 自动切换到停止（STOP）模式，下载结束后可以自动切换到运行（RUN）模式。可以用多选框选择下载成功后是否自动关闭对话框，以及下载之前从"RUN"切换到"STOP"模式或下载后从"STOP"模式切换到"RUN"模式时是否需要提示。

（2）上传　上传前应建立起计算机与 PLC 之间的通信连接，在 STEP7-Micro/Win 中新建一个空项目来保存上传的块，项目中原有的内容将被上传的内容覆盖。

单击工具条中的"上传"按钮，或者执行菜单命令"文件"→"上传"，将打开上传对话框。上传对话框与下载对话框的结构基本相同，只是在对话框的右下部仅有多选框"成功后关闭对话框"。用户可以用多选框选择是否上传程序块、数据块、系统块、配方和数据记录配置。单击"上传"按钮，开始上传过程。

5. 调试与监控

在运行 STEP 7-Micro/Win 的计算机与 PLC 之间建立起通信连接，并将程序下载到 PLC 后，执行菜单命令"调试"→"开始程序状态监控"或单击工具条中的"程序状态监控"按钮，可以用程序状态监控功能监控程序运行的情况。如果需要暂停程序状态监控，单击工具条中的"暂停程序状态监控"按钮，当前的数据保留在屏幕上。再次点击该按钮，继续执行程序状态监控。

（1）运行状态的程序状态监控　梯形图程序的程序状态监控必须在梯形图程序状态操作开始之前选择程序状态监控的数据采集模式。执行菜单命令"调试"→"使用执行状态"命令后，进入执行状态。在这种状态模式，只是在 PLC 处于运行模式时才能修改程序段中的数值。

在运行模式启动程序状态功能后，将用颜色显示出梯形图中各元件的状态，左边的垂直"电源线"和与它相连的水平"导线"变为蓝色。如果位操作数为 1（为接通），其常开触点和线圈变为蓝色，它们中间出现蓝色方块，有"能流"流过的"导线"也变为蓝色。如果有能流流入方框指令的 EN（使能）输入端，且该指令被成功执行时，方框指令的方框变为蓝色。定时器和计数器的方框为绿色时表示它们包含有效数据。红色方框表示执行指令时出现了错误。灰色表示无能流、指令被跳过、未调用或 PLC 处于停止（STOP）模式。

用菜单命令"工具"→"选项"打开"选项"对话框，在"程序编辑器"选项卡中设置梯形图编辑器中栅格（即矩形光标）的宽度、字符的大小、仅显示符号或同时显示符号和地址等。

只有在 PLC 处于运行模式时才会显示强制状态，此时用鼠标右键点击某一元件，在弹出的菜单中可以对该元件执行强制或取消强制的操作。强制和取消强制功能不能用于 V、

M、AI 和 AQ 的位。

（2）扫描结束状态的程序状态监控　在上述的执行状态，执行菜单命令"调试"→"使用执行状态"，菜单中该命令行前面的"√"号消失，进入扫描结束状态。

"扫描结束"状态显示的是程序扫描结束时读取的状态结果。这些结果可能不会反映PLC 数据地址的所有数值变化，因为随后的程序（指程序扫描结束之前）可能会写入和重新写入数值。由于快速的 PLC 扫描周期和相对慢速的 PLC 数据通信之间存在的速度差别，"扫描结束"状态显示的是几个扫描周期结束时采集的数据值。

只有在 RUN 模式才会显示触点的颜色块，以区别运行和停止模式。对强制的处理与执行状态基本相同。在 PLC 处于运行和停止模式时都会显示强制状态。只有在"调试"菜单中选中了 STOP（停止）模式下写入，才能在 STOP 模式执行对输出 Q 和 AQ 的写操作。

（3）在 RUN 模式下编辑用户程序　在运行（RUN）模式下，不必转换到停止（STOP）模式，便可以对程序做较小的改动，并将改动下载到 PLC。

建立好计算机与 PLC 之间的通信联系后，当 PLC 处于运行模式时，执行菜单命令"调试"→"RUN（运行）"模式下的程序编辑，如果编程软件中打开的项目与 S7-200 中的程序不同，将提示上传 PLC 中的程序，该功能只能编辑 PLC 中的程序。进入运行模式编辑状态后，将会出现一个跟随鼠标移动的 PLC 图标。

再次执行菜单命令"调试"→"RUN（运行）"模式下的程序编辑，将退出运行模式编辑。编辑前应退出程序状态监控，修改程序后，需要将改动下载到 PLC。下载之前一定要仔细考虑可能对设备或操作人员造成的各种安全后果。

2.6.2　仿真软件的使用

1. S7-200 仿真软件安装

PLC S7-200 仿真程序是绿色版，不需要安装，直接点击 .EXE 文件图标就可以使用。S7-200 仿真软件界面如图 2-26 所示。

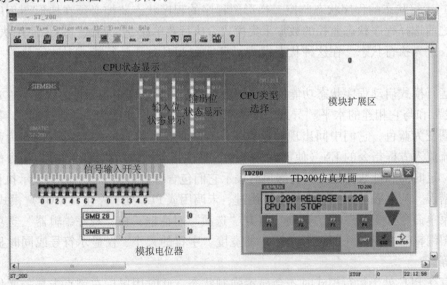

图 2-26　S7-200 仿真软件界面

2. 常用菜单命令介绍

和所有基于 Windows 的软件一样，仿真软件最上方是菜单，仿真软件的所有功能都有对应的菜单命令；在工件栏中列出了部分常用的命令（如 PLC 程序加载，启动程序，停止程序、AWL、KOP、DB1 和状态观察窗口等）。

1）Program/Load Program：加载仿真程序。仿真程序梯形图必须为 awl 文件，数据块必须为 dbl 或 txt 文件。

2）Program/Paste Program（OB1）：粘贴梯形图程序。

3）Program/Paste Program（DB1）：粘贴数据块。

4）View/Program AWL：查看仿真程序（语句表形式）。

5）View/Program KOP：查看仿真程序（梯形图形式）。

6）View/Data（DB1）：查看数据块。

7）View/State Table：启用状态观察窗口。

8）View/TD200：启用 TD200 仿真。

9）Configuration/CPU Type：设置 CPU 类型。

10）输入位状态显示：对应的输入端子为 1 时，相应的 LED 变为绿色。

11）输出位状态显示：对应的输出端子为 1 时，相应的 LED 变为绿色。

12）CPU 类型选择：点击该区域可以选择仿真所用的 CPU 类型。

13）模块扩展区：在空白区域点击，可以加载数字和模拟 I/O 模块。

14）信号输入开关：用于提供仿真需要的外部数字量输入信号。

15）模拟电位器：用于提供 0～255 连续变化的数字信号。

16）TD200 仿真界面：仿真 TD200 文本显示器。TD200 只具有文本显示功能，不支持数据编辑功能。

3. 准备工作

仿真软件不提供源程序的编辑功能，因此必须和 STEP7 Micro/Win 程序编辑软件配合使用，即在 STEP7 Micro/Win 中编辑好源程序后，然后加载到仿真程序中执行。具体步骤如下：

1）在 STEP7 Micro/Win 中编辑好梯形图。

2）利用 File/Export 命令将梯形图程序导出为扩展名为 awl 的文件。

3）如果程序中需要数据块，需要将数据块导出为 txt 文件。

4. 程序仿真

1）启动仿真程序。

2）利用 Configuration/CPU Type 选择合适的 CPU 类型。不同类型的 CPU 支持的指令略有不同，某些 CPU 214 不支持的仿真指令 CPU 226 可能支持。

3）模块扩展。不需要模块扩展的程序该步骤可以省略。

在模块扩展区域的空白处点击鼠标左键，弹出模块组态窗口。在窗口中列出了可以在仿真软件中扩展的模块。选择需要扩展的模块类型后，点击"Accept"按钮即可。

不同类型 CPU 可扩展的模块数量是不同的，每一处空白只能添加一种模块。扩展模块后的仿真软件界面如图 2-27 所示。

4）程序加载。选择仿真程序的 Program/Load Program 命令，打开加载梯形图程序窗口

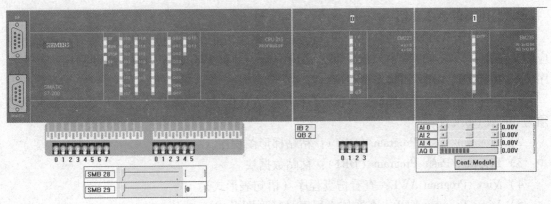

图 2-27　扩展模块后的仿真软件界面

如图 2-28 所示，选择 Logic Block（梯形图程序）和 Data Block（数据块）。点击"Accept"按钮，从文件列表框分别选择 awl 文件（如图 2-29）和文本文件（数据块默认的文件格式为 dbl 文件，可在文件类型选择框中选择 txt 文件），如图 2-30 所示。

　　加载成功后，在仿真软件中的 AWL、KOP 和 DB1 观察窗口中就可以分别观察到加载的语句表程序、梯形图程序和数据块。

　　5）点击工具栏 ▷ 按钮，启动仿真。

　　6）仿真启动后，利用工具栏中的 按钮，启动状态观察窗口。

　　在 Address 对应的对话框中，可以添加

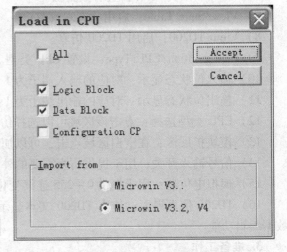

图 2-28　程序加载窗口

需要观察的编程元件的地址，在 Format 对应的对话框中选择数据显示模式。点击窗口中的"Start"按钮后，在"Value"对应的对话框中可以观察按照指定格式显示的指定编程元件的当前数值。

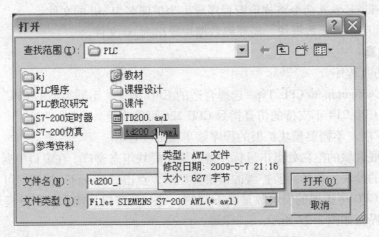

图 2-29　梯形图文件选择

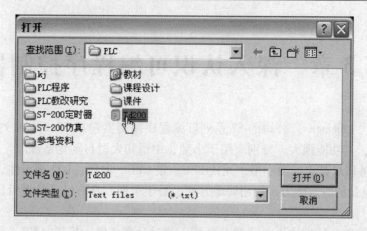

图 2-30　数据块文件选择

在程序执行过程中，如果编程元件的数据发生变化，"Value"中的数值将随之改变。利用状态观察窗口可以非常方便地监控程序的执行情况。

习　题

1. S7-200 基本位逻辑指令有哪些？画出梯形图符号。

2. 定时器/计数器有几种类型？各有何特点？与定时器/计数器相关的变量有哪些？梯形图中如何表示这些变量？

3. 设计计数范围为 40000 的计数器程序。

4. 请画出图 2-31 中 Q0.0 的波形图。

5. 设计满足图 2-32 波形的梯形图。

6. 设计满足图 2-33 波形的梯形图。

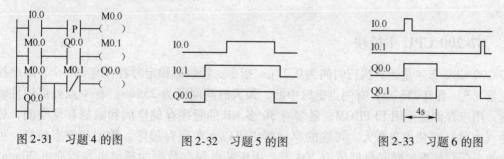

图 2-31　习题 4 的图　　　　图 2-32　习题 5 的图　　　　图 2-33　习题 6 的图

第3章 深入认识可编程序控制器

德国西门子（Siemens）公司的S7系列可编程序控制器包括S7-200系列、S7-300系列和S7-400系列，其功能强大，分别应用于小型、中型和大型自动化系统。

S7-200系列PLC是集成型小型单元式PLC。集CPU、电源、I/O于一体，具有丰富的内置集成功能，强劲的通信能力，使用简单方便、易于掌握，具有极高的性价比，广泛应用于各个行业。

S7-300系列PLC是模块化中型PLC系统，通过分布式的主机架（CR）和3个扩展机架（ER），可以对多达32个模块进行操作，各种单独的模块之间可进行广泛组合以用于扩展，能满足中等性能要求的应用。

S7-400系列PLC采用模块化无风扇的设计，坚固耐用，易于扩展，通信能力强大，容易实现分布式结构，可以扩展300多个模块。该系列采用冗余设计的容错自动化系统和安全型自动化系统，具有更高的安全性能。

由于S7-200系列PLC几乎包含了西门子PLC所有的性能，而且在小型PLC中具有较强的代表性，所以本章以S7-200系列为例，详细介绍了其主模块以及数字量、模拟量等扩展模块的性能和参数，各存储区的种类和存储范围，在此基础上对S7-300系列的硬件模块进行了简单介绍。

3.1 S7-200系列PLC模块

3.1.1 S7-200 CPU主模块

S7-200 CPU布尔量运算执行时间为0.22μs/指令，计数器和定时器各有256个，顺序控制继电器（S）各有256点；有两点定时中断，最大时间间隔为255ms；有4点外部硬件输入中断，用户存储器使用EEPROM，最多有30多KB的程序存储空间和数据存储空间，后备电池（选件）可使用200天。可选的存储器卡可以永久保存程序、数据和组态信息，可选的电池卡保存数据的时间典型值为200天。用于断电保存数据的超级电容器充电20min，可以充60%的电量。

S7-200 CPU的指令功能强，有位逻辑、定时、计数、传送、比较、移位、循环移位、产生补码、调用子程序、脉冲宽度调制、脉冲序列输出、跳转、数制转换、算术运算、字逻辑运算、浮点数运算、开平方、三角函数和PID控制等指令。采用主程序、最多8级子程序和中断程序的程序结构，用户可以使用1～255ms的定时中断。用户程序可以设4级口令保护，监控定时器（看门狗）的定时时间为300ms。S7-200的程序结构简单清晰，在编程软件中，主程序、子程序和中断程序分页存放，使用各程序块中的局部变量，易于将程序块移植到别的项目。子程序用输入、输出变量作软件接口，便于实现结构化编程。

S7-200有S7-21*系列和S7-22*系列，目前S7-22*系列PLC是市场中的主流产品，有 5 种 CPU 模块，最多可以扩展 7 个扩展模块，可以扩展到 248 点数字量 I/O 和 38 路模拟量 I/O。S7-22 * 系列有 CPU221、CPU222、CPU224、CPU224XP、CPU226 等 5 种不同模块，各 CPU 模块的技术指标见表 3-1。

表 3-1　S7-200 CPU 技术规范

特　　性	CPU 221	CPU 222	CPU 224	CPU 224XP	CPU 226
外形尺寸（长/mm×宽/mm×高/mm）	90×80×62	90×80×62	120.5×80×62	120.5×80×62	190×80×62
可以在运行模式下编辑用户数据存储区/B	4096	4096	8192	12288	16384
不能在运行模式下编辑	4096	4096	12288	16384	24576
数据存储区/B	2048	2048	8192	10240	10240
掉电保持时间典型值/h	50	50	100	100	100
本机数字量 I/O	6 入/4 出	8 入/6 出	14 入/10 出	14 入/10 出	24 入/16 出
本机模拟量 I/O	—	—	—	2 入/1 出	
数字量 I/O 映像区	256(128 入/128 出)				
模拟量 I/O 映像区	无	16 入/16 出	32 入/32 出		
扩展模块数量	—	2 个	7 个		
脉冲捕捉输入个数	6	8	14	24	
高速计数器个数	4 个		6 个	6 个	6 个
单相高速计数器个数	4 路 30kHz		6 路 30kHz	6 路 30kHz 或 2 路 200kHz	4 路 30kHz
双相高速计数器个数	2 路 20kHz		4 路 20kHz	3 路 20kHz 或 1 路 100kHz	2 路 20kHz
高速脉冲输出	2 路 20kHz		2 路 20kHz	2 路 100kHz	2 路 20kHz
模拟量调节电位器	1 个，8 位分辨率		2 个，8 位分辨率		
实时时钟	有（时钟卡）	有（时钟卡）	有	有	有
RS-485 通信口	1	1	1	2	2
可选卡件	存储器卡、电池卡和实时时钟卡		存储器卡和电池卡		
DC 24V 电源 CPU 输入电流/最大负载	80mA/500mA	85mA/500mA	110mA/700mA	120mA/900mA	150mA/1050mA
AC 240V 电源 CPU 输入电流/最大负载	15mA/60mA	20mA/70mA	30mA/100mA	35mA/100mA	40mA/160mA

CPU 221 和 CPU222 适于作小点数的微型控制器，前者无扩展功能，后者有扩展功能。

CPU 224 和 CPU 224XP 是具有较强控制功能的控制器。数字量输入中有 4 个用作硬件中断，6 个用于高速计数功能。32 位高速加/减计数器的最高计数频率为 30kHz，可以对增量式编码器的两个互差 90°的脉冲列计数，计数值等于设定值或计数方向改变时产生中断，在中断程序中可以及时地对输出进行操作。两个高速输出可以输出最高 20 kHz、频率和宽度可调的脉冲列。

CPU 224XP 增强了 S7-200 在运动控制、过程控制、位置控制、数据监视和采集（远程终端应用）以及通信方面的功能。其集成了两路模拟量输入（10bit，DC ±10V），一路模拟量输出（10bit，DC 0~10V 或 0~20mA），有两个 RS-485 通信口，高速脉冲输出频率提高到 100kHz，高速计数器频率提高到 200kHz，有 PID 自整定功能。

CPU 226 适用于复杂的中小型控制系统，可扩展到 248 点数字量和 35 路模拟量，有两个 RS-485 通信接口。

3.1.2　数字量扩展模块

当 PLC 控制系统需要的控制设备比较多，CPU 基本模块的输入/输出点数不够时，可以选用数字量输入/输出模块来扩大输入/输出点数，数字量输入/输出模块的型号和性能见表 3-2，主要包括 EM221、EM222、EM223，可满足不同的控制需要，最多有 248 点数字量输入/输出扩展。除 CPU 221 外，其他 CPU 模块均可以配接多个扩展模块，扩展模块用扁平电缆与 CPU 主模块相连。

表 3-2　数字量扩展模块

数字量模块型号	EM221	EM222	EM223
输入点数/点	8	无	4/8/16
输出点数/点	无	8	4/8/16
隔离组点数/点	4	4	4
输入电压	24V DC	—	DC 24V
输出电压	—	20.4~22.8V DC 或 20~250V AC	20.4~22.8V DC 或 5~30V DC、20~250V AC
电缆长度（隔离/不隔离）/m	300/500	150/50	300/500
输出类型	—	DC 输出/继电器输出	DC 输出/继电器输出
电能消耗（+5V DC）/mA	30	50	40/100/160

3.1.3　模拟量扩展模块

1. PLC 对模拟量的处理

在工业控制中，某些输入量（例如压力、温度、流量、转速等）是模拟量，而 PLC 的 CPU 只能处理数字量，某些执行机构（例如电动调节阀和变频器等）又要求 PLC 输出模拟量信号。这要求 PLC 用 A/D 转换器将模拟量转换成标准量程的电流或电压数字量然后进行处理，用 D/A 转换器将 PLC 中的数字量转换为模拟量电压或电流，再去控制执行机构。

例如在温度闭环控制系统中，炉温用热电偶或热电阻检测，温度变送器将温度转换为标准量程的电流或电压后送给模拟量输入模块，A/D 转换后得到与温度成正比的数字量，CPU 将它与温度设定值比较，并按某种控制规律对差值进行运算，将运算结果（数字量）送给模拟量输出模块，经 D/A 转换后变为电流信号或电压信号，用来控制电动调节阀的开度，通过它控制加热用的天然气的流量，实现对温度的闭环控制。

S7-200 有 5 种模拟量扩展模块，包括 EM231CN 模块 3 种，EM232N、EM235CN 模块各 1 种，其中 EM231 的 3 种模块为 4 路模拟量输入、2 路热电阻模拟量输入、2 路热电偶模拟量输入、2 路模拟量输出，EM235 模块为 4 路模拟量输入，1 路模拟量输出。模拟量输入/输出模块的两个重要指标是分辨率和转换时间。

2. 模拟量输入模块

模拟量输入模块有多种量程，可以用模块上的 DIP 开关来设置。EM231CN 模拟量输入模块有 5 档量程（DC 0~10V、0~5V、0~20mA、±2.5V 和 ±5V）。EM 235CN 模块的输入信号有 16 档量程。

模拟量输入模块的分辨率为 12 位，单极性全量程输入范围对应的数字量输出为 0~32000。双极性全量程输入范围对应的数字量输出为 −32000~+32000。电压输入时输入阻抗 ≥10MΩ，电流输入时输入电阻为 250Ω，A/D 转换的时间 <250μs，模拟量输入的阶跃响应时间为 1.5ms（达到稳态值的 95% 时）。

转换时应考虑变送器的输入/输出量程和模拟量输入模块的量程，找出被测物理量与 A/D 转换后的数字值之间的比例关系。

[例]量程为 0~10MPa 的压力变送器的输出信号为 DC4~20mA，模拟量输入模块 0~20mA 转换为 0~32000 的数字量，设转换后得到的数字为 N，试求以 kPa 为单位的压力值。

解：4~20mA 的模拟量对应于数字量 6400~32000，即压力 0~10000kPa 对应于数字量 6400~32000 的计算公式应为：

$$p = \left[\frac{(10000-0)}{(32000-6400)}(N-6400) \right] kPa = \frac{100}{256}(N-6400) kPa$$

3. 模拟量输出模块

模拟量输出模块 EM232CN 的量程有 ±10V 和 0~20mA 两种，对应的数字量分别为 −32000~+32000 和 0~32000。满量程时电压输出和电流输出的分辨率分别为 12 位和 11 位。25℃ 时的精度典型值为 ±0.5%，电压输出和电流输出的稳定时间分别为 100μs 和 2ms。最大驱动能力为：电压输出时负载电阻最小为 5kΩ，电流输出时负载电阻最大为 500Ω。

3.1.4　其他扩展模块

1. 热电偶、热电阻扩展模块

EM 231 热电偶、热电阻模块具有冷端补偿电路，如果环境温度迅速变化，则会产生额外的误差，建议将热电偶和热电阻模块安装在环境温度稳定的地方。热电偶输出的电压范围为 ±5V，模块输出 15 位加符号位的二进制数。

4 路输入热电偶模块 EM 231 可以与 J、K、E、N、S、T 和 R 型热电偶配套使用，用模块上的 DIP 开关来选择热电偶的类型。

热电阻的接线方式有 2 线、3 线和 4 线 3 种，4 线方式的精度最高，因为受接线误差的影响，2 线方式的精度最低。2 路输入热电阻模块 EM231 可以通过 DIP 开关来选择热电阻的类型、接线方式、测量单位和开路故障的方向。连接到同一个扩展模块上的热电阻必须是相同类型的。改变 DIP 开关后必须将 PLC 断电后再通电，新的设置才能起作用。

2. 称重模块

称重模块 SIWAREX MS 可以实现 16 位高分辨率的重量测量或者力的测量，最大误差 0.05%，测量时间可以在 20ms 或 33ms 之间选择，可以监视极限值。

称量模块可以用于下列场合：测量和记录来自应变仪传感器或称重传感器的信号，实现力的测量；做容器磅秤、平台磅秤和吊车秤；可以实现间断与连续的称量；监视料仓的填充料位；测量吊车及缆绳负荷；测量工业电梯或轧机机组的负荷；监视传动带张力。

3. 位置控制模块

位置控制模块 EM 253 用于步进电动机作执行机构的单轴开环位置控制，其功能如下：

1）提供高速控制，速度从 20 个脉冲/s ~ 200000 个脉冲/s。

2）支持急停（S 曲线）或线性的加速、减速功能。

3）提供可组态的测量系统，既可以使用工程单位（例如英寸或厘米），也可以使用脉冲数。

4）提供可组态的啮合间隙补偿。

5）支持绝对、相对和手动的位置控制方式。

6）提供连续操作。

7）提供 25 个包络（即速度–位移曲线），每个最多 4 种速度。

8）提供 4 种不同的参考点寻找模式，每种模式都可以对起始的寻找方向和最终的接近方向进行选择。

9）提供可拆卸的现场接线端子，便于安装和拆卸。

STEP7- Micro/Win 32 为位置控制模块的组态和编程提供了位置控制向导和 EM 253 控制面板，后者用来测试位置控制模块的输入/输出接线、组态以及运动包络的执行。位置控制向导自动生成位置控制指令，可以在用户程序中调用这些指令。

3.1.5　显示与编程设备

1. 显示面板

S7-200 有多种配套的显示面板，以增强系统的接口显示功能。

（1）文本显示器 TD-200C 和 TD-400C　TD-200C 和 TD 400C 是价格低廉的文本显示器，TD-200C 显示两行，每行 20 个字符；TD 400C 显示 4 行，每行 24 个字符，每两个字符的位置可以显示一个汉字。通过它们可以查看、监控和改变应用程序中的过程变量。使用编程软件中的文本显示向导对文本显示器组态，以实现文本信息和其他应用程序数据的显示和输入。使用 V4.0 版编程软件的键盘设计工具，用户可以设计按键的布局，选择多达 20 种不同形状、颜色和字体的按键。OP 73 Micro 是 TD 200 的升级产品，不仅能显示文本，还支持图形显示。

（2）S7-200 专用的触摸屏　TP 070、TP 170 Micro、TP 177 Micro、K-TP178 Micro 都是专门用于 S7-200 的 5.7in 的蓝色 STN 液晶显示屏，K-TP178 Micro 是为中国用户量身定做的触摸屏。它们采用 4 种蓝色色调，有 CCFL 背光，320 × 240 像素。DC 24V 电源的额定电流为 240mA，通信接口均为 RS-485。支持的图形对象有位图、图标或背景图片。有软件实时时钟，可以使用的动态对象为棒图。除 TP 070 之外，这些触摸屏用西门子人机界面组态软件 WinCC flexible 组态。

2. 编程器

编程器主要用来进行用户程序的编制、存储和管理等，并将用户程序送入 PLC 中，在调试过程中，进行监控和故障检测。PLC 在正式运行时，不需要编程器。S7-200 系列 PLC 可采用多种编程器，一般可分为简易型和智能型。简易型编程器是袖珍型的，简单实用，价格低廉，是一种很好的现场编程及监测工具，但显示功能较差，只能用指令表方式输入，使用不够方便。智能型编程器采用计算机进行编程操作，将专用的编程软件装入计算机内，可直接采用梯形图语言编程，实现在线监测，非常直观，且功能强大，S7-200 系列 PLC 的专用编程软件为 STEP7-Micro/Win 32。

3. 程序存储卡

为了保证程序及重要参数的安全，一般小型 PLC 设有外接 EEPROM 卡盒接口，通过该接口可以将卡盒的内容写入 PLC，也可将 PLC 内的程序及重要参数传到外接 EEPROM 卡盒内作为备份。程序存储卡 EEPROM 有 32KB、64KB 等容量可选择。

4. 写入器

写入器的功能是实现 PLC 和 EEPROM 之间的程序传送，是将 PLC 中 RAM 区的程序通过写入器固化到程序存储卡中，或将 PLC 的程序存储卡中的程序通过写入器传送到 RAM 区。

3.2 S7-200PLC 的存储区

3.2.1 数据类型

S7-200PLC 指令参数所用的基本数据类型有 1 位布尔型（BOOL）、8 位字节型（BYTE）、16 位无符号整数（WORD）、16 位有符号整数（INT）、32 位无符号双字整数（DWORD）、32 位有符号双字整数（DINT）、32 位实数型（REAL）。不同的数据类型具有不同的数据长度和数据范围，见表 3-3。

表 3-3 数据的位数和取值范围

数据的位数	无符号数		有符号数	
	十进制	十六进制	十进制	十六进制
B（字节型）：8 位值	0 ~ 255	0 ~ FF		
W（字型）：16 位值	0 ~ 65535	0 ~ FFFF	-32768 ~ 32767	8000 ~ 7FFF
D（双字型）：32 位值	0 ~ 4294967295	0 ~ FFFF FFFF	-2147483648 ~ 2147483647	8000 0000 ~ 7FFF FFFF
R（实数型）：32 位值	$-10^{38} ~ +10^{38}$			

1. 用 1 位二进制数表示开关量

二进制数的 1 位（bit）只有 0 和 1 这两种不同的取值可以用来表示开关量（或称数字量）的两种不同的状态。如果该位为 1，梯形图中对应的编程元件的线圈"通电"，其常开触点接通，常闭触点断开，称该编程元件为 1 状态或称该编程元件 ON（接通）。如果该位为 0，对应的编程元件的线圈和触点的状态与上述的相反，称该编程元件为 0 状态，或称该编程元件 OFF（断开）。位数据的数据类型为 BOOL（布尔）型。

2. 多位二进制数

可以用多位二进制数来表示数字，二进制数遵循逢 2 进 1 的运算规则，S7-200 用"2#"来表示二进制常数，例如 2#11011010。

3. 十六进制数

多位二进制数读写起来很不方便，为了解决这个问题，可以用十六进制数来表示多位二进制数。十六进制数使用 16 个数字符号，即 0 ~ 9 和 A ~ F，A ~ F 分别对应于十进制数 10 ~

15。S7-200 用数字前面的"16#"来表示十六进制常数。4 位二进制数对应于 1 位十六进制数，例如二进制数 2#1010111001110101 可以转换为 16#AE75。

4. 实数

实数（REAL）又称浮点数，ANS/IEEE754：1985 标准格式的 32 位实数，可以表示为浮点数 $1. m \times 2^e$，式中二进制指数 e（$1 \leqslant e \leqslant 254$）为 8 位正整数。因为规定尾数的整数部分总是为 1，只保留了尾数的小数部分 m（0~22 位）。实数的最高位（第 31 位）为符号位，最高位为 0 时为正数，为 1 时为负数。

浮点数的表示范围为 $\pm 1.175495 \times 10^{38} \sim \pm 3.402823 \times 10^{38}$。在编程软件中输入立即数时，带小数点的数（例如 50.0）被认为是浮点数，没有小数点的数（例如 50）则被认为是整数。

3.2.2 存储器

存储器是由许多存储单元组成，每个存储单元都有唯一的地址，可以依据存储器地址来存取数据。S7-200 有输入（I）、输出（Q）、位存储器（M）、顺序控制继电器（S）、变量存储器（V）、特殊存储器 SM、模拟输入（AI）、模拟输出（AQ）和局部变量（L）等存储类型，可以按位、字节、字、双字等地址格式进行存取，还包括定时器存储器（T）、计数器存储器（C）、累加器（AC）、高速计数器（HC）等，可以按特殊地址格式进行存取。

1. 存取方式

（1）位地址格式　数据区存储器区域的某一位的地址格式是由存储器区域标示符、字节地址及位号构成，例如"I5.4"表示图 3-1 中黑色标记的位地址。I 是变量存储器的区域标示符，5 是字节地址，4 是位号，在字节地址 5 与位号 4 之间用点号"."隔开。

（2）字节、字、双字地址格式　数据区存储器区域的字节、字、双字地址格式由区域标志符、数据长度及该字节、字、双字的起始字节地址构成。图 3-2 中用 VB100、VW100、VD100 分别表示字节、字、双字的地址。VW100 由 VB100、VB101 两个字节组成；VD100 由 VB100~VB103 四个字节组成。

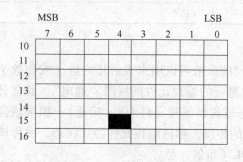

图 3-1　I5.4 存储器位地址

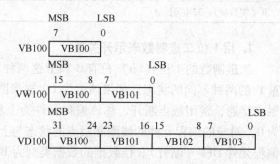

图 3-2　存储器字节、字、双字位地址

（3）其他地址格式　定时器存储器（T）、计数器存储器（C）、累加器（AC）、高速计数器（HC）等存储器的地址格式为：区域标志符和元件号，如 T24 表示某定时器的地址。

2. 存取类型和范围

S7-200 CPU 存储器的范围和操作数的范围分别见表 3-4 和表 3-5。

表 3-4　S7-200 CPU 存储器的范围与特性

描　　述	CPU 221	CPU 222	CPU 224	CPU 224XP	CPU 226
用户数据存储区/B 可以在运行模式下编辑 不能在运行模式下编辑	4096 4096	4096 4096	8192 12288	12288 16384	16384 24576
数据存储区/B	2048	2048	8192	10240	10240
输入映像寄存器	I0. 0 ~ I15. 7				
输出映像寄存器	Q0. 0 ~ Q15. 7				
模拟量输入（只读）	AIW0 ~ AIW30			AIW0 ~ AIW62	
模拟量输出（只写）	AQW0 ~ AQW30			AQW0 ~ AQW62	
变量存储器（V）	VB0 ~ VB2047		VB0 ~ VB8191	VB0 ~ VB10239	
局部存储器（L）	LB0 ~ LB63				
位存储器（M）	M0. 0 ~ M31. 7				
特殊存储器（SM）	SM0. 0 ~ SM197. 7	SM0. 0 ~ SM299. 7		SM0. 0 ~ SM549. 7	
特殊存储器（只读）	SM0. 0 ~ SM29. 7	SM0. 0 ~ SM29. 7		SM0. 0 ~ SM29. 7	
定时器	256（T0 ~ T255）				
保持型通电延时，1ms	T0, T64				
保持型通电延时，10ms	T1 ~ T4, T65 ~ T68				
保持型通电延时，100ms	T5 ~ T31, T69 ~ T95				
接通/关断延时，1ms	T32, T96				
接通/关断延时，10ms	T33 ~ T36, T97 ~ T100				
接通/关断延时，100ms	T37 ~ T63, T101 ~ T255				
计数器	C0 ~ C255				
高速计数器	HC0 ~ HC5				
顺序控制继电器	S0. 0 ~ S31. 7				
累加寄存器	AC0 ~ AC3				
跳转/标号	0 ~ 255				
调用/子程序	0 ~ 63				
中断子程序	0 ~ 63				0 ~ 127
正负跳变	0 ~ 127				
PID 回路	0 ~ 7				
串行通信口	端口 0				端口 0. 1

表 3-5　S7-200 操作数的范围

寻址方式	CPU 221	CPU 222	CPU 224	CPU 224XP	CPU 226
位存取 （字节，位）	I0. 0 ~ 15. 7, Q0. 0 ~ 15. 7, M0. 0 ~ 31. 7, S0. 0 ~ 31. 7, T0 ~ 255, C0 ~ 255, L0. 0 ~ 63. 7				
	V0. 0 ~ 2047. 7		V0. 0 ~ 8191. 7	V0. 0 ~ 10239. 7	
	SM0. 0 ~ 165. 7	SM0. 0 ~ 299. 7	SM0. 0 ~ 549. 7		

（续）

寻址方式	CPU 221	CPU 222	CPU 224	CPU 224XP	CPU 226
字节存取	IB0 ~ 15, QB0 ~ 15, MB0 ~ 21, SB0 ~ 31, LB0 ~ 63, AC0 ~ 3, KB 常数				
	VB0 ~ 2047		VB0 ~ 8191	VB0 ~ 10239	
	SMB0 ~ 165	SMB0 ~ 299	SMB0 ~ 549		
字存取	IW0 ~ 14, QW0 ~ 14, MW0 ~ 30, SW0 ~ 30, T0 ~ 255, C0 ~ 255, LW0 ~ 62, AC0 ~ 3, KB 常数				
	VW0 ~ 2046		VW0 ~ 8190	VW0 ~ 10238	
	SMW0 ~ 164	SMW0 ~ 298	SMW0 ~ 548		
	AIW0 ~ 30, AQW0 ~ 30		SMW0 ~ 62, AQW0 ~ 62		
双字存取	ID0 ~ 12, QD0 ~ 12, MD0 ~ 28, SD0 ~ 28, LD0 ~ 60, AC0 ~ 3, HC0 ~ 5, KB 常数				
	VD0 ~ 2044		VD0 ~ 8188	VD0 ~ 10236	
	SMD0 ~ 162	SMD0 ~ 296	SMD0 ~ 546		

（1）输入过程映像寄存器（I） 输入过程映像寄存器是 PLC 接收外部输入的数字量信号的窗口。在每个扫描周期的开始，CPU 对物理输入点进行采样并将采样值存于输入过程映像寄存器中。PLC 通过光电耦合器，将外部信号的状态读入并存储在输入过程映像寄存器中，外部输入电路接通时对应的映像寄存器为 ON（状态 1），反之为 OFF（0）状态。输入端可以外接常开触点或常闭触点，也可以接多个触点组成的串、并联电路。在梯形图中，可以多次使用输入位的常开触点和常闭触点。

位地址：I［字节地址］.［位］，如：I0.1。

字节、字、双字地址：I［数据长度］［起始字节地址］，如：IB4、IW6、ID10。

（2）输出过程映像寄存器（Q） 在扫描周期的末尾，CPU 将输出过程映像寄存器的数据传送给输出模块，再由后者驱动外部负载。如果梯形图中 Q0.0 的线圈"通电"，继电器型输出模块中对应的硬件继电器的常开触点闭合，使接在标号为 0.0 的端子的外部负载通电，反之则外部负载断电。

位地址：Q［字节地址］.［位］，如：Q1.1。

字节、字、双字地址：［数据长度］［起始字节地址］，如：QB5、QW8、QD11。

（3）变量存储器（V） 变量存储器存放全局变量、程序执行过程中控制逻辑操作的中间结果或其他相关数据。变量存储器是全局有效。全局有效是指同一个存储器可以在任一程序分区（主程序、子程序、中断程序）被访问。变量存储器（V）的地址格式为：

位地址：V［字节地址］.［位］，如：V10.2。

字节、字、双字地址：V［数据长度］［起始字节地址］，如：VB20、VW100、VD320。

（4）位存储器（M） 用来存储中间操作状态或其他控制信息。虽然名为"位存储器"，但是也可以按字节、字或双字来存取。有些编程人员习惯于用 M 区作为中间地址，但是 S7-200 的 M 区只有 32 个字节，如果不够用可以用 V 存储区来代替 M 存储区。可以按位、字节、字或双字来存取 M 区数据，例如 M10.1、MB20、MW25、MD28 等。

（5）特殊存储器（SM） 特殊存储器是用户程序与系统程序之间的桥梁，为用户提供一些特殊的控制功能及系统信息，用户对操作的一些特殊要求也通过特殊标志位存储器通知系统。特殊标志位区域分为只读区域（SM0 ~ SM29）和可读写区域，在只读区特殊标志位，用户只能利用其触点。

例如 SM0.0 一直为 1 状态，SM0.1 仅在执行用户程序的第一个扫描周期为 1 状态。SM0.4 和 SM0.5 分别提供周期为 1min 和 1s 的时钟脉冲。SM1.0、SM1.1 和 SM1.2 分别是零标志、溢出标志和负数标志。其他各特殊存储器的功能，后面讲指令的时候再介绍。

（6）顺序控制继电器（S）　顺序控制继电器存储器用于顺序控制（或步进控制）。顺序控制继电器（SCR）指令基于顺序功能图（SFC）的编程方式。SCR 指令将控制程序的逻辑分段，从而实现顺序控制。顺序控制继电器存储器（S）的地址格式为：

位地址：S［字节地址］.［位］，如：S3.1。

字节、字、双字地址：S［数据长度］［起始字节地址］，如：SB4、SW10、SD21。

（7）模拟量输入（AI）　S7-200 将现实世界连续变化的模拟量（例如温度、压力、电流、电压等）用 A/D 转换器转换为一个字长（16 位）的数字量，用区域标识符 AI、表示数据长度的 W（Word）和起始字节的地址来表示模拟量输入的地址。因为模拟量输入是一个字长，应从偶数字节地址开始存放，例如 AIW2、AIW4 等，模拟量输入值为只读数据。

（8）模拟量输出（AQ）　S7-200 将一个字长的数字用 D/A 转换器转换为现实世界的模拟量，用区域标识符 AQ、表示数据长度的 W 和字节的起始地址来表示存储模拟量输出的地址。因为模拟量输出是一个字长，应从偶数字节地址开始存放，例如 AQW2、AQW4 等，模拟量输出值是只写数据，用户不能读取模拟量输出值。

（9）局部存储器（L）　S7-200 有 64 个字节的局部（Local）存储器，其中 60 个可以作为暂时存储器，或者给子程序传递参数。如果用梯形图编程，编程软件保留局部存储器的后 4 个字节。如果用语句表编程，可以使用所有的 64 个字节，但是建议不要使用最后 4 个字节。

主程序、子程序和中断程序都有自己的局部变量表，局部变量仅仅在它被创建的程序中有效。而变量存储器（V）是全局存储器，可以被所有的程序段存取。

S7-200 给主程序和中断程序各分配 64 字节局部存储器，给每一级子程序嵌套分配 64 字节局部存储器，各程序不能访问别的程序的局部存储器。

（10）定时器存储器（T）　定时器相当于继电器系统中的时间继电器。S7-200 有三种定时器，分别是接通延时定时器、断开延时定时器、有记忆接通延时定时器。它们的时间基准分别为 1ms、10ms 和 100ms。定时器的当前值寄存器是 16 位有符号整数，用于存储定时器累计的时间基准增量值（1~32767）。

定时器位用来描述定时器的延时动作的触点的状态，定时器位为 1 时。梯形图中对应的定时器的常开触点闭合，常闭触点断开；为 0 时则触点的状态相反。例如接通延时定时器的当前值大于等于设定值时，定时器位被置为 1。其线圈断电时，定时器位被复位为 0。

用定时器地址（由 T 和定时器号组成，例如 T5）来存取当前值和定时器位，带位操作数的指令存取定时器位，带字操作数的指令存取当前值。

（11）计数器存储器（C）　计数器用来累计其计数输入脉冲电平由低到高的次数，CPU 提供增计数器、减计数器和增减计数器。计数器的当前值为 16 位有符号整数，用来存放累计的脉冲数（1~32767）。当加计数器的当前值大于等于设定值时，计数器位被置为 1。用计数器地址（C 和计数器号，例如 C20）来存取当前值和计数器位。带位操作数的指令存取计数器位，带字操作数的指令存取当前值。

（12）高速计数器（HC）　高速计数器用来累计比 CPU 的扫描速率更快的事件，计数过程与扫描周期无关。其当前值和设定值为 32 位有符号整数，当前值为只读数据。高速计数器的地址由区域标识符 HC 和高速计数器号组成，例如 HC2。

（13）累加器（AC）　累加器是可以像存储器那样使用的读写单元，例如可以用它向子程序传递参数，或从子程序返回参数，以及用来存放计算的中间值。CPU 提供了 4 个 32 位累加器（AC0 ~ AC3），可以按字节、字和双字来存取累加器中的数据。按字节、字只能存取累加器的低 8 位或低 16 位，按双字存取全部的 32 位，存取的数据长度由所用的指令决定。例如在指令"MOVW AC2，VW100"中，AC2 按字（W）存取。

3.2.3　寻址方式

在 S7-200 中，通过地址访问数据，地址是访问数据的依据，访问数据的过程称为"寻址"。S7-200 提供直接寻址与间接寻址两种方式。

1. 直接寻址

直接寻址指定了存储器的区域、长度和位置，例如 VW790 是 V 存储区中的字，其地址为 790。可以用字节（B）、字（W）或双字（DW）方式存取 V、I、Q、M、S 和 SM 存储区。例如 VB100 表示以字节方式存取，VW100 表示存取 VB100、VB101 组成的字，VD100 表示存取 VB100 ~ VB103 组成的双字。取代继电器控制的数字量控制系统一般只用直接寻址。

2. 间接寻址

使用间接寻址之前，应创建一个指向该位置的指针。指针为双字值，用来存放另一个存储器的地址，只能用 V、L 或累加器作指针。建立指针时必须用双字传送指令（MOVD）将需要间接寻址的存储器地址送到指针中，例如"MOVD &VB200，AC1"。指针也可以为子程序传递参数 &VB200 表示 VB200 的地址，而不是 VB200 中的值。

S7-200 CPU 允许使用指针对下述存储区域进行间接寻址：I、Q、V、M、S、AI、AQ。T（仅当前值）和 C（仅当前值）。间接寻址不能用于位（bit）地址、HC 或 L 存储区。

用指针存取数据时，操作数前加"＊"号，表示该操作数为一个指针。图 3-3 中的＊AC1 表示 AC1 是一个指针，＊AC1 是 AC1 所指的地址中的数据。此例中，存于 VB200 和 VB201 的数据被传送到累加器 AC0 的低 16 位。

连续存取指针所指的数据时，因为指针是 32 位的数据，应使用双字指令来修改指针值，例如双字加法（ADD）或双字加 1（INC）指令。修改时记住需要调整的存储器地址的字节数：存取字节时，指针值加 1；存取字时，指针值加 2；存取双字时，指针值加 4。

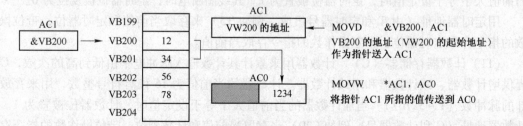

图 3-3　使用指针的间接寻址

3.3　S7-300 系列 PLC 模块

3.3.1　S7-300 的 CPU 模块

S7-300 有 20 种不同型号的 CPU，并且其型号还在不断扩充之中。简单来讲，可分为以下 5 种类型：紧凑型、标准型、重新定义标准型、户外型、故障安全型。

1. 紧凑型（6 种）

紧凑型 CPU 其本身带有数量不等的集成 I/O、集成计数、脉冲输出等功能。6 种紧凑型 CPU 基本参数的对比见表 3-6。

表 3-6　S7-300 紧凑型 CPU 基本参数的对比

主 要 参 数	312C	313C	313C-2PtP	313C-2DP	314C-2PtP	314C-2DP
最大安装机架数	1	4				
最大安装模块数	1×8	4×8				
最大开关量 I/O 点数	266	1016	1008	1008	1016	1016
最大模拟量 I/O 点数	64	253	248	248	253	253
CPU 集成的开关量 I/O 数量	10/6	24/16	16/16	16/16	24/16	24/16
CPU 集成的模拟量 I/O 数量		5/2			5/2	5/2
CPU 集成的计数功能/kHz	2/10	3/30	3/30		4/60	4/60
CPU 集成的脉冲输出功能/kHz	2/2.5	3/2.5	3/2.5		4/2.5	4/2.5
用户程序存储容量/KB	16	32			64	
逻辑指令执行时间/μs	0.2				0.1	
数据运算执行时间/μs	6	3			3	
标志寄存器数量/点	1024	2048	2048		2048	
定时器数量	128	256	256		256	
计数器数量	128	256	256		256	
可编程的块总数	1024					
可编程的最大 FC 块	512					
可编程的最大 FB 块	512					
可编程的最大 DB 块	511					
QB1 程序容量/KB	16					
第 1 串行通信接口	RS485					
第 1 接口通信功能	MPI	MPI	MPI/PPI	MPI	MPI/PPI	MPI
PROFIBUS DP 第 2 接口	—	—	—	有	—	有
PPI 第二接口	—	—	有	—	有	—

（1）CPU312C　为集成的数字量输入和输出，带有与过程相关的功能，适用于小型应用系统。CPU 运行时需要微存储卡。

（2）CPU 313C　为集成的数字量和模拟量输入和输出，带有与过程相关的功能。CPU 运行时需要微存储卡。

（3）CPU 313C-2PtP　为集成的数字量输入和输出，提供两个串口，带有与过程相关的功能。CPU 运行时需要微存储卡。

（4）CPU 313C-2DP　为集成的数字量输入和输出、PROFIBUS DP 主站/从站接口；带有与过程相关的功能，可以完成特殊任务；可以连接标准 I/O 设备。CPU 运行时需要微存储卡。

（5）CPU 314C-2PtP　为集成的数字量和模拟量输入和输出，提供两个串口，带有与过程相关的功能。CPU 运行时需要微存储卡。

（6）CPU 314C-2DP　为集成的数字量和模拟量输入和输出、PROFIBUS DP 主站/从站接口，带有与过程相关的功能，可以连接标准 I/O 设备。CPU 运行时需要微存储卡。

2. 标准型（5 种）

标准型 CPU 均为模块式结构，CPU 无集成 I/O 点。

（1）CPU 313　具有扩展程序存储区的低成本的 CPU，用于高速处理的小型设备。

（2）CPU 314　可以进行高速处理以及中等规模的 I/O 配置，用于中等指令执行速度的程序。

（3）CPU 315　有中、大容量程序存储器，可用于大规模的 I/O 配置。

（4）CPU 315-2DP　有中、大容量程序存储器，带有 PROFIBUS DP 主站/从站接口，可用于大规模的 I/O 配置，建立分布式 I/O 系统。

（5）CPU 316-2DP　有大容量程序存储器，用于分布式和集中式的大容量 I/O 配置，带有 PROFIBUS DP 主站/从站接口。

3. 重新定义标准型（3 种）

（1）CPU 312（新）　适用于全集成自动化（TIA）的 CPU，适用于对处理速度中等要求的小规模应用。CPU 运行时需要微存储卡。

（2）CPU 314（新）　适用于对程序量中等要求的应用，对二进制和浮点数运算具有较高的处理性能。CPU 运行时需要微存储卡。

（3）CPU 315-2DP（新）　有中、大规模的程序存储容量，对二进制和浮点数运算的处理性能较高，带有 PROFIBUS DP 主站/从站接口，可用于分布式的大规模的 I/O 配置。CPU 运行时需要微存储卡。

4. 户外型（4 种）

户外型 CPU 的主要特点是防护等级高，允许在 −25 ~ +70℃的恶劣环境下使用。

（1）CPU 312IFM　为集成的数字量 I/O，用于小系统，具有特殊功能的输入，适用于恶劣环境。

（2）CPU 314IFM　为集成的数字量 I/O，具有扩展功能，适用于对响应时间要求较高及其他特殊功能的系统，具有特殊功能输入，允许在恶劣环境下使用。

（3）CPU 314（户外）　具有高速处理时间和中等规模 I/O 配置的 CPU，适用于中等规模的程序量和中等规模的指令执行时间的系统，允许在恶劣环境下使用。

（4）CPU 318-2DP　具有中到大容量程序存储器和 PROFIBUS DP 主站/从站接口，可用于建立分布式的大规模 I/O 配置。

5. 故障安全型（2 种）

故障安全型 CPU 适用于锅炉、索道以及对安全性要求极高的特殊控制场合。系统出现故障时立即进入安全状态或安全模式，以确保人身与设备的安全。

（1）CPU 315F-2DP　具有 PROFIBUS DP 主站/从站接口，使用带有 PROFIsafe 协议的 PROFIBUS DP 可实现安全通信，ET 200M 和 ET 200S 可以与故障安全的数字量模板连接，也可以在自动化系统中运行相关的标准模板。

（2）CPU 317F-2DP　与 CPU 315F-2DP 相比，其工作存储器、I/O 地址区、过程映像区都要大很多，并为过程的安全性提供了更为系统的保障。

S7-300 的 CPU 模块面板上主要包括状态和故障指示 LED、与一些操作及状态显示有关的模式选择开关。其他组成设备还有通信接口、后备电池盒以及存储器卡插座等。目前主要用到的就是状态和故障指示 LED 以及模式选择开关。通过 CPU 面板上的指示灯用户可随时查看当前 CPU 的状态或者故障。CPU 一般有 4 种运行模式：STARTUP（起动）、RUN（运行）、HOLD（保持）、STOP（停机）。在所有的模式中，CPU 都可以通过 MPI 与其他设备通信连接。

3.3.2　S7-300 的输入/输出模块

用于信号输入和输出的模块称之为信号模块，传统的信号模块按信号特性可分为数字量信号模块和模拟量信号模块。同样，把用于信号输入的模块称之为输入模块，则输入模块也分为数字量输入模块和模拟量输入模块；把用于信号输出的模块称之为输出模块，则输出模块也分为数字量输出模块和模拟量输出模块。

1. 数字量输入模块

SM321 数字量输入模块（DI）可将现场送来的数字信号电平转换成 S7-300 的内部信号电平，从而完成对用户程序的控制。其输入方式有两种，一种是直流输入方式，一种是交流输入方式。图 3-4 和图 3-5 所示分别为直流输入模块和交流输入模块。

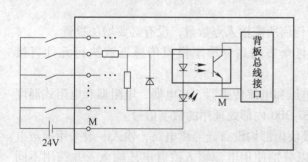
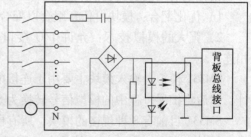

图 3-4　数字量直流输入模块　　　　　图 3-5　数字量交流输入模块

SM321 数字量输入模块的技术特性见表 3-7。SM321 数字量输入模块有 4 种型号可供选择，即直流 16 点输入模块、直流 32 点输入模块、交流 16 点输入模块、交流 8 点输入模块。数字量输入模块的每个输入点都有一个发光二极管显示输入状态，当有电压输入时，二极管发光。

不同型号的 SM321 数字量输入模块的外部连接方式也不同，其主要区别就在于公共端与电源，连接端布置有单列和双列两种，不同模块根据自己的性能要求选择。

表 3-7　SM321 数字量输入模块的技术特性

技 术 参 数	直流 16 点输入模块	直流 32 点输入模块	交流 16 点输入模块	交流 8 点输入模块
输入点数	16	32	16	8
额定负载直流电压 L + /V	24	24		
负载电压范围/V	20.4 ~ 28.8	20.4 ~ 28.8		
额定输入电压/V	DC24	DC24	AC120	AC120/230
额定输入电压 "1" 范围/V	13 ~ 30	13 ~ 30	79 ~ 132	79 ~ 264
额定输入电压 "0" 范围/V	-3 ~ 5	-3 ~ 5	0 ~ 20	0 ~ 40
输入电压频率/Hz			47 ~ 63	47 ~ 63
与背板总线隔离方式	光耦合	光耦合	光耦合	光耦合
输入电流（"1"信号）/mA	7	7.5	6	6.5/11
最大允许静态电流/mA	15	15	1	2
典型输入延迟时间/ms	1.2 ~ 4.8	1.2 ~ 4.8	25	25
消耗背板总线最大电流/mA	25	25	16	29
消耗 L + 最大电流/mA	1			
功率损耗/W	3.5	4	4.1	4.9

2. S7-300 模拟量输入模块

生产过程中有大量的连续变化的模拟量需要用 PLC 来测量或者控制，有的是非电量，如温度、压力、流量等，有的是强电量，如发电机组的电流、电压等。此时利用 S7-300 的模拟量输入模块即可完成较复杂包含模拟过程信号的任务，可连接不带附加放大器的模拟执行元件和传感器。该类模块主要由 A/D 转换器、转换开关、恒流源、补偿电路、光隔离器及逻辑电路等组成。

模拟量输入模块具有如下优点：

1）优化配合：模块可任意组合以配合任何所需输入点数量，没有必要增加投资。

2）强大的模拟技术：允许 I/O 接口与众多的高分辨率模拟传感器或执行元件直接相连。

SM331 模拟量输入模块主要用于连接电压和电流传感器、热电偶、电阻器和电阻式温度计，然后将扩展过程中的模拟信号转换为 S7-300 内部处理用的数字信号。

SM331 目前有 8 种规格的模块，所有模块内部均设有光隔离电路，输入一般采用屏蔽电缆，最长为 100m 或 200m。其各个通道可以分别使用电流输入或者电压输入，并选用不同的量程。通道的转换时间由基本转换时间和模块的电阻测试及断线监控时间组成，基本转换时间取决于模拟量输入模块的转换方法。

3. S7-300 的数字量输出模块

SM322 数字量输出模块可将 S7-300 内部信号电平转换成过程中的外部信号电平，其内部带有电隔离电路及功率驱动电路，能够起到隔离和功率放大的作用，可直接在电磁阀、接触器、小型电动机、指示灯和电动机起动器等负载上使用，其输出电流的典型值为 0.5 ~ 2A，负载电源由外部现场提供。

SM322 数字量输出模块按功率驱动器件和负载回路电源的类型可分为直流电源驱动的晶体管输出型、交流电源驱动的晶闸管输出型、交/直流电源驱动的继电器输出型。

4. S7-300 的模拟量输出模块

SM332 模拟量输出模块主要用于将 S7-300 PLC 的 CPU 传送给它的数字信号转换成模拟量信号（成比例的电流信号或者是电压信号），控制模拟量调节器或者执行机构。

其设计特性如下：

1）分辨率为 12 ~ 15 位，对于可变电压或者电流，可用参数化软件为每一个通道设置独立的范围。

2）中断能力：当发生错误时，模块将诊断和极限中断值传送到 CPU 中。

3）诊断：模块可将大量的诊断信息传送给 CPU。

4）所有模块内部均设有光隔离器，主要组成部分是 D/A 转换器。

3.3.3　其他模块

1. S7-300 电源模块

S7-300 有多种电源模块可供选择，主要包括 PS307、PS305 电源模块。

PS307 电源模块将 120/220V 交流电压转换为所需要的 24V 直流工作电压，输出电流为 2A、5A 或 10A，转换的 24V 直流电源为 S7-300 以及执行元件供电，适用于大多数应用场合。

PS305 电源模块为户外型电源模块，其输出电流为 2A，可连接直流电源，输出电压为 DC 24V；同样具有防短路和开路保护功能；隔离的特性稳定可靠，也可用作负载电源；当输入电压大于 24V 时，可提供 3A 的电流，同时模块可以并联方式连接。

2. S7-300 的通信模块

S7-300 系列拥有多种通信模块，可以实现点对点、AS-I、PROFIBUS-DP、PROFIBUS-FMS、工业以太网、TCP-IP 等通信连接。包括 CP340、CP341、CP343-1、CP343-2、CP342-5、CP343-5 等。

CP340 是一种经济型低速串行通信处理器模块，该模块提供一个具有中断功能的带隔离的通信接口，可用在 S7-300 和 ET 200M（S7 作为主站）之中。

CP341 模块提供了用于点到点连接的快速、强大的串行数据交换功能，最大传输速率为 76.8Kbit/s，可用在 S7-300 和 ET 200M（S7 作为主站）之中。

CP343-1 通信处理器主要用于 S7-300 通信处理，它可分担 CPU 的通信任务并允许其他连接，其通信速率为 10Mbit/s。

CP343-2 是连接 S7-300 和 ET 200M 的 AS-I 主站，通过连接 AS-I 接口，每个 CP 最多可访问 248 个 DI/186 个 DO，通过内部集成的模拟量处理程序可以对模拟量进行处理。

CP342-5 是一种连接 S7-300 和 C7 到 PROFIBUS-DP 总线系统的低成本的模块。它减轻了 CPU 的通信任务，同时支持其他的通信连接。

CP343-5 是一种用于 PROFIBUS 总线系统的 SIMATIC S7-300 和 SIMATIC C7 的通信处理器，可分担 CPU 的通信任务并支持其他的通信连接。

3. S7-300 的功能模块

功能模块是一种专门用于实现功能工艺的模块。S7-300 系统主要有如下功能模块。

（1）FM305-1 计数器模块　　FM305-1 计数器模块是一种用于单纯计数任务的单通道智能技术模块，可直接连接增量编码器，用两个可设定的比较值进行功能比较，达到比较值时集成的数字输出端输出响应。

（2）FM305-2 计数器模块　　FM305-2 是一种 8 通道智能型计数器模块，适用于通用计数和测量任务。它可以直接连接 24V 增量编码器和 NAMUR 编码器；可以与可编程序参考值作比较，当达到比较值时内置数字输出端输出响应。

（3）FM351 快速/慢速进给驱动位控模块　　FM351 快速/慢速进给驱动位控模块是一个具有双通道的定位模块，可以处理带有快速/慢速进给驱动的机械轴的定位；每个通道 4 个数字输出点，用于电动机控制；可以对增量或同步串行位置进行检测。该模块最好通过由接触器或变频器控制的标准电动机来调整轴或设定轴定位。

（4）FM352 步进电动机定位模块　　FM352 步进电动机定位模块主要应用于高速机械设备中所用的步进电动机，可以实现简单的点到点定位，也可以用于复杂的运动模式，可定位如进给轴、调整轴、设定轴和传送带式轴（直线和旋转轴）等。

（5）FM354 伺服电动机定位模块　　FM354 伺服电动机定位模块主要应用于高速机械设备中所用的步进电动机，可实现点到点定位和复杂的运动方式。

3.3.4　S7-300 系列 PLC 的存储区

S7-300 系列常用的数据格式和存储区类型与 S7-200 相似，只是区域的范围更宽，见表 3-8 和表 3-9。

表 3-8　S7-300 系列的常用的数据格式

名　称	类　型	格　　式	举　　例
二进制位	BOOL	字节，位	10.0
十进制数	INT	—	500
	DINT	L# ［十进制数值］	L#33260
十六进制数	BYTE	B#16# ［十六进制数值］	B#16#AD
	WORD	W#6# ［十六进制数值］	W#6#AD23
	DWORD	DW#6# ［十六进制数值］	DW#6#AD23-23AD
二进制数	WORD	2# ［二进制数值］	2#0001-1101-0000-1101
	DWORD	2# ［二进制数值］	2#0001-1101-0000-1101-0001-1101-0000-1101
浮点数	REAL		1.236345e + 12
计数器值	WORD	C# ［十进制数值］	C#400
时间	TIME	T# ［天］ D- ［小时］ H- ［分］ M- ［秒］ S- ［毫秒］ MS	T#0D-2H-5M-30S-30MS
日期	DATE	D# ［年］ - ［月］ - ［日］	D#2008-07-01
每天时间	TIME-OF-DAY	TOD# ［小时］： ［分］： ［秒］. ［毫秒］	TOD#12：30：15.000
S5 时间格式	S5TIME	S5T# ［小时］ H- ［分］ M- ［秒］ S- ［毫秒］ MS	S5T#5H-15M-30S-25MS

表 3-9　S7-300 系列的存储区类型

区域名称	区域功能	访问方式	标识符	最大地址范围
输入映像存储器（I）	在循环扫描的开始，操作系统从过程中读取的输入信号存入本区域，供程序使用	输入位	I	0 ~ 65535.7
		输入字节	IB	0 ~ 65535
		输入字	IW	0 ~ 65534
		输入双字	ID	0 ~ 65532
输出映像存储器（Q）	在循环扫描期间，程序运算得到的输出值存入本区域。在循环扫描的末尾，操作系统从中读出输出值送到输出模板	输入位	Q	0 ~ 65535.7
		输入字节	QB	0 ~ 65535
		输入字	QW	0 ~ 65534
		输入双字	QD	0 ~ 65532
位存储器（M）	用于存储中间结果	存储器位	M	0 ~ 255.7
		存储器字节	MB	0 ~ 255
		存储器字	MW	0 ~ 254
		存储器双字	MD	0 ~ 252
外部输入寄存器（PI）	通过本区域，用户程序可以直接访问过程输入模板	外部输入字节	PIB	0 ~ 65535
		外部输入字	PIW	0 ~ 65534
		外部输入双字	PID	0 ~ 65532
外部输出寄存器（PQ）	通过本区域，用户程序可以直接访问过程输出模板	外部输出字节	PQB	0 ~ 65535
		外部输出字	PQW	0 ~ 65534
		外部输出双字	PQD	0 ~ 65532
定时器（T）	存储定时剩余时间	定时器	T	0 ~ 255
计数器（C）	存储当前计数器值	计数器	C	0 ~ 255
数据块寄存器（DB）	含有所有数据块的数据。可根据需要同时打开两个不同的数据块。可用 OPN DB 打开一个数据块，用 OPN DI 打开另一个数据块	用 OPN DB 指令： 1）数据位 2）数据字节 3）数据字 4）数据双字	DBX DBB DBW DBD	0 ~ 65535.7 0 ~ 65535 0 ~ 65534 0 ~ 65532
		用 OPN DI 指令： 1）数据位 2）数据字节 3）数据字 4）数据双字	DIX DIB DIW DID	0 ~ 65535.7 0 ~ 65535 0 ~ 65534 0 ~ 65532
本地数据寄存器（L）	用于存放逻辑块（OB、FB 和 FC）中使用的临时数据，也称为动态本地数据	临时本地数据位	L	0 ~ 65535.7
		临时本地数据字节	LB	0 ~ 65535
		临时本地数据字	LW	0 ~ 65534
		临时本地数据双字	LD	0 ~ 65532

注意：表 3-8 中的最大地址范围不一定是实际可使用的地址范围，可使用的地址范围与 PLC 的型号和硬件配置有关。

习　题

1. 如何给 S7-200CPU 供电?

2. S7-200 系列 PLC 是如何编址的?

3. S7-200 系列 PLC 有哪几种寻址方式?

4. S7-200 系列 PLC 可以使用哪几种语言编程?

5. S7-200 数字量扩展模块有哪些? 性能如何?

6. S7-200 模拟量扩展模块有哪些? 性能如何?

7. 频率变送器的量程为 45 ~ 55Hz, 输出信号为 DC 0 ~ 10V, 模拟量输入模块输入信号的量程为 DC 0 ~ 10V, 转换后的数字量为 0 ~ 32000, 设转换后得到的数字为 N, 试求以 0.01Hz 为单位的频率值。

8. S7-300 数字量输入模块有几种输入方式? 分别是什么?

9. S7-300 的通信模块可实现哪些通信连接?

10. S7-300 主要的功能模块有哪些?

11. S7-300 电源模块的型号及其作用是什么?

第4章 PLC 应用指令

在 S7-200 PLC 的指令系统中，可分为基本指令与应用指令，能够取代传统的继电器控制系统的那些指令称为基本指令，而应用指令是指为满足用户不断提出的一些特殊控制要求开发出的那些指令，应用指令又称为功能指令。在第 2 章中，我们已经介绍了位逻辑、计数器、定时器等基本指令，在本章中，我们将介绍一些在实际工程中经常用到的功能指令。

4.1 比较指令

比较指令用于两个相同数据类型的有符号数或无符号数 IN1 和 IN2 的比较判断操作。

比较运算符有：等于（＝＝）、大于等于（＞＝）、小于等于（＜＝）、大于（＞）、小于（＜）、不等于（＜＞），共 6 种比较形式。

数据比较 IN1、IN2 操作数的寻址范围为 I、Q、M、SM、V、S、L、AC、VD、LD 和常数。

在梯形图中，比较指令是以常开触点的形式编程的，在常开触点的中间注明比较参数和比较运算符。触点中间的参数 B、I、D、R 分别表示字节、整数、双字、实数，当比较的结果满足比较关系式给出的条件时，该常开触点闭合。梯形图及语句表中比较指令的基本格式见表 4-1。

表 4-1 比较指令表

梯形图程序	语句表程序	指令功能
IN1 ⊣ ＝＝B ⊢ IN2	LDB = IN1，IN2（与母线相连） AB = IN1，IN2（与运算） OB = IN1，IN2（或运算）	字节比较指令：用于比较两个无符号字节数的大小
IN1 ⊣ ＝＝I ⊢ IN2	LDW = IN1，IN2（与母线相连） AW = IN1，IN2（与运算） OW = IN1，IN2（或运算）	字整数比较指令：用于比较两个有符号整数的大小
IN1 ⊣ ＝＝D ⊢ IN2	LDD = IN1，IN2（与母线相连） AD = IN1，IN2（与运算） OD = IN1，IN2（或运算）	双字整数比较指令：用于比较两个有符号双字整数的大小
IN1 ⊣ ＝＝R ⊢ IN2	LDR = IN1，IN2（与母线相连） AR = IN1，IN2（与运算） OR = IN1，IN2（或运算）	实数比较指令：用于比较两个有符号实数的大小
IN1 ⊣ ＝＝S ⊢ IN2	LDS = IN1，IN2（与母线相连） AS = IN1，IN2（与运算） OS = IN1，IN2（或运算）	字符串比较指令：用于比较两个字符串的 ASCII 码字符是否相等

字节比较指令用于两个无符号的整数字节 IN1 和 IN2 的比较；整数比较指令用于两个有符号的一个字长的整数 IN1 和 IN2 的比较，整数范围用十六进制的 16#8000～16#7FFF 表示；双字节整数比较指令用于两个有符号的双字长整数 IN1 和 IN2 的比较，双字整数的范围为

16#80000000 ~ 16#7FFFFFFF；实数比较指令用于两个有符号的双字长实数 IN1 和 IN2 的比较，正实数的范围为：+ 1.175495E − 38 ~ + 3.402823E + 38，负实数的范围为：− 1.175495E − 38 ~ − 3.402823E + 38。

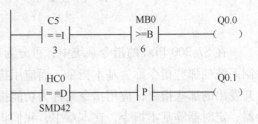

图 4-1 中第一段程序行中有两条比较指令，第一条是计数器 C5 与整数 3 比较，如 C5 中的计数值与 3 相等，该常开触点将闭合为接通状态。指令中的 C5 即是操作数 IN1，3 即是操作数 IN2，触点中间的参数 I 表示与整数比较，运算符是"= ="号，说明 IN1 与 IN2 如相等，此触点就为接通状态了。后面的第二条是 MB0 与 6 相比较，这条的比较参数是 B，也就是说这是一条字节比较指令，意思是当字节 MB0 中的数据大于等于 6 时条件满足，此触点为接通状态，那么当两条指令的条件都满足时线圈 Q0.0 也就为接通状态了。第二段程序行中是一条双字比较指令，这里的操作数 IN1 是 0 号高速计数器 HC0，操作数 IN2 是 HC0 的设定值存放地址 SMD42，当两者相等时产生的上升沿使线圈 Q0.1 为一个周期的得电状态。从这里我们可看出操作数 IN1、操作数 IN2 与比较参数都是统一对应的，不可错用。

图 4-1 比较指令

图 4-2 为用定时器和比较指令组成占空比可调的脉冲发生器梯形图程序和波形图。M0.0 和 100ms 定时器 T37 组成脉冲发生器，比较指令用来产生脉冲宽度可调的方波，脉宽的调整由比较指令的第二个操作数 30 实现，也就是在每个 7s 长的周期中 3s 后产生 4s 宽的脉冲方波。

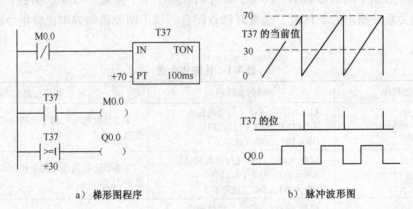

a）梯形图程序　　　　　　　　　　　b）脉冲波形图

图 4-2　采用比较指令编写的脉冲发生器梯形图

4.2　传送指令

传送指令用于在各个编程元件之间进行数据传送。根据每次传送数据的数量，可分为单个传送指令和块传送指令。

4.2.1　单个传送指令

单个传送指令（MOVB、MOVW、MOVD、MOVR）每次传送 1 个数据，传送数据的类型分为字节传送、字传送、双字传送和实数传送。表 4-2 列出了单个传送类指令的类别。

表 4-2　单个传送类指令表

指令名称	梯形图符号	助记符	指令功能
字节传送 MOV_B	MOV_B EN　ENO IN　　OUT	MOVB IN，OUT	以功能框形式编程，当允许输入 EN 有效时，将 1 个无符号的单字节数据 IN 传送到 OUT 中
字传送 MOV_W	MOV_W EN　ENO IN　　OUT	MOVW IN，OUT	以功能框的形式编程，当允许输入 EN 有效时，将 1 个无符号的单字长数据 IN 传送到 OUT 中
双字传送 MOV_DW	MOV_DW EN　ENO IN　　OUT	MOVD IN，OUT	以功能框的形式编程，当允许输入 EN 有效时，将 1 个有符号的双字长数据 IN 传送到 OUT 中
实数传送 MOV_R	MOV_R EN　ENO IN　　OUT	MOVR IN，OUT	以功能框的形式编程，当允许输入 EN 有效时，将 1 个有符号的双字长实数数据 IN 传送到 OUT 中

4.2.2　块传送指令

块传送指令有 BMB、BMW、BMD 三种，见表 4-3。块传送指令用来进行一次传送多个数据，将最多可达 255 个的数据组成 1 个数据块，数据块的类型可以是字节块、字块和双字块。

表 4-3　块传送类指令表

指令名称	梯形图符号	助记符	指令功能
字节块传送 BLKMOV_B	BLKMOV_B EN　ENO IN　　OUT N	BMB IN，OUT，N	以功能框形式编程，当允许输入 EN 有效时，将从输入字节 IN 开始的 N 个字节型数据传送到从 OUT 开始的 N 个字节存储单元
字块传送 BLKMOV_W	BLKMOV_W EN　ENO IN　　OUT N	BMW IN，OUT，N	以功能框形式编程，当允许输入 EN 有效时，将从输入字 IN 开始的 N 个字型数据传送到从 OUT 开始的 N 个字存储单元
双字块传送 BLKMOV_D	BLKMOV_D EN　ENO IN　　OUT N	BMD IN，OUT，N	以功能框形式编程，当允许输入 EN 有效时，将从输入双字 IN 开始的 N 个双字型数据传送到从 OUT 开始的 N 个双字存储单元

影响允许输出 ENO 正常工作的出错条件是：SM4.3（运行时间），0006（间接寻址），0091（数超界）。

4.3　移位指令

移位指令在 PLC 控制中是比较常用的，根据移位的数据长度可分为字节型移位，字型移位和双字型移位；根据移位的方向可分为左移和右移，还可进行循环移位。指令有右移位指令、左移位指令、循环右移位指令、循环左移位指令。

4.3.1 左移和右移指令

移位指令的类别见表4-4，左移或右移指令的特点如下：

1）被移位的数据是无符号的。

2）在移位时，存放被移位数据的编程元件的移出端与特殊继电器 SM1.1 连接，移出位进入 SM1.1（溢出），另一端自动补 0。

3）移位次数 N 与移位数据的长度有关，如 N 小于实际的数据长度，则执行 N 次移位。如 N 大于数据长度，则执行移位的次数等于实际数据长度的位数。

4）移位次数 N 为字节型数据。

影响允许输出 ENO 正常工作的出错条件是：SM4.3（运行时间），0006（间接寻址）。

表4-4 移位指令表

指令名称	梯形图符号	助记符	指令功能
字节左移 SHL_B	SHL_B EN ENO IN OUT N	SLB OUT, N	以功能框的形式编程，当允许输入 EN 有效时，将字节型输入数据 IN 左移 N 位（$N \leqslant 8$）后，送到 OUT 指定的字节存储单元
字节右移 SHR_B	SHR_B EN ENO IN OUT N	SRB OUT, N	以功能框的形式编程，当允许输入 EN 有效时，将字节型输入数据 IN 右移 N 位（$N \leqslant 8$）后，送到 OUT 指定的字节存储单元
字左移 SHL_W	SHL_W EN ENO IN OUT N	SLW OUT, N	以功能框的形式编程，当允许输入 EN 有效时，将字型输入数据 IN 左移 N 位（$N \leqslant 16$）后，送到 OUT 指定的字存储单元
字右移 SHR_W	SHR_W EN ENO IN OUT N	SRW OUT, N	以功能框的形式编程，当允许输入 EN 有效时，将字型输入数据 IN 右移 N 位（$N \leqslant 16$）后，送到 OUT 指定的字存储单元
双字左移 SHL_DW	SHL_DW EN ENO IN OUT N	SLD OUT, N	以功能框的形式编程，当允许输入 EN 有效时，将双字型输入数据 IN 左移 N 位（$N \leqslant 32$）后，送到 OUT 指定的双字存储单元
双字右移 SHR_DW	SHR_DW EN ENO IN OUT N	SRD OUT, N	以功能框的形式编程，当允许输入 EN 有效时，将双字型输入数据 IN 右移 N 位（$N \leqslant 32$）后，送到 OUT 指定的双字存储单元

4.3.2 循环左移和循环右移指令

循环移位指令类别见表4-5，循环移位的特点如下：

1）被移位的数据是无符号的。

2）在移位时，存放被移位数据的编程元件的移出端既与另一端连接，又与特殊继电器 SM1.1 连接，移出位在被移到另一端的同时，也进入 SM1.1（溢出）。

3）移位次数 N 与移位数据的长度有关，如 N 小于实际的数据长度，则执行 N 次移位；如 N 大于数据长度，则执行移位的次数为 N 除以实际数据长度的余数。

4）移位次数 N 为字节型数据。如果执行循环移位操作，移出的最后一位的数值存放在溢出位 SM1.1。如果实际移位次数为 0，零标志位 SM1.0 被置为 1。字节操作是无符号的，如果对有符号的字或双字操作，符号位也一起移动。

表 4-5　循环移位指令表

指令名称	梯形图符号	助记符	指令功能
字节循环左移 SOL_B	ROL_B EN ENO IN OUT N	RLB OUT, N	以功能框的形式编程，当允许输入 EN 有效时，将字节型输入数据 IN 循环左移 N 位后，送到 OUT 指定的字节存储单元
字节循环右移 SOR_B	ROR_B EN ENO IN OUT N	RRB OUT, N	以功能框的形式编程，当允许输入 EN 有效时，将字节型输入数据 IN 循环右移 N 位后，送到 OUT 指定的字节存储单元
字循环左移 SOL_W	ROL_W EN ENO IN OUT N	RLW OUT, N	以功能框的形式编程，当允许输入 EN 有效时，将字型输入数据 IN 循环左移 N 位后，送到 OUT 指定的字存储单元
字循环右移 SOR_W	ROR_W EN ENO IN OUT N	RRW OUT, N	以功能框的形式编程，当允许输入 EN 有效时，将字型输入数据 IN 循环右移 N 位后，送到 OUT 指定的字存储单元
双字循环左移 SOL_DW	ROL_DW EN ENO IN OUT N	RLD OUT, N	以功能框的形式编程，当允许输入 EN 有效时，将双字型输入数据 IN 循环左移 N 位后，送到 OUT 指定的双字存储单元
双字循环右移 SOR_DW	ROR_DW EN ENO IN OUT N	RRD OUT, N	以功能框的形式编程，当允许输入 EN 有效时，将双字型输入数据 IN 循环右移 N 位后，送到 OUT 指定的双字存储单元

4.4　数学运算指令

4.4.1　四则运算指令

表 4-6 为四则运算指令表，在四则运算中，数据类型为整数 INT、双整数 DINT、实数 REAL，对应的运算结果分别为整数、双整数和实数，除法不保留余数。使上述指令的 ENO = 0 的错误条件为：SM1.1（溢出），SM4.3（运行时间），0006（间接地址）。加法、减法、乘法指令影响的特殊存储器位为：SM1.0（零）、SM1.1（溢出）、SM1.2（负）。除法指令影响的特殊存储器位为：SM1.0（零）、SM1.1（溢出）、SM1.2（负）、SM1.3（除数为0）。

加法指令是对两个有符号数进行相加操作，IN1 + IN2 = OUT。减法指令是对两个有符号数进行相减操作，IN1 − IN2 = OUT。与加法指令一样也可分为整数减法指令、双整数减法指令及实数减法指令。乘（除）法指令是对两个有符号数进行相乘（除）运算。可分为整数乘（除）法指令、双整数乘（除）法指令、完全整数乘（除）法指令及实数乘（除）法指令。增减指令又称为自动加 1 或自动减 1 指令，数据长度可以是字节、字、双字。图 4-3 和图 4-4 分别为四则运算指令图和使用梯形图。

表4-6　四则运算指令表

梯形图	语句表	描述	梯形图	语句表	描述
ADD_I	+I IN1, OUT	整数加法	DIV_DI	/D IN1, OUT	双整数除法
SUB_I	-I IN1, OUT	整数减法	ADD_R	+R IN1, OUT	实数加法
MUL_I	*I IN1, OUT	整数乘法	SUB_R	-R IN1, OUT	实数减法
DIV_I	/I IN1, OUT	整数除法	MUL_R	*R IN1, OUT	实数乘法
ADD_DI	+D IN1, OUT	双整数加法	DIV_R	/R IN1, OUT	实数除法
SUB_DI	-D IN1, OUT	双整数减法	MUL	MUL IN1, OUT	整数乘法产生双整数
MUL_DI	*D IN1, OUT	双整数乘法	DIV	DIV IN1, OUT	带余数的整数除法

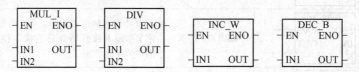

图4-3　四则运算指令图

[例] 在模拟量数据采集中，为了防止干扰，经常通过程序进行数据滤波，其中一种方法为平均值滤波法。要求连续采集5次数作平均，并以其值作为采集数。这5个数通过5个周期进行采集。请设计该滤波程序。

图4-5为采用四则运算指令编写的梯形图。

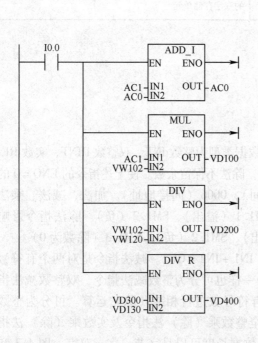

图4-4　四则运算指令使用梯形图

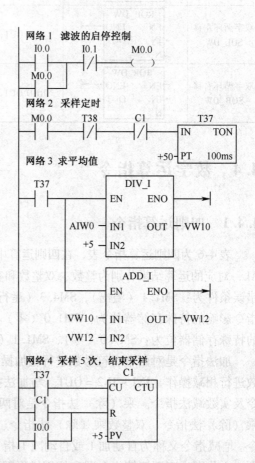

图4-5　采用四则运算指令编写数据采集滤波梯形图

4.4.2 逻辑运算指令

逻辑运算指令见表 4-7，逻辑运算指令是对逻辑数（无符号数）进行处理，包括逻辑与、逻辑或、逻辑异或、取反等逻辑操作，数据长度为字节、字、双字。图 4-6 为指令图，图 4-7 为逻辑运算指令使用实例梯形图和运算结果。

表 4-7 逻辑运算指令

梯形图	语句表	描述	梯形图	语句表	描述
INV_B	INVB OUT	字节取反	WAND_W	ANDW IN1, OUT	字与
INV_W	INVW OUT	字取反	WOR_W	ORW IN1, OUT	字或
INV_DW	INVD OUT	双字取反	WXOR_W	XORW IN1, OUT	字异或
WAND_B	ANDB IN1, OUT	字节与	WAND_DW	ANDD IN1, OUT	双字与
WOR_B	ORB IN1, OUT	字节或	WOR_DW	ORD IN1, OUT	双字或
WXOR_B	XORB IN1, OUT	字节异或	WXOR_DW	XORD IN1, OUT	双字异或

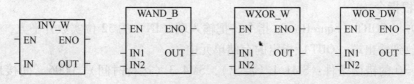

图 4-6 逻辑运算指令图

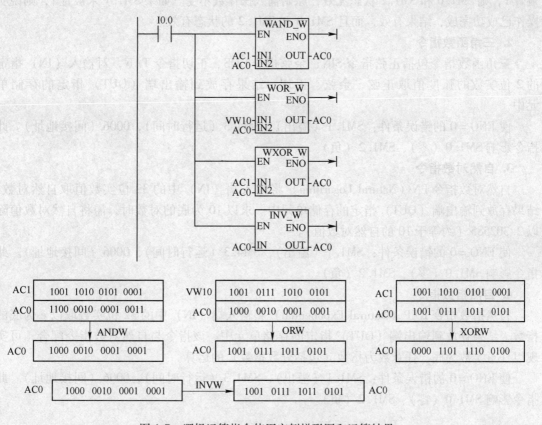

图 4-7 逻辑运算指令使用实例梯形图和运算结果

4.4.3　数学功能指令

数学功能指令包括平方根指令、三角函数指令、自然对数指令、自然指数指令，如图4-8所示。数学功能指令的操作数均为实数（REAL）。

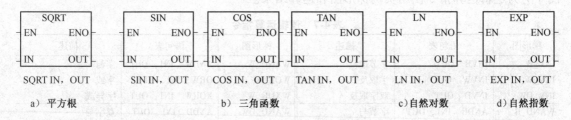

图4-8　数学功能指令实例梯形图

1. 平方根指令

实数平方根 SQRT（SqureRoot）指令，把输入端（IN）的32位实数开平方，得到32位实数结果存放到输出端（OUT）指定的存储单元中。

使 ENO = 0 的错误条件：SM1.1（溢出），SM4.3（运行时间），0006（间接地址）。此指令影响 SM1.0（零）、SM1.2（负）。SM1.1 用于表示溢出错误和非法数值。如果 SM1.1 被置1，则 SM1.0 和 SM1.2 状态无效，原始输入操作数不变。如果 SM1.1 未被置1，则说明操作已成功完成，结果有效，而且 SM1.0 和 SM1.2 的状态有效。

2. 三角函数指令

三角函数指令包括正弦指令 SIN、余弦指令 COS、正切指令 TAN，对输入（IN）指定的2位实数的弧度值取正弦、余弦、正切，结果存放到输出端（OUT）指定的存储单元中。

使 ENO = 0 的错误条件：SM1.1（溢出），SM4.3（运行时间），0006（间接地址）。此指令影响 SM1.0（零）、SM1.2（负）。

3. 自然对数指令

自然对数指令 LN（Natural Logarithm）将输入端（IN）中的32位实数值取自然对数，结果存放到输出端（OUT）指定的存储单元中。求以10为底的对数时，需将自然对数值除以 2.302585（约等于10的自然对数值）。

使 ENO = 0 的错误条件：SM1.1（溢出），SM4.3（运行时间），0006（间接地址）。此指令影响 SM1.0（零）、SM1.2（负）。

4. 自然指数指令

自然指数指令 EXP（Natural Exponential）将输入端（IN）中的32位实数取以 e 为底的指数，结果存放到输出端（OUT）指定的存储单元中。该指令与自然对数指令配合，可实现以任意实数为底、任意数为指数（包括分数指数）的运算。

使 ENO = 0 的错误条件：SM1.1（溢出），SM4.3（运行时间），0006（间接地址）。此指令影响 SM1.0（零）、SM1.2（负）。

4.5　转换指令

4.5.1　数据类型转换指令

表 4-8 列出了几种常用的数据类型转换指令。在进行数据处理时，不同性质的操作指令需要不同数据类型的操作数。数据类型转换指令的功能是将一个固定的数值，根据操作指令对数据类型的需要进行相应类型的转换。

表 4-8　数据类型转换指令表

指令名称	梯形图符号	助记符	指令功能
双整数到整数 D_I	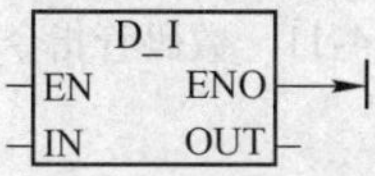 D_I EN　ENO IN　OUT	DTI IN, OUT	以功能框的形式编程，当允许输入 EN 有效时，将双整数型输入数据 IN，转换成整数型数据送到 OUT
实数到双整数 ROUND	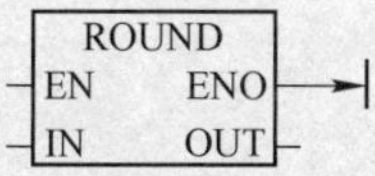 ROUND EN　ENO IN　OUT	ROUND IN, OUT	以功能框的形式编程，当允许输入 EN 有效时，将实数型输入数据 IN，转换成双整数型数据（对 IN 中的小数采取四舍五入），转换结果送到 OUT
实数到双整数 TRUNC	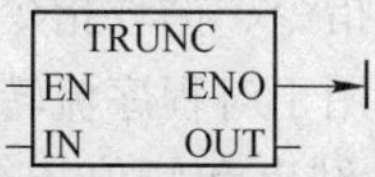 TRUNC EN　ENO IN　OUT	TRUNC IN, OUT	以功能框的形式编程，当允许输入 EN 有效时，将实数型输入数据 IN，转换成双整数型数据（舍去 IN 中的小数部分），转换结果送到 OUT
双整数到实数 DI_R	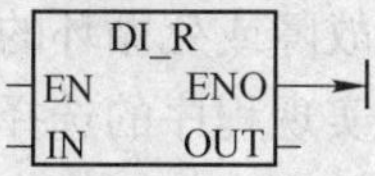 DI_R EN　ENO IN　OUT	DTR IN, OUT	以功能框的形式编程，当允许输入 EN 有效时，将双整数型输入数据 IN，转换成实数型数据送到 OUT
整数到 BCD 码 I_BCD	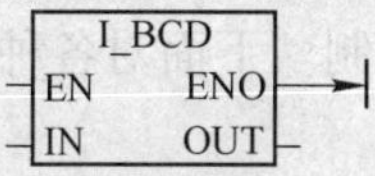 I_BCD EN　ENO IN　OUT	IBCD OUT	以功能框的形式编程，当允许输入 EN 有效时，将整数型输入数据 IN，转换成 BCD 码送到 OUT
BCD 码到整数 BCD_I	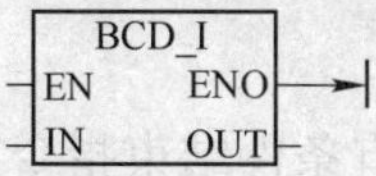 BCD_I EN　ENO IN　OUT	BCDI OUT	以功能框的形式编程，当允许输入 EN 有效时，将 BCD 输入数据 IN，转换成整数型数据送到 OUT

4.5.2　七段数码管显示指令 SEG（Segment）

在 S7-200 PLC 中，有一条可直接驱动七段数码管的指令 SEG，如图 4-9 所示，它能将数字输出显示在数码管上，这个指令用于电梯控制中楼层显示的场合是非常适合的。

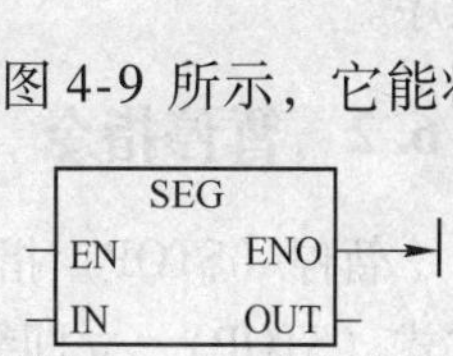

图 4-10 为数码管接线与原理图，在 PLC 的输出端 Q0.0～Q0.6 与数码管的 7 个段（a、b、c、d、e、f、g）对应接好，这时 QB0 字节中存储的数字即可直接通过数码管显示出来。

图 4-11 为数码管指令实例图，当 I0.0 闭合时，上升沿脉冲使计数器 C0 开始计数，并将计数结果传送到 VW0 中。七段显示译码指令会把 VW0 的低四位（VB1）的二进制数码转换成七段显示码输出到 QB0 中，并驱动数码管显示出数字。

```
     SEG
EN       ENO
IN       OUT
```

图 4-9　数码管指令

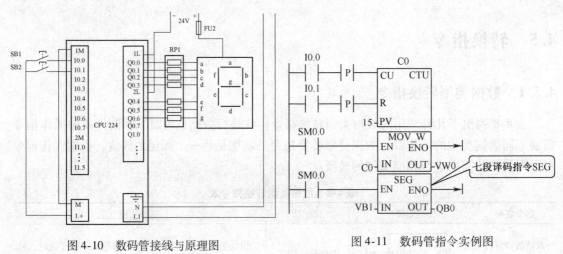

图 4-10　数码管接线与原理图　　　　　　　图 4-11　数码管指令实例图

4.6　程序控制指令

　　程序控制指令包括结束及暂停指令、看门狗指令、跳转指令、循环指令、顺控继电器指令、子程序指令，主要用于程序执行流程的控制，可以实现用于对程序流转的控制、程序的结束、分支、循环、子程序或中断程序调用、步进指令等。结束和暂停指令可使 CPU 的工作方式发生变化；看门狗指令能保证程序可靠运行，在出现故障或死循环的情况下可以及时唤醒程序，进行异常处理；跳转指令可以使程序出现跨越以实现程序的选择；子程序指令可调用某段子程序，使主程序结构简单清晰，减少扫描时间；循环指令可多次重复执行指定的程序段；顺控继电器指令把程序分成若干个段以实现步进控制。下面对各种程序控制指令分别加以说明，顺控继电器指令将在下一章进行介绍。

4.6.1　结束指令

　　有条件结束指令和无条件结束指令的符号都为 END。有条件结束指令用在执行条件成立时结束主程序，返回主程序起点。有条件结束指令用在无条件结束（END）指令之前。有条件结束指令不能在子程序或中断程序中使用。用户程序必须以无条件结束指令结束主程序。

4.6.2　暂停指令

　　暂停（STOP）指令，能够引起 CPU 工作方式发生变化，从运行方式（RUN）进入停止方式（STOP），立即终止程序的执行。如果 STOP 指令在中断程序中执行，那么该中断程序立即终止，并且忽略所有挂起的中断，继续扫描主程序的剩余部分。在本次扫描的最后，完成 CPU 从 RUN 到 STOP 方式的转换。

4.6.3　看门狗指令

　　为了保证系统可靠运行，PLC 内部设置了系统监视定时器 WDT，用于监视扫描周期是否超时。每当扫描到 WDT 定时器时，WDT 定时器将复位。WDT 定时器有一设定值（100～300ms），系统正常工作时，所需扫描时间小于 WDT 的设定值，WDT 定时器被及时复位。系统故障情况下，扫描时间大于 WDT 定时器设定值，该定时器不能及时复位，则报警并停止 CPU 运行，同时复位输入、输出。这种故障称为 WDT 故障，以防止因系统故障或程序进入死循环而引起的扫描周期过长。

4.6.4　跳转指令

跳转指令的功能是根据不同的逻辑条件，有选择地执行不同的程序。利用跳转指令，可以使程序结构更加灵活，减少扫描时间，从而加快了系统的响应速度。执行跳转指令需要用两条指令配合使用，如图 4-12 所示，跳转开始指令 JMPn 和跳转标号指令 LBLn，其中 n 是标号地址，n 的取值范围是 0～255 的字型类型。跳转指令 JMP 和 LBL 必须配合应用在同一个程序块中，即 JMP 和 LBL 可同时出现在主程序中，或者同时出现在子程序中，或者同时出现在中断程序中。不允许从主程序中跳转到子程序或中断程序，也不允许从某个子程序或中断程序中跳转到主程序或其他的子程序或中断程序。

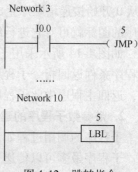

图 4-12　跳转指令

4.6.5　循环指令

循环开始（FOR）指令标记循环体的开始；循环结束（NEXT）指令标记循环的结束，FOR 与 NEXT 之间的程序部分为循环体，如图 4-13 所示，必须为 FOR 指令设定当前循环次数的计数器（INDX）、初值（INIT）和终值（FINAL）。每执行一次循环体，当前计数值增加 1，并将其值同终值作比较，如果大于终值，那么终止循环。例如，给定初值（INIT）为 1，终值（FINAL）为 50，那么随着当前计数值（INDX）从 1 增加到 50，FOR 与 NEXT 之间的指令被执行 50 次。允许输入端有效时，执行循环体直到循环结束。在 FOR/NEXT 循环执行的过程中可以修改终值。当允许输入端重新有效时，指令自动将各参数复位（初值 INIT 和终值 FINAL，并将初值复制到计数器 INDX 中）。FOR 指令和 NEXT 指令必须成对使用。允许循环嵌套，嵌套深度可达 8 层。

4.6.6　子程序指令

S7-200 CPU 的控制程序由主程序、子程序和中断程序组成。在 PLC 的程序设计中，对那些需要经常执行的程序段，设计成子程序的形式，并为每个子程序赋以不同的编号，在程序执行的过程中，可随时调用某个编号的子程序。子程序的调用是有条

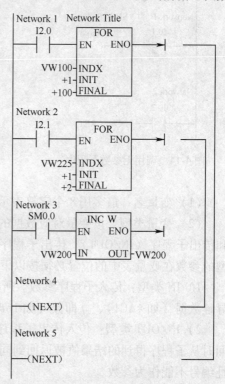

图 4-13　循环指令

件的,未调用它时不会执行子程序中的指令,因此使用子程序可以减少扫描时间。使用子程序可以将程序分成容易管理的小块,使程序结构简单清晰,易于查错和维护。可以在主程序、其他子程序或中断程序中调用子程序,调用某个子程序时将执行该子程序的全部指令,直至子程序结束,然后返回调用它的程序中该子程序调用指令的下一条指令之处。子程序可以不带参数也可以带参数,两者的建立和调用方法有所不同。

1. 无参数子程序的建立和调用

可用编程软件 EDIT 菜单中的 INSERT 选项,选择 SUBROUTINE,以建立或插入一个新的子程序,同时在指令树窗口可以看到新建的子程序图标,默认的程序名是 SBR_*N*,编号 *N* 从 0 开始按递增顺序生成,可以在图标上直接更改子程序的程序名。在指令树窗口双击子程序的图标就可对它进行编辑。

如图 4-14 所示采用子程序调用指令,使用输入有效时,主机把程序控制权交给子程序。子程序条件返回指令子程序条件返回(CRET)指令。在使能输入有效时,结束子程序的执行,返回主程序中此子程序调用指令的下一条指令。

2. 带参数子程序的建立和调用

子程序的调用过程如果存在数据的传递,则调用指令中应包含相应参数,如图 4-15 所示。子程序最多可以传递 16 个参数。参数在子程序的局部变量表中定义。参数包含下列信息:变量名、变量类型和数据类型。

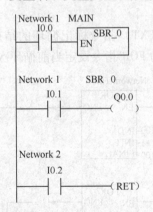

图 4-14　调用无参数子程序

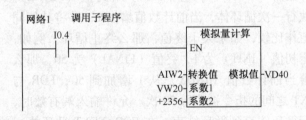

图 4-15　调用带参数子程序

(1)变量名　最多用 8 个字符表示,第一个字符不能是数字。

(2)变量类型　按变量对应数据的传递方向来划分的,可以是传入子程序(IN)、传入和传出子程序(IN/OUT)、传出子程序(OUT)、暂时变量(TEMP)4 种类型。4 种变量类型的参数在变量表中的位置必须按以下先后顺序。

1)IN 类型:传入子程序参数。所接的参数可以是:直接寻址数据(如 VB100)、间接寻址数据(如 *AC1)、立即数(如 16#2344)、数据的地址值(如 VB106)。

2)IN/OUT 类型:传入传出子程序参数。调用时将指定参数位置的值传到子程序,返回时从子程序得到的结果值被返回到同一地址。参数可采用直接和间接寻址,但立即数和地址编号不能作为参数。

图 4-16 所示为子程序参数设置画面,在该子程序的局部变量表中,定义了名为"转换

值"、"系数 1"和"系数 2"的输入（1N）变量，名为"模拟值"的输出（OUT）变量，和名为"暂存 1"的临时（TEMP）变量。局部变量表最左边的一列是编程软件自动分配的每个参数在局部存储器（L）中的地址。子程序变址名称中的"#"表示局部变量，是编程软件自动添加的。输入局部变量时不用输入"#"号。

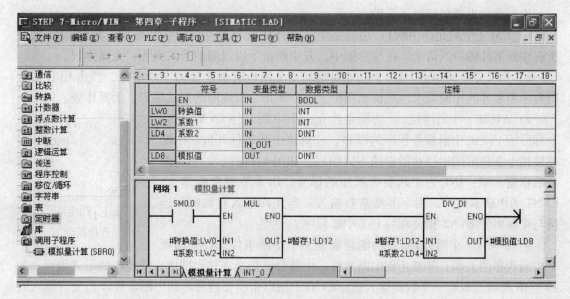

图 4-16　子程序参数设置

3. 使用子程序的注意事项

1）子程序嵌套。如果子程序的内部又有对另一子程序的调用指令，则这种调用结构称为子程序的嵌套。子程序的嵌套深度最多是 8 级。

2）当一个子程序被调用时，子程序占有控制权。子程序执行结束，通过返回指令自动恢复原来的数值，调用程序又重新取得控制权。

3）累加器可在调用程序和被调子程序之间自由传递，所以累加器的值在子程序调用时既不保存也不恢复。

4）不能使用跳转语句跳入或跳出子程序。

4.7　中断指令

在 S7-200 PLC 中，中断服务程序的调用和处理由中断指令来完成。CPU 提供了中断处理功能，有很多的信息和事件能够引起中断，一般可分为系统内部中断和用户引起的中断。系统的内部中断是由系统来处理的，如编程器、数据处理器及某些智能单元等，都随时会向CPU 发出中断请求，对于这种中断请求的处理，PLC 是自动完成的，用户不必为此编程。而由用户引起的包括通信中断、高速脉冲串输出中断、外部输入中断、高速计数器中断、定时中断、定时器中断都是需要用户通过设计中断服务程序并设定对应的入口地址来完成的。以上各种中断的先后次序符合优先级排队。能够用中断功能处理的特定事件称为中断事件。S7-200 PLC 为每个中断事件规定了一个中断事件号。响应中断事件而执行的程序称为中断服务程序，把中断事件号和中断服务程序关联起来才能执行中断处理功能。中断程序不是由程序调用，而是在中断事件发生时由操作系统调用，这一点是与子程序调用不同的，一旦执行中断程序就会把主程序封存，中断了主程序的正常扫描。中断事件处理完才返回主程序，所以中断程序应尽量短小，否则可能引起主程序控制的设备操作异常。

中断指令主要包括以下几种：

1）ENI（全局允许中断）：功能是全局地开放所有被连接的中断事件，允许 CPU 接受所有中断事件的中断请求。在梯形图中，开中断指令以线圈的形式编程，无操作数。

2）DISI（全局禁止中断）：功能是全局地关闭所有被连接的中断事件，禁止 CPU 接受所有中断事件的中断请求。在梯形图中，关中断指令以线圈的形式编程，无操作数。

3）ATCH（中断连接）：功能是建立一个中断事件 EVNT 与一个标号为 INT 的中断服务程序的联系，并对该中断事件开放。中断连接指令在梯形图中以功能框的形式编程，如图 4-17 所示。它有两个数据输入端：INT 为中断服务程序的标号，用字节型常数输入；EVNT 为中断事件号，用字节型常数输入。当允许输入有效时，连接与中断事件 EVNT 相关联的 INT 中断程序。

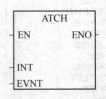

图 4-17　中断
连接指令

4）DTCH（中断分离）：功能是取消某个中断事件 EVNT 与所有中断程序的关联，并禁止该中断事件。中断分离指令在梯形图中以功能框的形式编程，如图 4-18 所示。只有一个数据输入端：EVNT，用以指明要被分离的中断事件。当允许输入有效时，切断由 EVNT 指定的中断事件与图 4-18 DTCH 梯形图符号所有中断程序的联系。

5）RETI（中断返回）和 CRETI（中断返回）：当中断结束时，通过中断返回指令退出中断服务程序，返回到主程序。RETI 是无条件返回指令，CRETI 是有条件返回指令。

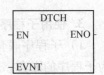

图 4-18　中断
分离指令

S7-200 的中断系统中，按中断性质和轻重缓急分配不同的优先级，当多个中断事件同时发出中断请求时，要按表 4-9 所列的优先级顺序进行排队。中断按以下固定的次序来决定优先级：通信口中断（最高优先级）、I/O 中断（中等优先级）、时基中断（最低优先级）。在各个优先级范围内，CPU 按先来先服务的原则处理中断。任何时刻只能执行一个用户中断程序。一旦中断程序开始执行，它会一直执行到结束。而且不会被别的中断程序（甚至是更高优先级的中断程序）所打断。正在处理某中断程序时，新出现的中断事件需排队等待，以待处理。在 S7-200 PLC 的 CPU22X 中，可连接的中断事件及中断事件号见表 4-9。

表 4-9　可连接的中断事件表

中断号	中断描述	优先级分组	按组排列的优先级
8	通信口 0：接收字符		0
9	通信口 0：发送完成		0
23	通信口 0：接收信息完成	通信（最高）	0
24	通信口 1：接收信息完成		1
25	通信口 1：接收字符		1
26	通信口 1：发送完成		1

（续）

中断号	中断描述	优先级分组	按组排列的优先级
19	PTO 0 完成中断		0
20	PTO 1 完成中断		1
0	I0.0 的上升沿		2
2	I0.1 的上升沿		3
4	I0.2 的上升沿		4
6	I0.3 的上升沿		5
1	I0.0 的下降沿		6
3	I0.1 的下降沿		7
5	I0.2 的下降沿		8
7	I0.3 的下降沿		9
12	HSC0 CV = PV（当前值 = 预设值）		10
27	HSC0 方向改变		11
28	HSC0 外部复位/Z 相		12
13	HSC1 CV = PV（当前值 = 预设值）	开关量（中等）	13
14	HSC1 方向改变		14
15	HSC1 外部复位		15
16	HSC2 CV = PV（当前值 = 预设值）		16
17	HSC2 方向改变		17
18	HSC2 外部复位		18
32	HSC3 CV = PV（当前值 = 预设值）		19
29	HSC4 CV = PV（当前值 = 预设值）		20
30	HSC4 方向改变		21
31	HSC4 外部复位/Z 相		22
33	HSC5 CV = PV（当前值 = 预设值）		23
10	定时中断 0		0
11	定时中断 1	定时（最低）	1
21	定时器 T32 CT = PT 中断		2
22	定时器 T96 CT = PT 中断		3

4.8 高速计数器指令

普通计数器是按照顺序扫描的方式进行工作的，在每个扫描周期中，对计数脉冲只能进行一次累加，计数频率一般仅有几十赫兹。然而当输入脉冲信号的频率比 PLC 的扫描频率高时，如果仍然采用普通计数器进行累加，必然会丢失很多输入脉冲信号。在 PLC 中，处理比扫描频率高的输入信号的任务是由高速计数器来完成的。

4.8.1 高速计数器的编号和输入点

高速计数器在程序中使用的地址编号用 HCn 来表示（在非程序中一般用 HSCn 表示），HC 表示编程元件名称为高速计数器，n 为编号。不同型号的 PLC 主机，高速计数器的数量也不同，CPU 221 和 CPU222 有两个，它们是 HC0 和 HC3；CPU224、CPU226 有 6 个，它们是 HC0 ~ HC5。

　　用户程序中一旦采用了高速计数器功能，首先要定好高速计数器的号数，也就是在 6 个当中选取，然后就要定模式，因号数与模式相对于 PLC 的输入点都是固定的，见表 4-10。接下来就要编程了，除软件（编程）方面要有相应的初始化设置外，PLC 的输入端也一定要与产生高速脉冲信号的设备，按照已定的号数与模式把导线接好。

　　在实际工程中，高速计数器大多连接增量型旋转编码器，用于检测位移量和速度等。旋转编码器一般与被控电动机同轴，每旋转一周可发出一定数量的计数脉冲和一个复位脉冲，作为高速计数器的输入，这种方式的输入信号是不受扫描周期控制的，随来随进，只要用户程序中能利用送进来的脉冲数就可以了，这就是高速计数器的特点。

表 4-10　高速计数器的硬件定义和工作模式

模式	描　　述	输　入　点			
—	HSC0	I0.0	I0.1	I0.2	—
—	HSC1	I0.6	I0.7	I1.0	I1.1
—	HSC2	I1.2	I1.3	I1.4	I1.5
—	HSC3	I0.1	—	—	—
—	HSC4	I0.3	I0.4	I0.5	—
—	HSC5	I0.4	—	—	—
0		计数脉冲	—	—	—
1	带有内部方向控制的单相计数器	计数脉冲	—	复位	—
2		计数脉冲	—	复位	启动
3		计数脉冲	方向	—	—
4	带有外部方向控制的单相计数器	计数脉冲	方向	复位	—
5		计数脉冲	方向	复位	启动
6		增计数脉冲	减计数脉冲	—	—
7	带有增/减计数脉冲的双相计数器	增计数脉冲	减计数脉冲	复位	—
8		增计数脉冲	减计数脉冲	复位	启动
9		计数脉冲 A	计数脉冲 B	—	—
10	A/B 相正交计数器	计数脉冲 A	计数脉冲 B	复位	—
11		计数脉冲 A	计数脉冲 B	复位	启动

　　表 4-10 中所用到的输入点，如果不使用高速计数器，可作为一般的数字量输入点，有些高速计数器的输入点相互间，或它们与边沿中断（I0.0 ~ I0.3）的输入点有重叠，同一输入点不能同时用于两种不同的功能，但是高速计数器当前模式未使用的输入点可以用于其他功能。

　　例如 HSC0 工作在模式 1 时只使用 I0.0 及 I0.2，那么 I0.1 就可供他用了。在 PLC 的实际应用中，每个输入点的作用是唯一的，不能对某一个输入点分配多个用途，因此要合理分配每一个输入点的用途。

4.8.2　高速计数器的工作模式

　　CPU224 可以设置多达 12 种不同的操作模式，见表 4-10。高速计数器工作模式大致分为下面 4 大类：

1) 无外部方向输入信号（内部方向控制）的单相加/减计数器（模式 0 ~ 2）：可以用高速计数器的控制字节的第 3 位来控制是加还是减。该位是 1 时为加，是 0 时为减。

2) 有外部方向输入信号的单相加/减计数器（模式 3 ~ 5）：方向输入信号是 1 时为加计数，是 0 时为减计数。

3) 有加计数时钟脉冲和减计数时钟脉冲输入的双相计数器（模式 6 ~ 8），也就是双相增减计数器，双脉冲输入。

4) A/B 相正交计数器（模式 9 ~ 11）它的两路计数脉冲的相位互差 90°，正转时 A 相在前，反转时 B 相在前。利用这一特点可以实现在正转时加计数，反转时减计数。

4.8.3　高速计数器指令

高速计数器的指令有两条：定义高速计数器指令 HDEF 和执行高速计数器指令 HSC。

1. 定义高速计数器指令 HDEF

如图 4-19a 所示，定义高速计数器指令的功能是为某个要使用的高速计数器选定一种工作模式。每个高速计数器在使用前，都要用 HDEF 指令来定义工作模式，并且只能定义 1 次。

可以用只闭合一个扫描周期的指令或 SM0.1 调用包含 HDEF 指令的子程序来定义高速计数器，也就是说只激活或者叫初始化一下

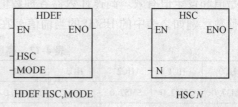

a) 定义高速计数器指令　　　b) 执行高速计数器指令

图 4-19　高速计数器指令

即可。在梯形图中，HDEF 以功能框的形式编程，它有两个数据输入端：HSC 为要使用的高速计数器编号，数据类型为字节型，数据范围为 0 ~ 5 的常数，分别对应 HC0 ~ HC5；MODE 为高速计数器的工作模式，数据类型为字节型，数据范围为 0 ~ 11 的常数，分别对应 12 种工作模式。当允许输入 EN 有效时，为指定的高速计数器 HSC 定义工作模式 MODE。

2. 执行高速计数器指令 HSC

如图 4-19b 所示的控制方式和工作状态，使高速计数器的设置生效，按照指定的工作模式执行计数操作。在梯形图中，HSC 以功能框的形式编程，它有一个数据输入端 N，N 为高速计数器的编号，数据类型为字型，数据范围为 0 ~ 5 的常数，分别对应 HC0 ~ HC5。当允许输入 EN 有效时，启动 N 所对应的 HC0 ~ HC5 之一。

4.8.4　高速计数器的控制字节

在使用高速计数器时，用 HDEF 指令来指定工作模式，用 HSC 指令来指定开启哪个高速计数器，然后还要对高速计数器的动态参数进行编程。各高速计数器均有一个特殊继电器的控制字节 SMB，通过对控制字节指定位的编程，确定高速计数器的工作方式，各位的意义见表 4-11。执行 HSC 指令时，CPU 检查控制字节及有关的当前值与设定值。执行 HDEF 指令之前必须将控制位设置成需要的状态，否则高速计数器将选用模式的默认设置。一旦执行了 HDEF 指令，设置的控制位就不能再改变，除非 CPU 进入停止模式。

表 4-11　高速计数器的数值寻址

计数器号	HSC0	HSC1	HSC2	HSC3	HSC4	HSC5
初始值	SMD38	SMD48	SMD58	SMD138	SMD148	SMD158
设定值	SMD42	SMD52	SMD62	SMD142	SMD152	SMD162
当前值	HC0	HC1	HC2	HC3	HC4	HC5

4.8.5　高速计数器的数值寻址

　　每个高速计数器都有一个初始值和一个设定值，它们都是 32 位有符号整数。初始值是高速计数器计数的起始值；设定值是高速计数器运行的目标值，当实际计数值等于设定值（见表4-11）时会发生一个内部中断事件。必须先设置控制字节（见表4-12）以允许装入新的初始值和设定值，并且把初始值和设定值存入特殊存储器中，然后执行 HSC 指令使新的初始值和设定值有效。高速计数器各种数值存放处见表 4-11。当前值也是一个 32 位的有符号整数，例如，表中的 HSC0 的当前值，在程序里可从 HC0 中直接读出。

表 4-12　高速计数器的控制字节

HC0	HC1	HC2	HC3	HC4	HC5	描　述
SM37.0	SM47.0	SM57.0	—	SM147.0	—	0 = 复位信号高电平有效，1 = 低电平有效
—	SM47.1	SM57.1	—	—	—	0 = 启动信号高电平有效，1 = 低电平有效
SM37.2	SM47.2	SM57.2	—	SM147.2	—	0 = 4 倍频模式，1 = 1 倍频模式
SM37.3	SM47.3	SM57.3	SM137.3	SM147.3	SM157.3	0 = 减计数方向，1 = 增计数方向
SM37.4	SM47.4	SM57.4	SM137.4	SM147.4	SM157.4	0 = 不改变计数方向，1 = 可改变计数方向
SM37.5	SM47.5	SM57.5	SM137.5	SM147.5	SM157.5	0 = 不改变设定值，1 = 可改变设定值
SM37.6	SM47.6	SM57.6	SM137.6	SM147.6	SM157.6	0 = 不改变当前值，1 = 可改变当前值
SM37.7	SM47.7	SM57.7	SM137.7	SM147.7	SM157.7	0 = 禁止高速计数器，1 = 允许高速计数器

4.9　高速脉冲指令

4.9.1　高速脉冲输出指令

　　高速脉冲输出指令使 PLC 某些输出端产生高速脉冲，用来驱动负载实现精确控制。

　　高速脉冲输出（PLS）指令如图 4-20 所示，检测为脉冲输出（Q0.0 或 Q0.1）设置的特殊存储器位，然后激活由特殊存储器定义的脉冲输出指令。指令操作数 Q 为 0 或 1。

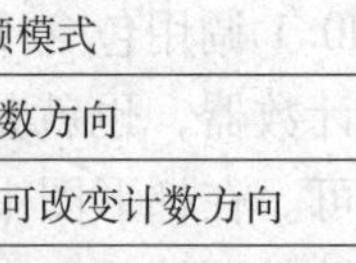

　　S7-200CPU 有两个 PTO/PWM 发生器，产生高速脉冲串和脉冲宽度可调的波形。PTO/PWM 发生器的编号分配在数字输出点 Q0.0 和 Q0.1。PTO/PWM 发生器和输出映像寄存器共同使用 Q0.0 和 Q0.1。当 Q0.0 或 Q0.1 设置为 PTO 或 PWM 功能时，PTO/PWM 发生器控制输出，在输出点禁止使用数字量输出的通用功能。输出波形不受输出映像寄存器的状态、输出强制或立即

```
        PLS
  EN          ENO

  Q0.X
        PLS Q
```

图 4-20　高速
脉冲输出指令

输出指令的影响。

脉冲串（PTO）功能提供方波（50% 占空比）输出，用户控制脉冲周期和脉冲数。脉冲宽度调制（PWM）功能提供连续、占空比可调的脉冲输出，用户控制脉冲周期和脉冲宽度。

PTO/PWM 发生器有一个控制字节寄存器（8bit）、一个无符号的周期值寄存器（16bit），PWM 有一个无符号的脉宽值寄存器（16bit），PTO 有一个无符号的脉冲计数值寄存器（32bit）。这些值全部存储在指定的特殊存储器（SM）中，特殊存储器的各位设置完毕，即可执行脉冲（PLS）指令。PLS 指令使 CPU 读取特殊存储器中的位，并对相应的 PTO/PWM 发生器进行编程。修改特殊存储器（SM）区（包括控制字节），并执行 PLS 指令，可以改变 PTO 或 PWM 特性。当 PTO/PWM 控制字节的允许位（SM67.7 或 SM77.7）被置为 0，则禁止 PTO 或 PWM 的功能。所有控制字节、周期、脉冲宽度和脉冲数的默认值都是 0。

4.9.2　PTO/PWM 控制寄存器

PLS 指令从 PTO/PWM 控制寄存器中读取数据，使程序按控制寄存器中的值控制 PTO/PWM 发生器。因此执行 PLS 指令前，必须设置好控制寄存器。PTO/PWM 控制寄存器各位的功能见表 4-13。SMB67 控制 PTO/PWMQ0.0，SMB77 控制 PTO/PWMQ0.1；SMW68/SMW78、SMW70/SMW80、SMD72/SMD82 分别存放周期值、脉冲宽度值、脉冲数值。在多段脉冲串操作中，执行 PLS 指令前应在 SMW166/SMW176 中填入管线的总段数、在 SMW168/SMW178 中装入包络表的起始偏移地址，并填好包络表的值。状态字节用于监视 PTO 发生器的工作。

表 4-13　PTO/PWM 控制寄存器各位的功能

	Q0.0	Q0.1	描　　述
状态字节	SM66.4	SM76.4	PTO 包络由于增量计算错误而终止；0 = 无错误，1 = 有错误
	SM66.5	SM76.5	PTO 包络由于用户命令而终止；0 = 不终止，1 = 终止
	SM66.6	SM76.6	PTO 管线溢出；0 = 无溢出，1 = 有溢出
	SM66.7	SM76.7	PTO 空闲；0 = 执行中，1 = 空闲
控制字节	SM67.0	SM77.0	PTO/PWM 更新周期；0 = 不更新周期值，1 = 更新周期值
	SM67.1	SM77.1	PWM 更新脉冲宽度值；0 = 不更新脉冲宽度值，1 = 更新脉冲宽度值
	SM67.2	SM77.2	PTO 更新脉冲数；0 = 不更新脉冲数，1 = 更新脉冲数
	SM67.3	SM77.3	PTO/PWM 时间基准选择；0 = 1μs，1 = 1ms
	SM67.4	SM77.4	PWM 更新方法；0 = 异步更新，1 = 同步更新
	SM67.5	SM77.5	PTO 操作；0 = 单段操作，1 = 多段操作
	SM67.6	SM77.6	PTO/PWM 模式选择；0 = 选择 PTO，1 = 选择 PWM
	SM67.7	SM77.7	PTO/PWM 脉冲输出；0 = 禁止，1 = 允许
其他寄存器	SMW68	SMW78	PTO/PWM 周期值（范围：2 ~ 65535）
	SMW70	SMW80	PWM 脉冲宽度值（范围：2 ~ 65535）
	SMW72	SMW82	PTO 脉冲计数值（范围：1 ~ 4294967295）
	SMW166	SMW176	操作中的段数（仅用于多段 PTO 操作中）
	SMW168	SMW178	包络表的起始位置，用从 V0 开始的字节偏移量表示（仅用于多段 PTO 操作中）

4.9.3　PTO 操作

PTO 功能提供指定脉冲数和周期的方波（50% 占空比）脉冲串发生功能。周期以微秒或毫秒为单位。周期的范围是 $50 \sim 65535\mu s$ 或 $2 \sim 65535ms$。如果设定的周期是奇数，会引起占空比失真。脉冲数的范围是 $1 \sim 4294967295$。如果周期时间小于最小值，就把周期默认为最小值。如果指定脉冲数为 0，就把脉冲数默认为 1 个脉冲。状态字节中的 PTO 空闲位（SM66.7 或 SM176.7）为 1 时，则指示脉冲串输出完成。可根据脉冲串输出完成调用中断程序。若要输出多个脉冲串，PTO 功能允许脉冲串的排队，形成管线。当激活的脉冲串输出完成后，立即开始输出新的脉冲串。这保证了脉冲串顺序输出的连续性。PTO 发生器有单段管线和多段管线两种模式。

1. 单段管线模式

单段管线中，只能存放一个脉冲串的控制参数。一旦启动了 PTO 起始段，就必须立即为下一个脉冲串更新控制寄存器，并再次执行 PLS 指令。第二个脉冲串的属性一直保持到第一个脉冲串发送完成。第一个脉冲串发送完成，紧接着就输出第二个脉冲串。重复上述过程可输出多个脉冲串。

2. 多段管线模式

多段管线中，CPU 在变量（V）存储区建立一个包络表。包络表中存储各个脉冲串的控制参数。多段管线用 PLS 指令起动。执行指令时，CPU 自动从包络表中按顺序读出每个脉冲串的控制参数，并实施脉冲串输出。当执行 PLS 指令时，包络表内容不可改变。

在包络表中周期增量可以选择微秒或毫秒，但在同一个包络表中的所有周期值必须使用同一个时间基准。包络表由包络段数和各段参数构成，包络表的格式见表 4-14。

表 4-14　多段 PTO 操作的包络表格式

从包络表开始的字节偏移	包络段数	描　　述
0	—	段数（1 ~ 255）；数 0 产生一个致命性错误，将不产生 PTO 输出
1		初始周期（2 ~ 65535 时间基准单位）
3	段 1	每个脉冲的周期增量（有符号数）（ – 32768 ~ 32767 时间基准单位）
5		脉冲数（1 ~ 429496295）
9		初始周期（2 ~ 65535 时间基准单位）
11	段 2	每个脉冲的周期增量（有符号数）（ – 32768 ~ 32767 时间基准单位）
13		脉冲数（1 ~ 429496295）
…	…	…

包络表每段的长度是 8 个字节，由周期值（16bit）、周期增量值（16bit）和脉冲计数值（32bit）组成。8 个字节的参数表征了脉冲串的特性，多段 PTO 操作的特点是按照每个脉冲的个数自动增减周期。周期增量区的值为正值，则增加周期；负值，则减少周期；0 值，则周期不变。除周期增量为 0 外，每个输出脉冲的周期值都发生变化。如果在输出若干个脉冲后指定的周期增量值导致非法周期值，会产生溢出错误，SM66.6 或 SM76.6 被置为 1，同时停止 PTO 功能，PLC 的输出变为通用功能。另外，状态字节中的增量计算错误位（SM66.4 或 SM76.4）被置为 1。如果要人为地终止一个正进行中的 PTO 包络，只需要把状态字节中的用户终止位（SM66.5 或 SM76.5）置为 1。

4.9.4　包络表参数的计算

PTO 发生器的多段管线功能在实际应用中非常有用。例如步进电动机的控制，控制时电动机的转动受脉冲控制。图 4-21 表示步进电动机起动加速、恒速运行、减速停止过程的包络示意图。

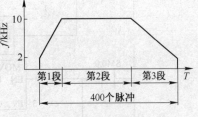

步进电动机的运动控制分成 3 段（起动、运行、减速），共需要 4000 个脉冲。起动和结束时的频率是 2kHz，最大脉冲频率是 10kHz。由于包络表中的值是用周期表示的，而不是用频率，需要把给定的频率值转换成周期值。起动和结束时的周期是 500μs，最大频率对应的周期是 100μs。要求加速部分在 200 个脉冲内达到最大脉冲频率（10kHz），减速部分在 400 个脉冲内完成。

图 4-21　步进电动机包络示意图

PTO 发生器用来调整给定段脉冲周期的周期增量为

$$周期增量 = (ECT - ICT)/Q$$

式中　ECT——该段结束周期；

　　　ICT——该段初始周期；

　　　Q——该段脉冲数。

计算得出：加速部分（第 1 段）的周期增量是 -2；减速部分（第 3 段）的周期增量是 1；第 2 段是恒速控制，该段的周期增量是 0。假定包络表存放在从 VB500 开始的 V 存储器区，相应的包络表值见表 4-15。

表 4-15　步进电动机包络值表

V 存储器地址	参数值
VB500	3（总段数）
VW501	500（1 段初始周期）
VW503	-2（1 段周期增量）
VD505	200（1 段脉冲数）
VW509	100（2 段初始周期）
VW511	0（2 段周期增量）
VD513	3400（2 段脉冲数）
VW517	100（3 段初始周期）
VW519	1（3 段周期增量）
VD521	400（3 段脉冲数）

可以在程序中用指令将表中的数据送入 V 变量存储区中。也可以在数据块中定义包络表的值。多段流水线 PTO 初始化和操作步骤：用一个子程序实现 PTO 初始化，首次扫描（SM0.1）时从主程序调用初始化子程序，执行初始化操作。以后的扫描不再调用该子程序，这样减少扫描时间，程序结构更好。

分析：编程前首先选择高速脉冲发生器为 Q0.0，并确定 PTO 为 3 段流水线。设置控制字节 SMB67 为 16#A0 表示允许 PTO 功能、选择 PTO 操作、选择多段操作以及选择时基为微秒，不允许更新周期和脉冲数。建立 3 段的包络表，并将包络表的首地址装入 SMW168。PTO 完成调用中断程序，使 Q1.0 接通。PTO 完成的中断事件号为 19。用中断调用指令

ATCH 将中断事件 19 与中断程序 INT − 0 连接，并全局开中断。执行 PLS 指令。本例题的主程序、初始化子程序和中断程序如图 4-22 所示。

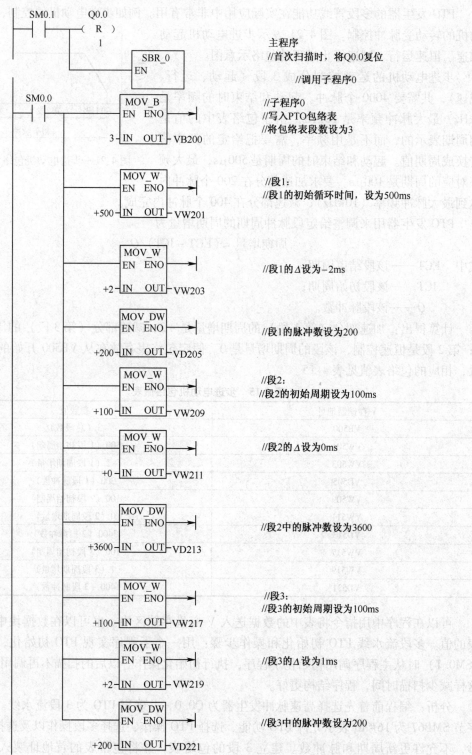

图 4-22　PTO 步进电动机多段控制

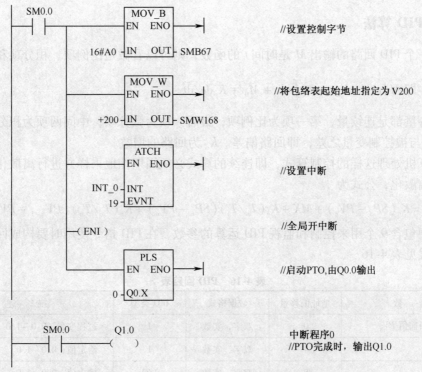

图 4-22　PTO 步进电动机多段控制（续）

4.9.5　PWM 操作

PWM 功能提供占空比可调的脉冲输出。周期和脉宽的增量单位为微秒（μs）或毫秒（ms）。周期变化范围分别为 50 ~ 65535μs 或 2 ~ 65635ms。脉宽变化范围分别为 0 ~ 65535μs 或 0 ~ 65535ms，当脉宽大于等于周期时，占空比为 100%，即输出连续接通。当脉宽为 0 时，占空比为 0%，即输出断开。如果周期小于最小值，那么周期时间被默认为最小值。有两个方法可改变 PWM 波形的特性：同步更新和异步更新。

（1）同步更新　PWM 的典型操作是当周期时间保持常数时变化脉冲宽度，所以不需要改变时间基准。不改变时间基准，就可以进行同步更新。同步更新时，波形特性的变化发生在周期边沿，可提供平滑过渡。

（2）异步更新　如果需要改变 PWM 发生器的时间基准，就要使用异步更新。异步更新会造成 PWM 功能被瞬时禁止，和 PWM 输出波形不同步，这会引起被控设备的振动。因此建议选择一个适合于所有周期时间的时间基准来采用 PWM 同步更新。

控制字节中的 PWM 更新方法状态位（SM67.4 或 SM77.4）用来指定更新类型，执行 PLS 指令激活这些改变。

4.10　PID 回路指令

在有模拟量的控制系统中，经常用到 PID 运算来执行 PID 回路的功能，PID 回路指令使这一任务的编程和实现变得简单。

4.10.1　PID 算法

如果一个 PID 回路的输出 M 是时间 t 的函数，则可以看做是比例项、积分项和微分项三部分之和。即 $M(t) = K_e e + K_e \int_0^t e \mathrm{d}t + M_0 + K_e \mathrm{d}e/\mathrm{d}t$

以上各量都是连续量，第一项为比例项，最后一项为微分项，中间两项为积分项。其中 e 是给定值与被控制变量之差，即回路偏差。K_e 为回路的增益。

用计算机处理这样的控制算式，即连续的算式必须周期性地采样并进行离散化，同时各信号也要离散化，公式为

$$M_n = K_e(SP_n - PV_n) + MX + K_e(T_n/T_i)(SP_n - PV_n) + K_e(T_d/T_n)(PV_{n-1} - PV_n)$$

公式中包含 9 个用来控制和监视 PID 运算的参数，在 PID 指令使用时要构成回路表，回路表的格式见表 4-16。

表 4-16　PID 回路表

参　　数	地址偏移量	数据格式	I/O 类型	描　　述
过程变量当前值 PV_n	0	双字，实数	I	过程变量，$0.0 \sim 1.0$
给定值 SP_n	4	双字，实数	I	给定值，$0.0 \sim 1.0$
输出值 M_n	8	双字，实数	I/O	输出值，$0.0 \sim 1.0$
增益 K_e	12	双字，实数	I	比例常数，正、负
采样时间 T_n	16	双字，实数	I	单位为 s，正数
积分时间 T_i	20	双字，实数	I	单位为 min，正数
微分时间 T_d	24	双字，实数	I	单位为 min，正数
积分项前值 MX	28	双字，实数	I/O	积分项前值，$0.0 \sim 1.0$
过程变量前值 PV_{n-1}	32	双字，实数	I/O	最近一次 PID 变量值

4.10.2　PID 回路指令

运用表 4-16 中的输入信息和组态信息，进行 PID 编程很简便。图 4-23 所示为 PID 回路指令。该指令有两个操作数：TBL 和 LOOP。其中 TBL 是回路表的起始地址，操作数限用 VB 区域（BYTE 型）；LOOP 是回路号，可以是 0 到 7 的整数（BYTE 型）。在程序中最多可以用 8 条 PID 指令。PID 回路指令不可重复使用同一个回路号（即使这些指令的回路表不同），否则会产生不可预料的结果。

图 4-23　PID 回路指令

4.10.3　控制方式

S7-200PLC 执行 PID 指令时为"自动"运行方式，不执行 PID 指令时为"手动"方式。

PID 指令有一个允许输入端（EN）。当该输入端检测到一个正跳变（从 0 到 1）信号，PID 回路就从手动方式无扰动地切换到自动方式。切换时，系统把手动方式的当前输出值填

入回路表中的 M_n，用来初始化输出值 M_n，且进行一系列的操作，对回路表中的值进行组态：

　　　　置给定值 SP_n = 过程变量 PV_n

　　　　置过程变量当前值 PV_{n-1} = 过程变量当前值 PV_n

　　　　置积分项前值 MX = 输出值 M_n

　　梯形图中，若 PID 指令的允许输入端（EN）直接接至左母线，在启动 CPU 或 CPU 从 STOP 方式转换到 RUN 方式时，PID 使能位的默认值为 1，可以执行 PID 指令，但无正跳变信号，因而不能实现无扰动地切换。

4.10.4　回路输入变量的转换和标准化

　　每个 PID 回路有两个输入变量，给定值 SP 和过程变量 PV。给定值通常是一个固定的值，如水箱水位的给定值。过程变量与 PID 回路输出有关，并反映控制的效果。在水箱控制系统中，过程变量就是水位的测量值。给定值和过程变量都是实际工程物理量，其数值大小、范围和测量单位都可能不一样。执行 PID 指令前必须把它们转换成标准的浮点型实数。

　　转换步骤如下：

　　1）回路输入变量的数据转换。把 A/D 模拟量单元输出的整数值转换成浮点型实数值，程序如下：

```
XORD      AC0, AC0            //清空累加器
MOVWA     IW0, AC0            //把待变换的模拟量存入累加器
LDW > =    AC0, 0             //如果模拟量为正
JMP       0                  //则直接转成实数
NOT                          //否则
ORD16#FFFFOOOO, AC0          //先对 AC0 中的值进行符号扩展
LBL0
ITDAC0, AC0                  //把整数转换成双字整数
DTRAC0, AC0                  //把双字整数转成实数
```

　　2）实数值的标准化。把实数值进一步标准化为 0.0 ~ 1.0 之间的实数。实数标准化的公式如下：

$$Rnorm = Rraw/Span + Offset$$

式中　　Rnorm——标准化的实数值；

　　　　Rraw——未标准化的实数值；

　　　　Offset——值域，单极性为 0.0，双极性为 0.5；

　　　　Span——值域，即最大允许值减去最小允许值，单极性为 32000，双极性为 64000。

　　双极性实数标准化的程序如下：

```
/R 64000. 0, AC0            //累加器中的实数值除以 64000. 0
 + R 0.5, AC0              //加上偏置，使其落在 0.0 ~ 1.0 之间
MOVR AC0, VD100            //标准化的实数值存入回路表
```

4.10.5　回路输出变量的数据转换

　　回路输出变量是用来控制外部设备的，例如，控制水泵的速度。PID 运算的输出值是

0.0~1.0 之间的标准化的实数值，在输出变量传送给 D/A 模拟量单元之前，必须把回路输出变量转换成相应的整数。这一过程是实数值标准化的逆过程。

1）回路输出变量的刻度化。把回路输出的标准化实数转换成刻度实数，转换公式如下：

$$Rscal = (M_n - Offset) Span$$

式中　Rscal——回路输出的刻度实数值；

　　　M_n——回路输出的标准化实数值；

　Offset——值域，单极性为 0.0，双极性为 0.5；

　Span———值域，即最大允许值减去最小允许值，单极性为 32000，双极性为 64000。

回路输出变量的刻度化的程序如下：

```
MOVR VD108，AC0                    //把回路输出变量移入累加器
- R0.5，AC0                        //对双极性输出值，Offset 为 0.5
* R64000.0，AC0                    //得到回路输出变量的刻度值
```

2）将实数转换为整数（INT）。把回路输出变量的刻度值转换成整数（INT）的程序为：

```
ROUND        AC0，AC0              //把实数转换为双字整数
DTI          AC0，AC0              //把双字整数转换为整数
MOVW         AC0，AQW0            //把整数写入模拟量输出寄存器
```

4.10.6　选择 PID 回路类型

在大部分模拟量的控制中，使用的回路控制类型并不是比例、积分和微分三者俱全。例如，只需要比例回路或只需要比例积分回路。通过对常量参数的设置，可以关闭不需要的控制类型。

1）关闭积分回路：把积分时间 T_i 设置为无穷大，此时虽然由于有初值 MX 使积分项不为零，但积分作用可以忽略。

2）关闭微分回路：把微分时间 T_d 设置为 0，微分作用即可关闭。

关闭比例回路：把比例增益 K_c 设置为 0，则只保留积分和微分项。

实际工作中，使用最多的是 PI 调节器。

4.10.7　PID 指令应用实例

某一水箱有一条进水管和一条出水管，进水管的水流量随时间不断变化，要求控制出水管阀门的开度，使水箱内的液位始终保持在水满时液位的一半。系统使用比例、积分及微分控制，假设采用下列控制参数值：K_c 为 0.4，T_s 为 0.2s，T_i 为 30min，T_d 为 15min 。

分析：本系统标准化时可采用单极性方案，系统的输入来自液位计的液位测量采样；设定值是液位的 50%，输出是单极性模拟量，用以控制阀门的开度，可以在 0%~100% 之间变化。

本程序只是模拟量控制系统的 PID 程序主干，对于现场实际问题，还要考虑诸多方面的影响因素。本程序的主程序、回路表初始化子程序 SBR_0、初始化子程序 SBR_1 和中断程序 INT_0 如图 4-24 所示。

本例中模拟量输入通道为 AIW2，模拟量输出通道为 AQW0，I0.4 是手动/自动转换开关

信号，I0.4 为 1 时，为系统自动运行状态。

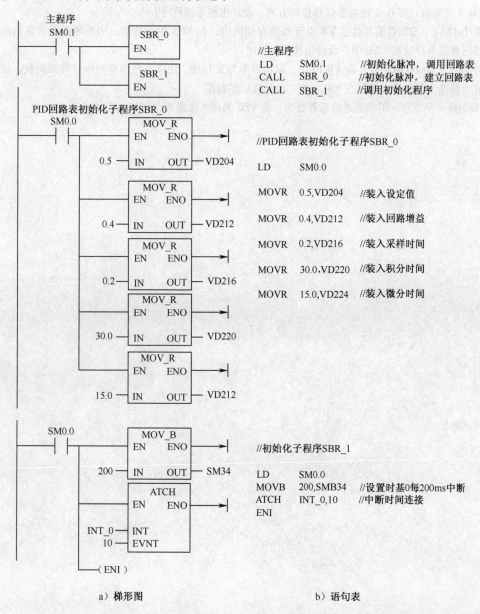

//主程序
LD　　　SM0.1　　　//初始化脉冲，调用回路表
CALL　　SBR_0　　　//初始化脉冲，建立回路表
CALL　　SBR_1　　　//调用初始化程序

//PID回路表初始化子程序SBR_0

LD　　　SM0.0

MOVR　　0.5,VD204　　//装入设定值

MOVR　　0.4,VD212　　//装入回路增益

MOVR　　0.2,VD216　　//装入采样时间

MOVR　　30.0,VD220　//装入积分时间

MOVR　　15.0,VD224　//装入微分时间

//初始化子程序SBR_1

LD　　　SM0.0
MOVB　　200,SMB34　//设置时基0每200ms中断
ATCH　　INT_0,10　　//中断时间连接
ENI

a）梯形图　　　　　　　　b）语句表

图 4-24　PID 控制举例

习　题

1. 如果 MW4 中的数小于等于 IW2 中的数，令 M0.1 为 1 并保持，反之将 M0.1 复位为 0。设计梯形图程序。

2. 当 I0.1 为接通时，定时器 T32 开始定时，产生每秒 1 次的周期脉冲。T32 每次定时时间到时调用一个子程序，在子程序中将模拟量输入 AIW0 的值送 VW10，设计主程序和子程序。

3. 第一次扫描时将 VB0 清零，用定时中断 0，每 100ms 将 VB0 加 1，VB0 = 100 时关闭定时中断，并将 Q0.0 立即置 1。设计主程序和中断子程序。

4. 用 I0.0 控制接在 Q0.0 ~ Q0.7 上的 8 个彩灯循环移位，用 T37 定时，每 0.5s 移 1 位，首次扫描时给 Q0.0 ~ Q0.7 置初值，用 I1.1 控制彩灯移位的方向，设计出梯形图程序。

5. 8 个 12 位二进制数据存放在 VW10 开始的存储区内，在 I0.3 的上升沿，用循环指令求它们的平均值，并将运算结果存放在 VW0 中。设计出梯形图程序。

6. 半径（＜10000 的整数）在 VW10 中，取圆周率为 3.1416，用浮点数运算指令计算圆周长，运算结果四舍五入转换为整数后，存放在 VW20 中。设计梯形图程序。

7. 编写梯形图程序，用字节逻辑运算指令，将 VB0 的高 4 位置为 2#1001，低 4 位不变。

第 5 章　可编程序控制器程序设计

PLC 梯形图程序设计的方法主要是经验设计法和顺序功能图设计法，本章首先以循环灯控制为例介绍经验设计法和顺序功能图设计法。采用经验设计法时，将综合应用前几章所学的定时、移位、乘法、传送等多种指令来设计梯形图控制程序。在介绍顺序功能图的基本概念和设计方法的基础上，采用起保停电路、顺序控制继电器和以转换为中心等三种梯形图转换方法来编制梯形图程序，并通过多个应用实例重点讲述在实际编程中优先采用的顺序功能图设计法和以转换为中心的梯形图编程法。

5.1　梯形图的经验设计法

经验设计法需要根据控制系统的具体要求，不断地修改和完善梯形图，增加中间编程元件和触点，经过多次反复地调试和修改梯形图，最后才能得到一个较为满意的结果。这种方法没有普遍的规律可以遵循，具有很大的试探性和随意性，最后的结果不是唯一的，设计所用的时间、设计的质量与设计者的经验有很大的关系，所以把这种设计方法叫做经验设计法，它比较适合较简单的控制系统的程序设计。在第 2 章中我们已经介绍了这种方法，这里我们以循环灯控制为例，综合采用前几章学过的指令，编写其控制程序，加深对 PLC 控制指令的理解和对这种方法的认识。

在 PLC 的输出端 Q0.0、Q0.1、Q0.2 上接有指示灯，按下起动按钮 I0.0 后，三个指示灯按照如图 5-1 所示的时序循环亮灭。根据控制要求编写控制程序。

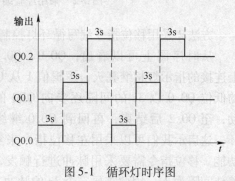

图 5-1　循环灯时序图

方法 1　按照时序关系逐步编程

第一步，按下起动按钮 I0.0 后，Q0.0 为 1，指示灯亮，3s 后 Q0.0 断开，指示灯灭。这步是编程的基础，由于有 3s 时间存在，所以需要定时器，这里采用分辨率为 100ms 的接通延时定时器 T101。其启动条件是按钮 I0.0 按下，3s 后，T101 的输出位为 1，用这个输出位的常闭触点将 Q0.0 断开。梯形图如图 5-2a 所示。

第二步，从时序图上可知，Q0.0 指示灯灭了以后，Q0.1 接通，指示灯亮。Q0.0 被切断是因为 T101 的输出位变为 1，因此可以理解为 T101 为 1 时，Q0.1 接通，这个效果与上一步的 I0.0 接通、Q0.0 接通的状态类似。3s 之后 Q0.1 被切断，指示灯灭的状态变化与 Q0.0 类似，依然采用定时器来切断，定时器编号用 T102，也是分辨率为 100ms 的接通延时定时器。第二步的梯形图如图 5-2b 所示。

第三步，Q0.1 指示灯灭了以后，Q0.2 接通，指示灯亮，3s 之后 Q0.2 被切断，指示灯灭。可以仿照第二步的编程方法，所不同的是控制点不同，定时器采用 T103，梯形图如

图 5-2c 所示。

第四步，当 Q0.2 指示灯灭了以后，Q0.0 接通，指示灯亮，3s 之后 Q0.0 被切断，指示灯灭。这一步可以说是第一步的循环，不过起动条件是 Q0.2 为 0，或者说 T103 为 1。这时候 Q0.0 还被 T101 的输出位切断，所以只要使 T101 的输出位变为 0，Q0.0 就能变为 1。若使 T101 的输出位为 1，只要将其复位即可，即切断输入端即可。用 T103 的常闭触点作为 T101 的输入条件，当 T103 变为 1 的时候，T101 就被切断输入，T101 复位，输出位为 0，重新起动 Q0.0，更改梯形图如图 5-2d 所示。

将以上几步合起来，得到如图 5-3 所示循环灯控制的梯形图。

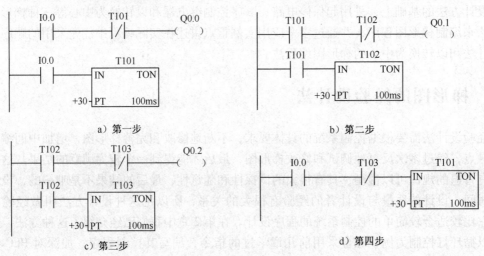

图 5-2　采用经验编程法逐步编制循环灯控制梯形图

方法 2　采用移位指令编写循环灯控制程序

从时序图上可以看出，Q0.0、Q0.1、Q0.2 上连接的指示灯相继亮灭，逻辑值 1 从 QB0 字节的低位 Q0.0 以 3s 的间隔逐步向 QB0 的高位移动，至 Q0.2 后结束，再回到 Q0.0 继续这个循环，这启示我们可以采用左移位指令来实现这个功能。移位指令需要采用脉冲进行触发，本例中移位间隔为 3s，因此需要一个 3s 的脉冲来触发左移位，程序设计过程如图 5-4 所示。先设计一个图 5-4a 所示的 3s 脉冲信号发生程序，脉冲由 T101 输出位发出；用这个脉冲触发左移位指令，移位的参数是 QB0 字节，添加图 5-4b 所示梯形图；在 I0.0 按下时，QB0 的第 0 位 Q0.0 应为 1，因此得到图 5-4c 的梯形图；当 Q0.2 断掉，将向 Q0.3 移位时，Q0.3 为 0，而 Q0.0 为 1，这样添加图 5-4d 梯形图；最后采用移位指令编制的梯形图如图 5-5 所示。

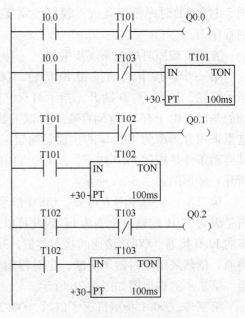

图 5-3　循环灯控制梯形图

a）3s脉冲梯形图　b）QB0左移位　c）启动脉冲给Q0.0赋值1　d）Q0.3脉冲产生循环

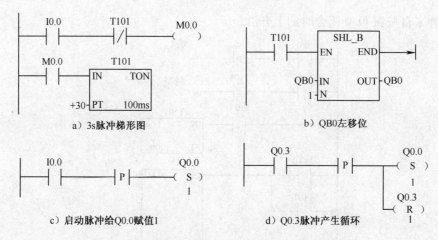

图 5-4　采用移位指令逐步编制循环灯控制梯形图

方法 3 采用乘法指令编写循环灯控制程序

左移位指令在运算中相当于乘以 2，因此可采用乘法指令代替移位指令，循环等控制程序又可以改为如图 5-6 所示的梯形图。

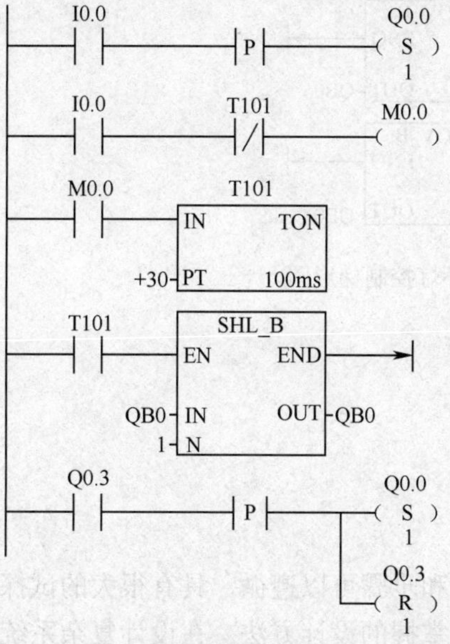

图 5-5　用移位指令编制的循环灯控制梯形图

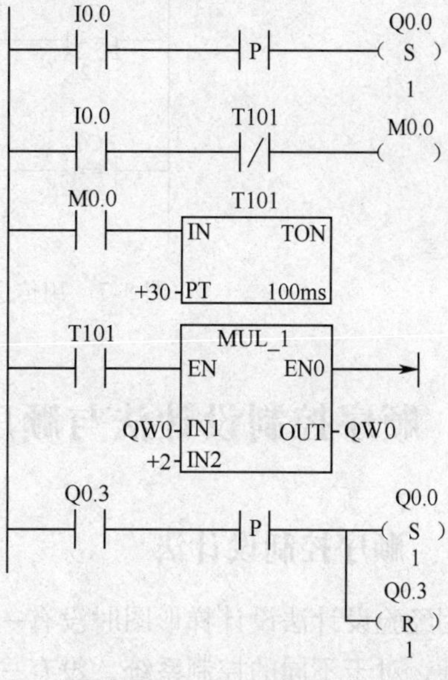

图 5-6　用乘法指令编制的循环灯控制梯形图

方法 4 采用传送指令编写循环灯控制程序

从时间段上看，在第 1 个 3s 内，输出 QB0 字节相当于 2 进制 0000_0001，在第 2 个 3s 内，输出 QB0 字节相当于 2 进制 0000_0010，在第 3 个 3s 内，输出 QB0 字节相当于 2 进制 0000_0100，因此只要依次给字节 QB0 输出相应的数据，就能控制输出。这三个时间段由间隔 3s 的脉冲控制，并且需要用计数器进行识别。如图 5-7 所示，此图中依然使用上面介绍的 3s 脉冲程序，将脉冲输出给计数器 C0，用比较指令来知道目前的时间段，在相应的时间段内用传送指令 MOV 把二进制数送入 QB0 字节，这样就能完成循环灯控制。要注意的是，

第一个脉冲来自按钮 I0.0 闭合时的上升沿。

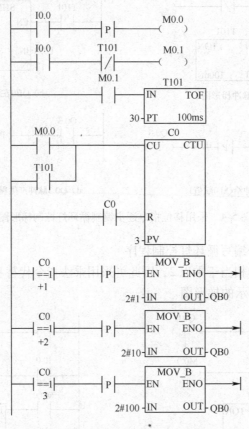

图 5-7　用传送指令编制的循环灯控制梯形图

5.2　顺序控制设计法与顺序功能图

5.2.1　顺序控制设计法

　　用经验设计法设计梯形图时没有一套固定的方法和步骤可以遵循，具有很大的试探性和随意性，对于不同的控制系统，没有一种通用的容易掌握的设计方法。在设计复杂系统的梯形图时，用大量的中间单元来完成记忆、联锁和互锁等功能，由于需要考虑的因素很多，它们往往又交织在一起，分析起来非常困难，并且很容易遗漏一些应该考虑的问题。修改某一局部程序时，很可能会"牵一发而动全身"，对系统的其他部分产生意想不到的影响，因此梯形图的修改很麻烦，往往花了很长的时间还得不到一个满意的结果。用经验法设计出的梯形图往往很难阅读，给系统的维修和改进带来了很大的困难。那么能否有一种比较简单通用的设计方法来克服经验法设计的缺点呢？有，这就是顺序控制设计法。

　　在实际控制中，顺序控制是最常见的控制模式，比如生产过程中按照生产工艺规定的顺序，在各个输入信号的作用下，根据内部状态和时间的顺序，各个执行机构自动有序地进行动作。通常顺序控制包括时间顺序控制、逻辑顺序控制和条件顺序控制三种形式。顺序控制设计法就是根据顺序控制过程的要求，画出顺序功能图，再将顺序功能图转换成 PLC 梯形图。这是一种非常先进的设计方法，能大大提高程序设计的效率，程序的调试、修改和阅读也很方便，成为目前最受技术人员欢迎的一种 PLC 设计和编程方法。有的 PLC 厂家甚至提供顺序功能图语言，在编程软件中只要设计出顺序功能图就能自动生成梯形图，进一步简化了编程工作。

5.2.2　顺序功能图的基本概念

顺序功能图（Sequential Function Chart）是描述控制系统的控制过程、功能和特性的一种图形，也是设计 PLC 的控制程序的有力工具。顺序功能图并不涉及所描述的控制功能的具体技术，它是一种通用的技术语言，可以供进一步设计和不同专业的人员之间进行技术交流之用。

在 IEC 的 PLC 编程语言标准（IEC 61131-3）中，顺序功能图被确定为 PLC 位居首位的编程语言。我国也在 1986 年颁布了顺序功能图的国家标准。图 5-8 为循环灯控制的顺序功能图。下面以该图为例讲解顺序功能图的基本组成和设计方法。顺序功能图主要由步、有向连线、转换、转换条件和动作（或命令）组成。

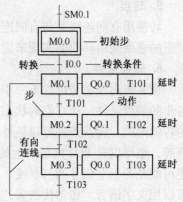

图 5-8　循环灯控制顺序功能图

1. 步的基本概念

顺序控制设计法最基本的思想是将系统的一个工作周期划分为若干个顺序相连的阶段，这些阶段称为步（Step），并用编程元件（例如位存储器 M 和顺序控制继电器 S）来代表各步。步是根据输出量的状态变化来划分的，在任何一步内，各输出量的 ON/OFF 状态不变，但是相邻两步输出量总的状态是不同的，步的这种划分方法使代表各步的编程元件的状态与各输出量的状态之间有着极为简单的逻辑关系。

图 5-8 中用矩形方框表示步，方框中可以用数字表示该步的编号，一般编程时用代表该步的编程元件的地址作为步的编号，这样在由顺序功能图转换为梯形图时较为方便。比如在该图中，根据 Q0.0、Q0.1、Q0.2 状态的变化，将工作周期分为 3 步，分别用 M0.1 ~ M0.3 来代表这 3 步。

2. 初始步

与系统的初始状态相对应的步称为初始步，初始状态一般是系统等待起动命令的相对静止的状态。初始步用双线方框表示，每一个顺序功能图至少应该有一个初始步。图 5-8 中设置一个等待起动的初始步 M0.0。

3. 活动步

当系统正处于某一步所在的阶段时，该步处于活动状态，称该步为"活动步"。步处于活动状态时，相应的动作被执行；处于不活动状态时，相应的非存储型动作被停止执行。在顺序功能图中，只有当某一步的前级步是活动步时，该步才有可能变成活动步。如果用没有断电保持功能的编程元件代表各步，进入 RUN 工作方式时，它们均处于 OFF 状态，必须用初始化脉冲 SM0.1 的常开触点作为转换条件，将初始步预置为活动步，否则因顺序功能图中没有活动步，系统将无法工作。如果系统有自动、手动两种工作方式，顺序功能图是用来描述自动工作过程的，这时还应在系统由手动工作方式进入自动工作方式时，用一个适当的信号将初始步置为活动步。

4. 有向连线

在顺序功能图中，随着时间的推移和转换条件的实现，将会发生步的活动状态的进展，这种进展按有向连线规定的路线和方向进行。在画顺序功能图时，将代表各步的方框按它们成为活动步的先后次序顺序排列，并用有向连线将它们连接起来。步的活动状态习惯的进展方向是从上到下或从左至右，在这两个方向有向连线上的箭头可以省略。如果不是上述的方向，应在有向连线上用箭头注明进展方向。在可以省略箭头的有向连线上，为了更易于理解也可以加箭头。

如果在画图时有向连线必须中断（例如在复杂的图中，或用几个图来表示一个顺序功能图时），应在有向连线中断之处标明下一步的标号和所在的页数，例如步83、12页。

5. 转换

转换用有向连线上与有向连线垂直的短画线来表示，转换将相邻两步分隔开。步的活动状态的进展是由转换的实现来完成的，并与控制过程的发展相对应。

6. 转换条件

使系统由当前步进入下一步的信号称为转换条件，顺序控制设计法用转换条件控制代表各步的编程元件，让它们的状态按一定的顺序变化，然后用代表各步的编程元件去控制 PLC的各输出位。转换条件可以是外部的输入信号，例如按钮、指令开关、限位开关的接通或断开等，也可以是 PLC 内部产生的信号，例如定时器、计数器常开触点的接通等，转换条件还可能是若干个信号的与、或、非逻辑组合。转换条件是与转换相关的逻辑命题，转换条件可以用文字语言、布尔代数表达式或图形符号标注在表示转换的短线旁边，使用得最多的是布尔代数表达式。

图5-8用起动按钮I0.0的常开触点、定时器延时接通的常开触点做各步之间的转换条件。从起始步M0.0到第一步M0.1的条件是I0.0闭合，下面每步的转换条件是定时3s，用基准为100ms的定时器T101、T102、T103来实现。

7. 与步对应的动作或命令

用矩形框中的文字或符号表示动作，该矩形框应与相应的步的符号相连。由图5-8可知，在第一步内Q0.0为1状态，同时启动定时器T101；第二步Q0.1为1，同时启动定时器T102；第三步Q0.2为1，同时启动定时器T103。如果某一步有几个动作，可以

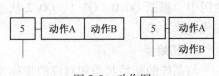

图5-9　动作图

用图5-9中的两种画法来表示，但是并不隐含这些动作之间的任何顺序。说明命令的语句应清楚地表明该命令是存储型的还是非存储型的。除了以上的基本结构之外，使用动作的修饰词可以在一步中完成不同的动作。修饰词允许在不增加逻辑的情况下控制动作。

5.2.3　顺序功能图的基本结构

顺序功能图一般有如图5-10所示的三种基本结构：单序列、选择序列、并行序列。

1. 单序列

如图5-10a所示，单序列由一系列相继激活的步组成，每一步的后面仅有一个转换，每

一个转换的后面只有一个步，单序列没有下述的分支与合并。图 5-8 的循环灯控制顺序功能图为单序列。

2. 选择序列

如图 5-10b 所示，选择序列的开始称为分支，转换符号只能标在水平连线之下。如果步 5 是活动步，并且转换条件 $h=1$，则发生由步 5 至步 8 的进展。如果步 5 是活动步，并且 $k=1$，则发生由步 5 至步 10 的进展。

选择序列的结束称为合并，几个选择序列合并到一个公共序列时，用与需要重新组合的序列相同数量的转换符号和水平连线来表示，转换符号只允许标在水平连线之上。如果步 9 是活动步，并且转换条件 $j=1$，则由步 9 至步 12。如果步 11 是活动步，并且 $n=1$，则步 11 至步 12。

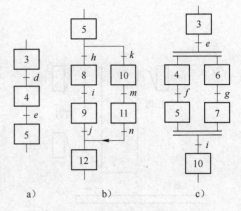

图 5-10　顺序功能图的三种基本结构

3. 并行序列

如图 5-10c 所示，并行序列用来表示系统的几个同时工作的独立部分的工作情况。并行序列的开始称为分支，当转换的实现导致几个序列同时激活时，这些序列称为并行序列。当步 3 是活动的，并且转换条件 $e=1$，步 4 和步 6 同时变为活动步，同时步 3 变为不活动步。为了强调转换的同步实现，水平连线用双线表示。步 4 和步 6 被同时激活后，每个序列中活动步的进展将是独立的。在表示同步的水平双线之上，只允许有一个转换符号。

并行序列的结束称为合并，在表示同步的水平双线之下，只允许有一个转换符号。当直接连在双线上的所有前级步（步 5 和步 7）都处于活动状态，并且转换条件 $i=1$ 时，才会发生步 5 和步 7 到步 10 的进展，即步 5 和步 7 同时变为不活动步，而步 10 变为活动步。

4. 剪板机顺序功能图实例

图 5-11a 是某剪板机的示意图，开始时压钳和剪刀在上限位置，限位开关 I0.0 为接通。按下起动按钮 I0.1，工作过程如下：首先板料右行（Q0.0 为接通）至限位开关 I0.3 动作，然后压钳下行（Q0.1 为接通并保持），压紧板料后，压力继电器 I0.4 为接通，压钳保持压紧，剪刀开始下行（Q0.2 为接通）。剪断板料后，I0.2 变为接通，压钳和剪刀同时上行（Q0.3 和 Q0.4 为接通，Q0.1 为断开），它们分别碰到限位开关 I0.0 和 I0.1 后，分别停止上行，都停止后，又开始下一周期的工作，剪完 10 块料后停止工作并停在初始状态。

系统的顺序功能图如图 5-11b 所示，包括选择序列、并行序列的分支与合并。步 M0.0 是初始步，加计数器 C0 用来控制剪料的次数，每次工作循环 C0 的当前值在步 M0.7 加 1。没有剪完 10 块料时，C0 的当前值小于设定值 10，其常闭触点闭合，转换条件 $\overline{C0}$ 满足，将返回步 M0.1，重新开始下一周期的工作。剪完 10 块料后，C0 的当前值等于设定值 10，其常开触点闭合，转换条件 C0 满足，将返回初始步 M0.0，等待下一次起动命令。至 M0.3 时发生并行序列，当剪断板料后，I0.2 闭合条件满足，发生压钳和剪刀同时上行的动作。步 M0.5 和步 M0.7 是等待步，它们用来同时结束两个子序列。只要步 M0.5 和步 M0.7 都是活动步，就会发生步 M0.5、步 M0.7 到步 M0.0 或步 M0.1 的转换，步 M0.5、步 M0.7 同时变为不活动步，而步 M0.0 或步 M0.1 变为活动步。

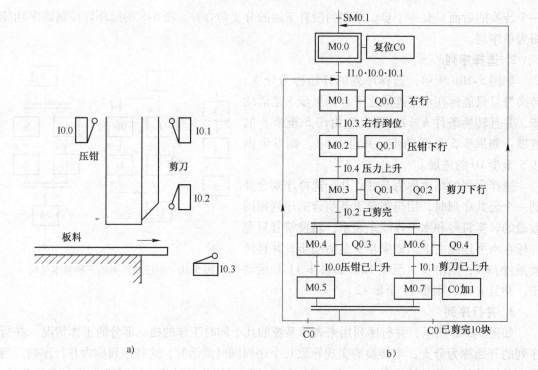

图 5-11　剪板机顺序功能图

5.2.4　顺序功能图中转换实现的基本规则

1. 转换实现的条件

在顺序功能图中，步的活动状态的进展是由转换的实现来完成的。转换实现必须同时满足两个条件：

1）该转换所有的前级步都是活动步。

2）相应的转换条件得到满足。

这两个条件是缺一不可的。以循环灯控制为例，如果取消了第一个条件，假设在 Q0.0 亮的时候按钮 I0.0 断掉，会使步 M0.1 被断掉，那么下面的步就难以进行。

如果转换的前级步或后续步不止一个，转换的实现称为同步实现。为了强调同步实现，有向连线的水平部分用双线表示。

2. 转换实现应完成的操作

转换实现时应完成以下两个操作：

1）使所有由有向连线与相应转换符号相连的后续步都变为活动步。

2）使所有由有向连线与相应转换符号相连的前级步都变为不活动步。

转换实现的基本规则是根据顺序功能图设计梯形图的基础，它适用于顺序功能图中的各种基本结构和下一章中将要介绍的各种顺序控制梯形图的编程方法。

在梯形图中，用编程元件（例如 M 和 S）代表步，当某步为活动步时，该步对应的编程元件为接通。当该步之后的转换条件满足时，转换条件对应的触点或电路接通，因此可以将该触点或电路与代表所有前级步的编程元件的常开触点串联，作为与转换实现的两个条件同时满足对应的电路。

　　以上规则可以用于任意结构中的转换，其区别如下：在单序列中一个转换仅有一个前级步和一个后续步。在并行序列的分支处，转换有几个后续步，如图 5-12 所示，在转换实现时应同时将它们对应的编程元件置位。在并行序列的合并处，转换有几个前级步，它们均为活动步时才有可能实现转换，在转换实现时应将它们对应的编程元件全部复位。在选择序列的分支与合并处，一个转换实际只有一个前级步和一个后续步，但是一个步可能有多个前级步或多个后续步。

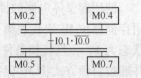

图 5-12　转换的同步实现

　　3. 绘制顺序功能图时的注意事项

　　下面是针对绘制顺序功能图时常见的错误提出的注意事项：

　　1）两个步绝对不能直接相连 必须用一个转换将它们分隔开。

　　2）两个转换也不能直接相连，必须用一个步将它们分隔开。第 1 条和第 2 条可以作为检查顺序功能图是否正确的判据。

　　3）顺序功能图中的初始步一般对应于系统等待起动的初始状态，这一步可能没有什么输出处于 ON 状态，因此有的初学者在画顺序功能图时很容易遗漏这一步。初始步是必不可少的，一方面因为该步与它的相邻步相比，从总体上说输出变量的状态各不相同；另一方面如果没有该步，无法表示初始状态，系统也无法返回等待起动的停止状态。

　　4）自动控制系统应能多次重复执行同一工艺过程，因此在顺序功能图中一般应有由步和有向连线组成的闭环，即在完成一次顺序控制过程的全部操作之后，应从最后一步返回初始步，系统停留在初始状态（单周期）。在连续循环工作方式时，应从最后一步返回循环周期运行的第一步 M0.1（图 5-11）。

　　4. 顺序控制设计法的本质

　　经验设计法实际上是将某个输出控制要求全盘考虑，试图把某输出用通用的逻辑关系式全部解决，于是就根据控制要求不断地更改逻辑式，不断地试错更改，而输入和输出信号之间的关系在控制的全过程不断变化，因此用一个逻辑式试图把所有问题都解决就非常困难，何况在试错过程中牵一发动全身，总是不断地出现问题需要修改，这样在编写简单的控制程序时还能应付，控制过程一旦复杂，编程就成了一件需要很高技巧的工作。

　　顺序控制设计法则是把整个顺序控制过程按照输出状态的变化划分成一个个小的控制单元（步），再将这一个个小单元按照逻辑关系连接起来，将复杂的问题简单化，把复杂的逻辑关系分解，从而使控制要求非常清晰，大大降低了编程难度。任何复杂系统的设计方法都是相同的，很容易掌握，所以顺序控制设计法具有简单、规范、通用的优点。

5.3　顺序功能图转换成梯形图的方法

　　PLC 并不能识别顺序功能图，必须将顺序功能图转换为 PLC 能够识别的梯形图，方法包括起保停电路设计法、顺序控制继电器指令设计法和以转换为中心的设计法，其中以转换为中心的设计法最容易掌握，应用这种方法可以简单方便地将顺序功能图转换为梯形图。

5.3.1　使用起保停电路的梯形图转换方法

使用起保停电路的梯形图转换方法规则如图 5-13 所示。按此方法转换梯形图时，可以用存储器位 Mi 来代表第 i 步，当其前级步第 $i-1$ 步为活动步时，对应的存储器位为 $Mi-1$ 状态为 1，一旦转换条件 Xi 满足，第 i 步起动，变为活动步，对应的存储器位 Mi 变为 1，并通过自锁方式将 Mi 保持，直到条件 $Xi+1$ 满足，使第 $i+1$ 步起动，变为活动步，对应的存储器位 $Mi+1$ 变为 1，同时将 Mi 断开变为 0，第 i 步停止，变为不活动步，这就是第 i 步的起动、保持和停止过程。在第 i 活动步中，由存储器位 Mi 起动该步的动作 Yi。

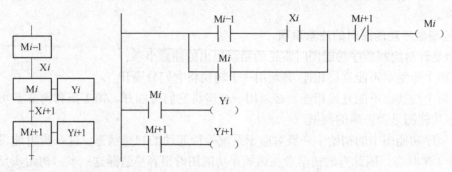

图 5-13　起保停电路法编程规则示意图

图 5-14 中给出了循环灯控制的顺序功能图和使用起保停电路法转换的梯形图。梯形图的转换分为两个部分，第一部分是按照起保停电路法的转换规则将各步的转换关系变为梯形图，第二部分是将每步的动作输出变为梯形图。

根据转换实现的基本规则，转换实现的条件是它的前级步为活动步，并且满足相应的转换条件。PLC 开始运行时应将 M0.0 置为 1，否则系统无法工作，故将仅在第一个扫描周期接通的特殊存储器 SM0.1 的常开触点作为起动输入，并联 M0.0 的自保持触点。后续步 M0.1 的常闭触点与 M0.0 的线圈串联，M0.1 为 1 状态时，M0.0 的线圈"断电"，初始步变为不活动步。

由顺序功能图可知，步 M0.1 变为活动步的条件有两个，一是前级步 M0.0 为活动步，且两者之间的转换条件 I0.0 为 1 状态；另外一个是前级步 M0.3 为活动步，且两者之间的转换条件 T103 的常开触点接通。前一个条件中，按起保停电路规则，应将代表前级步的 M0.0 的常开触点和代表转换条件的 I0.0 的常开触点串联，作为控制 M0.1 起动电路的一支。当 M0.1 和 T101 的常开触点均闭合时，步 M0.2 变为活动步，这时步 M0.1 应变为不活动步，因此可以将 M0.2 为 1 状态作为使存储器位 M0.1 变为 OFF 的条件，即将 M0.2 的常闭触点与 M0.1 的线圈串联。上述的逻辑关系可以用逻辑代数式表示为

$$M0.1 = (M0.0 \cdot I0.0 + M0.1) \cdot \overline{M0.2}$$

另一个起动条件应将 M0.3 和 T103 的常开触点串联后与之并联，作为 M0.1 的起动电路。当控制 M0.0 的起保停电路的起动电路接通后，M0.1 的常闭触点使 M0.3 的输出断开，在下一个扫描周期，因为后者的常开触点断开，使 M0.0 的起动电路断开。

在设计完转换关系所对应的梯形图后，再编写顺序功能图各步所对应的动作输出的梯形图。由于步是根据输出变量的状态变化来划分的，它们之间的关系极为简单，可以分为三种

情况来处理：

1）如果某一输出量仅在某一步中为 ON，可以将它的线圈与对应步的存储器位的线圈相连。

2）如果某一输出在几步中都为 ON，应将代表各有关步的存储器位的常开触点并联后，驱动该输出的线圈。

3）如果某些输出量，在连续的若干步均为 1 状态，可以用置位、复位指令来控制它们。

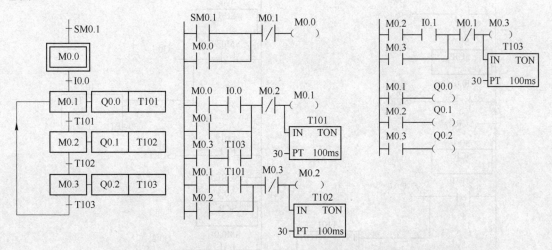

图 5-14　循环灯控制的顺序功能图和采用起保停方法编制的梯形图

5.3.2　使用顺序控制指令的梯形图转换方法

S7-200 中的顺序控制继电器（SCR）专门用于编制顺序控制程序。顺序控制程序被划分为 SCR 与 SCRE 指令之间的若干个 SCR 段，一个 SCR 段对应于顺序功能图中的一步。

装载顺序控制继电器（Load Sequence Control Relay）指令"LSCR S_bit"（见表 5-1）用来表示一个 SCR 段（即顺序功能图中的步）的开始。指令中的操作数 S_bit 为顺序控制继电器 S（BOOL 型）的地址，顺序控制继电器为 1 状态时，执行对应的 SCR 段中的程序，反之则不执行。

表 5-1　顺序控制继电器指令

梯形图	语句表	描述	梯形图	语句表	描述
SCR	LSCR S_bit	SCR 程序段开始	SCRE	CSCRE	SCR 程序段条件结束
SCRT	SCRT S_bit	SCR 转换	SCRE	SCRE	SCR 程序段结束

顺序控制继电器结束（Sequence Control Relay End）指令 SCRE 用来表示 SCR 段的结束。顺序控制继电器转换（Sequence Control Relay Transition）指令"SCRT S_bit"用来表示 SCR 段之间的转换，即步的活动状态的转换。当 SCRT 线圈"得电"时，SCRT 指令中指定的顺序功能图中的后续步对应的顺序控制继电器变为 1 状态，同时当前活动步对应的顺序控制继电器被系统程序复位为 0 状态。当前步变为不活动步。

使用 SCR 指令时的限制：不能在不同的程序中使用相同的 S 位；不能在 SCR 段之间使

用 JMP 及 LBL 指令，即不允许用跳转的方法跳入或跳出 SCR 段；不能在 SCR 段中使用 FOR、NEXT 和 END 指令。

图 5-15 采用顺序控制继电器指令编制的循环灯控制梯形图。在设计梯形图时，用 SCR 和 SCRE 指令表示 SCR 段的开始和结束。在 SCR 段中用 SM0.0 的常开触点来驱动在该步中应为 1 状态的输出点的线圈，并用转换条件对应的触点或电路来驱动转换到后续步的 SCRT 指令。

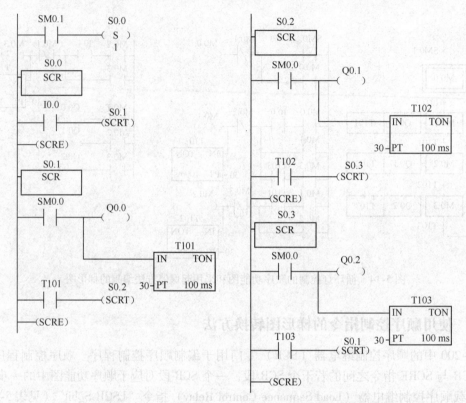

图 5-15　采用顺序控制继电器指令编制的循环灯控制梯形图

首次扫描时 SM0.1 的常开触点接通一个扫描周期，使顺序控制继电器 S0.0 置位，初始步变为活动步，只执行 S0.0 对应的 SCR 段。在初始状态，按下起动按钮 I0.0，指令 "SCRT S0.1" 对应的线圈得电，使 S0.1 变为 1 状态，操作系统使 S0.0 变为 0 状态，系统从初始步转换到右行步，只执行 S0.1 对应的 SCR 段。在该段中 SM0.0 的常开触点闭合，Q0.0 接通，指示灯亮，同时接通定时器 T101。当定时器 T101 定时时间 3s 到了以后，"SCRT S0.2" 将实现 S0.1 到 S0.2 的转换，"SCRE" 指令表明 S0.1 对应的 SCR 段结束，Q0.0 断开，T101 断开复位。在进入 S0.2 所标示的 SCR 段后，同理 Q0.1 接通指示灯亮，同时接通定时器 T101，3s 定时时间到，"SCRT S0.3" 将实现 S0.1 到 S0.3 的转换，"SCRE" 指令表明 S0.2 对应的 SCR 段结束，Q0.1 断开，T102 断开复位，S0.3 段依然如此这样直到返回初始步 S0.1。

5.3.3　以转换为中心的梯形图转换方法

图 5-16 为以转换为中心的梯形图转换法编程规则示意图，图中当 Mi 步为活动步且转换

条件 Xi 步满足时，则转换实现，Mi+1步变为活动步，Mi 步停止。在以转换为中心的编程方法中，将该转换前级步对应的存储器位 Mi 常开触点与转换条件 Xi 串联，使用置位指令使所有后续步对应的存储器位 M 置 1，同时使用复位指令使所有前级步对应的存储器位 Mi 置 0。在任何情况下，代表步的存储器位的梯形图都可以用这一原则来设计，每一个转换对应一个这样的控制置位和复位的梯形图，有多少个转换就有多少个这样的程序块。这种设计方法特别有规律，梯形图与转换实现的基本规则之间有着严格的对应关系，在设

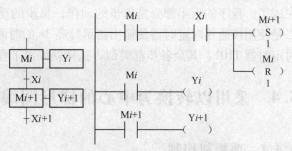

图 5-16　转换为中心编程规则示意图

计复杂的顺序功能图的梯形图时既容易掌握，又不容易出错。在使用这种编程设计梯形图时，前半部分可以只考虑步之间的转换，后半部分再编写每步中的输出状态。步转换的梯形图设计都类似，很有规律，只要把相应的步存储器号和转换条件改一下就可以。在梯形图的后半部分，如果在不同的步中有同一输出，应进行合并。

　　图 5-17 为以转换为中心法所转换的梯形图，实现循环灯控制中 Q0.1 对应的转换需要同时满足两个条件，即该转换的前级步是活动步（M0.0 = 1）和转换条件满足（I0.0 = 1）。在梯形图中，可以用 M0.0 和 I0.0 的常开触点组成的串联电路来表示上述条件。该电路接通时，两个条件同时满足。此时应将该转换的后续步变为活动步，即用置位指令"S M0.2，1"

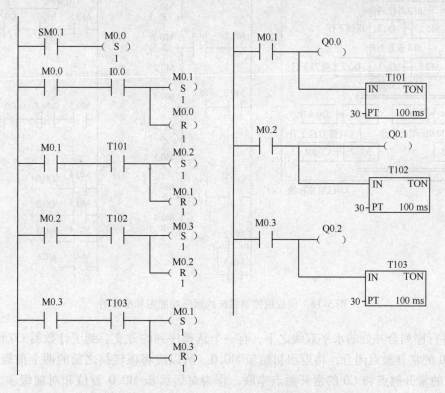

图 5-17　采用转换为中心方法编制的循环灯控制梯形图

将 M0.2 置位；还应将该转换的前级步变为不活动步，即用复位指令"R M0.1, 1"将 M0.1 复位。按照这种规律，将 M0.1~M0.3 三个转换步的梯形图编出，程序的前半部分就完成了。程序的后半部分是每步的动作，每步的动作有两个：一是使对应的输出点变为1，二是使用接通延时定时器使输出指示灯亮 3s 的时间，例如 M0.1 控制输出点 Q0.0 和接通延时定时器 T101，其余各步都类似，这样就编出了程序的后半部分。

5.4 采用以转换为中心的梯形图编程举例

5.4.1 剪板机控制

图 5-18 是剪板机的顺序功能图和以转换为中心法编制的梯形图程序。在该顺序功能图中出现了并行序列、选择序列、合并序列等多种结构，通过此例可以学习各种结构下以转换为中心编制的梯形图。

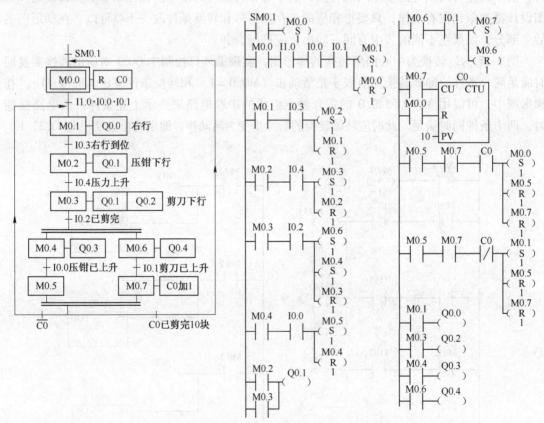

图 5-18 剪板机控制系统的顺序功能图和梯形图

在并行序列合并处的水平双线之下，有一个选择序列的分支。到了计数器 C0 设定的块数时，C0 的常开触点闭合，将返回初始步 M0.0。所以应将该转换之前的两个前级步 M0.5 和 M0.7 的常开触点和 C0 的常开触点串联，作为对后续步 M0.0 置位和对前级步 M0.5 和 M0.7 复位的条件。没有剪完计数器 C0 设定的块数时，C0 的常闭触点闭合，将返回步

M0.1，所以将两个前级步 M0.5 和 M0.7 的常开触点和 C0 的常闭触点串联，作为对后续步 M0.1 置位和对前级步 M0.5 和 M0.7 复位的条件。从该例中可以看出选择序列的编程方法，如果某一转换与并行序列的分支、合并无关，它的前级步和后续步都只有一个，需要复位、置位的存储器位也只有一个，因此对选择序列的分支与合并的编程方法实际上与对单序列的编程方法完全相同。

在 M0.3 对应的并行序列的分支处，用 M0.3 和 I0.2 的常开触点组成的串联电路对两个后续步 M0.4 和 M0.6 置位，并对前级步 M0.3 复位。

5.4.2 液体混合控制

液体混合装置如图 5-19 所示，上限位、下限位和中限位液位传感器被液体淹没时为 1 状态，阀 A、阀 B 和阀 C 为电磁阀，线圈通电时打开，线圈断电时关闭。在初始状态时容器是空的，各阀门均关闭，各传感器均为 0 状态。按下起动按钮后，打开阀 A，液体 A 流入容器，中限位开关变为接通时，关闭阀 A，打开阀 B，液体 B 流入容器。液面升到上限位开关时 关闭阀 B，电动机 M 开始运行，搅拌液体，60s 后停止搅拌，打开阀 C，放出混合液，当液面降至下限位开关之后再过 5s，容器放空，关闭阀 C，打开阀 A，又开始下一周期的操作。按下停止按钮 I0.4，当前工作周期的操作结束后才停止操作，返回并停留在初始状态。

图 5-19 中的 M1.0 用来实现在按下停止按钮后不会马上停止工作，而是在当前工作周期的操作结束后，才停止运行。M1.0 用起动按钮 I0.3 和停止按钮 I0.4 来控制。运行时它处于接通状态，系统完成一个周期的工作后，步 M0.5 到 M0.1 的转换条件 M1.0·T38 满足，转换到步 M0.1 后继续运行。按了停止按钮 I0.4 之后，M1.0 变为断开状态。要等系统完成最后一步 M0.5 的工作后，转换条件$\overline{M1.0}$·T38 满足，才能返回初始步，系统停止运行。

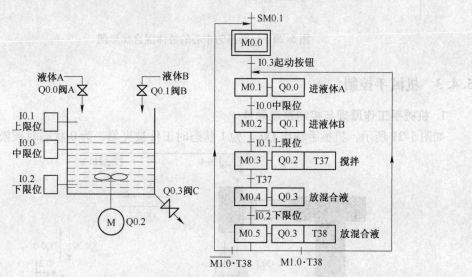

图 5-19 液体混合控制系统图和顺序功能图

图 5-19 中步 M0.5 之后有一个选择序列的分支，当它的后续步 M0.0 或 M0.1 变为活动步时，它都应变为不活动步，所以应将 M0.0 和 M0.1 的常闭触点与 M0.5 的线圈串联。

图 5-20 为以转换为中心的液体混合梯形图。

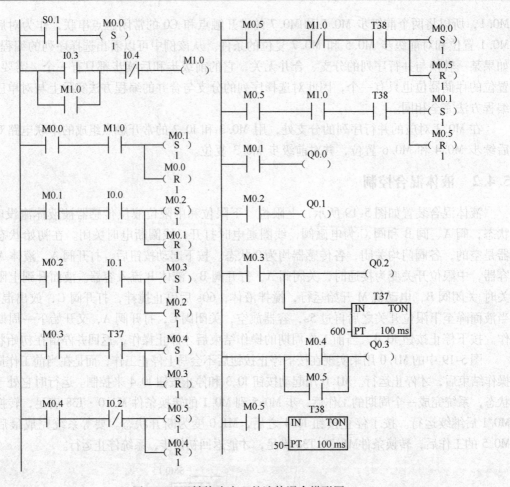

图 5-20 以转换为中心的液体混合梯形图

5.4.3 机械手控制

1. 机械手工作原理与控制系统硬件

如图 5-21 所示,机械手输出 Q0.1 为 1 状态时工件被夹紧,为 0 状态时被松开;Q0.0、

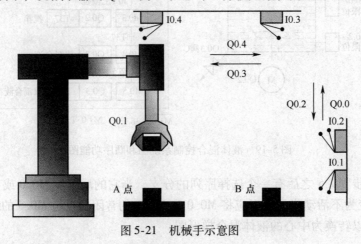

图 5-21 机械手示意图

Q0.2、Q0.3、Q0.4 分别表示机械手的下降、上升、伸出、缩回。从初始状态开始，将工件从 A 点搬运到 B 点，最后返回初始状态的过程，称为一个工作周期。机械手在最上面和最左边，且夹紧装置松开时，称为系统处于原点状态（或称初始状态）。

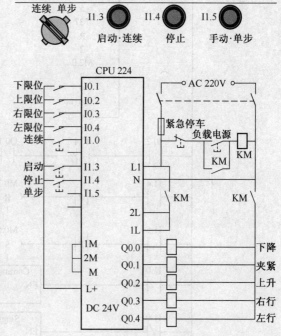

图 5-22　操作面板和 PLC 外部接线图

图 5-22 为操作面板和 PLC 的外部接线图。行程开关接在输入点 I0.0 ~ I0.4 上，分别表示机械手的下位、上位、左位、右位。工作方式设有连续运行、单步两种。若在连续方式，则接通 I1.0，在初始状态按下起动按钮 I1.3，完成一个周期的工作后，又开始搬运下一个工件，反复连续地工作。若中途按下停止按钮 I1.4，机械手并不马上停止工作，完成一个周期的工作后，系统才返回并停留在初始步。在单步工作方式，若按下按钮 I1.5，从初始步开始，完成每步的任务后，自动停止工作并停留在该步，再按一下起动按钮，才开始执行下一步的操作。单步工作方式常用于系统的调试。

为了保证在紧急情况下（包括 PLC 发生故障时）能可靠地切断 PLC 的负载电源，设置了交流接触器 KM（图 5-22）。在 PLC 开始运行时按下"负载电源"按钮，使 KM 线圈得电并自锁，KM 的主触点接通，给外部负载提供交流电源，出现紧急情况时用"紧急停车"按钮断开负载电源。

2. 控制程序的编写

通常对于控制要求较多的程序编写采用主程序、子程序结构，主程序主要进行参数的初始化和调用子程序，子程序实现功能。本例中子程序包括连续运行子程序和单步执行子程序。

图 5-23 为机械手控制主程序梯形图，I0.0 是自动/手动切换开关，当它为 1 状态时调用连续运行程序，为 0 状态时调用单步程序。在主程序中的初始化程序段应包含处理各种工作方式都要执行的任务，以及不同的工作方式之间相互切换的处理。用初始化脉冲 SM0.1 将程序中用到的参数 Q0.0 ~ Q0.5、M2.0 ~ M2.7、T37 ~ T38、M0.0 等存储单元用复位指令置 0。为了便于将顺序功能图转换为梯形图，用代表各步的编程元件的地址（例如 M2.0）作为步的代号，并用编程元件的地址来标注转换条件和各步的动作或命令。初始步对应的 M0.0 将被置位，为进入连续、单步工作方式做好准备。M0.7 为连续运行方式标志，为 1 时，机械手连续运行；为 0 时，机械手运行到周期末会回到初始位等待。当机械手处于初始位，且机械手处于松开状态，此时 I0.2 = 1，I0.4 = 1，Q0.1 = 0，按下起动按钮 I1.3，则 M0.7 变为 1。按下停止按钮 I1.4 时，M0.7 为 0。M0.6 为单步运行标志，按下单步运行按钮 I1.5，则 M0.6 变为 1。

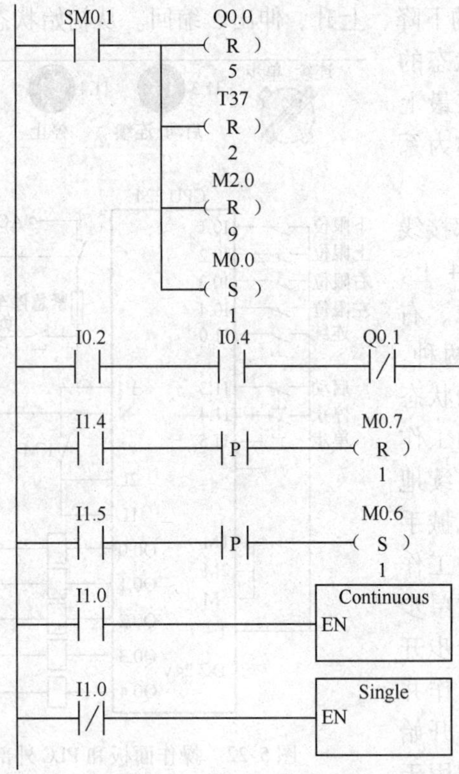

图 5-23　机械手控制主程序

图 5-24 是机械手连续运行子程序的顺序功能图和梯形图，梯形图采用以转换为中心的顺序设计方法编写。M0.0、I1.3 为 1，也就是原点条件和起动开关均接通，使 M2.0 的线圈"通电"，M2.0 变为 1 状态系统进入下降步，Q0.0 的线圈"通电"，机械手下降。碰到下限位开关 I0.1 时，转换到夹紧步 M2.1，Q1.1 被置位，夹紧电磁阀的线圈通电并保持。同时，接通延时定时器 T37 开始计时，1s 后定时时间到，工件被夹紧，转换条件 T37 满足，转换到步 M2.2。以后系统将这样一步一步地工作下去。

与此同时，控制连续工作的 M0.7 的线圈"通电"并自保持。当机械手在步 M2.7 返回时，因为"连续"标志位 M0.7 为 1 状态，且 I0.4 为 1 状态，转换条件 M0.7·I0.4 满足，系统将返回步 M2.0，反复连续地工作。

按下停止按钮 I1.4 后，M0.7 变为 0 状态，但是机械手不会立即停止工作，在完成当前工作周期的全部操作后，机械手返回最左边，左限位开关 I0.4 为 1 状态，转换条件 M0.7·I0.4 满足，系统才从步 M2.7 返回并停留在初始步。

图 5-25 是机械手单步控制子程序梯形图，采用以转换为中心的顺序设计方法编写。M0.6 的常开触点接在每一个控制代表步的存储器位的起动电路中，它们断开时禁止步的活动状态的转换。如果系统处于单步工作方式，I1.5 为 1 状态，它的常闭触点断开，"转换允许"存储器位 M0.6 在一般情况下为 0 状态，不允许步与步之间的转换。当某一步的工作结束后，转换条件满足，如果没有按起动按钮 I1.5，M0.6 处于 0 状态，起保停电路的起动电路处于断开状态，不会转换到下一步。一直要等到按下起动按钮 I1.5，M0.6 在接通的上升

沿接通一个扫描周期，M0.6 的常开触点接通，系统才会转换到下一步。

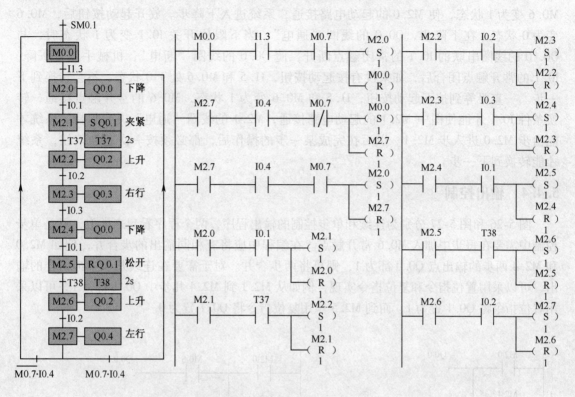

图 5-24　机械手连续运行子程序的顺序功能图和梯形图

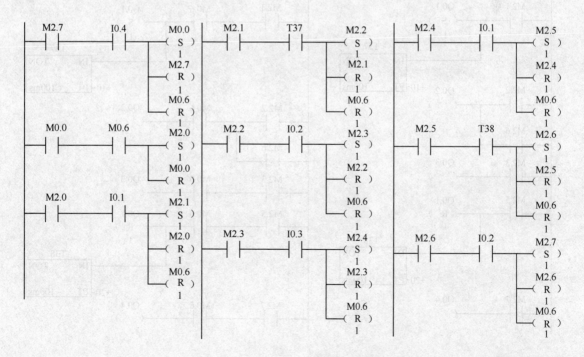

图 5-25　机械手单步控制子程序

设初始步时系统处于原点状态，M0.5 和 M0.0 为 1 状态，按下单步起动按钮 I1.5，M0.6 变为 1 状态，使 M2.0 的起动电路接通，系统进入下降步。放开起动按钮后，M0.6 变为 0 状态。在下降步，Q0.0 的线圈"通电"，当下限位开关 I0.1 变为 1 状态时，与 Q0.0 的线圈串联的 I0.1 的常闭触点断开，使 Q0.0 的线圈"断电'，机械手停止下降。I0.1 的常开触点闭合后，如果没有按起动按钮，I1.5 和 M0.6 处于 0 状态。不会转换到下一步。一直要等到按下起动按钮，I1.5 和 M0.6 变为 1 状态，M0.6 的常开触点接通，转换条件 I0.1 才能使图中 M2.1 的起动电路接通，M2.1 的线圈"通电"并自保持，系统才能由步 M2.0 进入步 M2.1。以后在完成某一步的操作后，都必须按一次起动按钮，系统才能转换到下一步。

5.4.4 输出控制

图 5-26 和图 5-27 分别为连续和单步控制的输出程序，两个程序看起来类似，只是单步控制中需要在每步中加入 M0.6 常开触点。在编程中应将有相同输出的步合并，例如 M2.0 和 M2.4 两步的输出点 Q0.0 都为 1，则可将两步合并。对于需要在连续几步中都闭合的输出，可以采用置位指令和复位指令实现，例如从 M2.1 到 M2.4 几步中 Q0.1 都为 1，可以采用置位指令将 Q0.1 置为 1，而到 M2.5 步用复位指令将 Q0.1 置为 0。

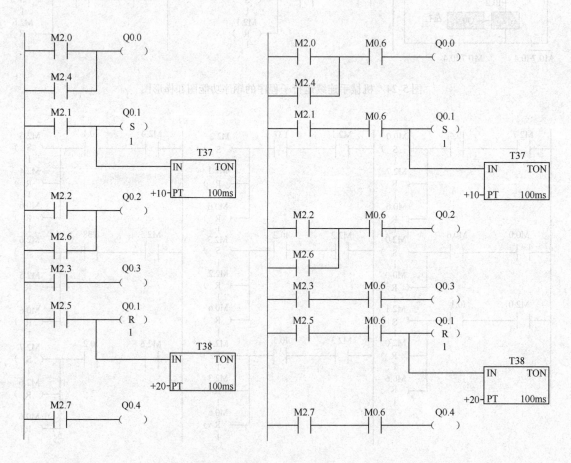

图 5-26 机械手连续输出控制程序　　　图 5-27 机械手单步输出控制程序

习　题

1. 小车在初始状态时停在中间,限位开关 I0.0 为接通,按下起动按钮 I0.3,小车开始左行,并按图 5-28 所示的顺序运动,最后返回并停在初始位置。画出控制系统的顺序功能图。

2. 某组合机床动力头进给运动如图 5-29 所示,设动力头在初始状态时停在左边,限位开关 I0.1 为接通。按下起动按钮 I0.0 后,Q0.1 和 Q0.3 为 1,动力头向右快速进给(简称快进),碰到限位开关 I0.2 后变为工作进给(简称工进),Q0.1 为 1,碰到限位开关 I0.3 后,暂停 10s。10s 后 Q0.2 和 Q0.3 为 1,工作台快速退回(简称快退),返回初始位置后停止运动。画出控制系统的顺序功能图并以转换为中心画出控制系统的梯形图。

图 5-28　习题 1 的图　　　　　　　　　　　图 5-29　习题 2 的图

3. 初始状态时某冲压机的冲压头停在上面,限位开关 I0.1 为接通,按下起动按钮 I0.0,输出位 Q0.2 控制的下行电磁阀线圈通电并保持,冲压头下行。压到工件后压力升高,压力继电器动作,使输入位 I0.2 变为接通,用 T37 保压延时 10s 后,Q0.2 为失电,Q0.3 为得电,上行电磁阀线圈通电,冲压头上行。返回到初始位置时碰到限位开关 I0.1,系统回到初始状态,Q0.3 为失电,冲压头停止上行。画出控制系统的顺序功能图。

4. 用起保停电路法画出图 5-30 所示的顺序功能图的梯形图程序,T37 的设定值为 5s。

5. 用以转换为中心的方法画出图 5-31 所示的顺序功能图的梯形图。

6. I0.0 为起动信号,画出图 5-32 所示信号灯控制系统的顺序功能图。

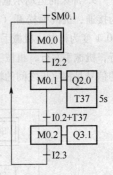

图 5-30　习题 4 的图

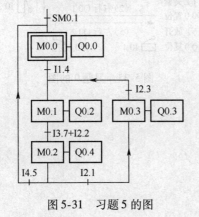

图 5-31　习题 5 的图

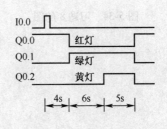

图 5-32　习题 6 的图

7. 某专用钻床用来加工圆盘状零件上均匀分布的 6 个孔,如图 5-33 所示。开始自动运行时两个钻头在最上面的位置,限位开关 I0.3 和 I0.5 为接通。操作人员放好工件后,按下起动按钮 I0.0,Q0.0 变为接通,工件被夹紧,夹紧后压力继电器 I0.1 为接通,Q0.1 和 Q0.3 使两只钻头同时开始工作,分别钻到由限位开关 I0.2 和 I0.4 设定的深度时，Q0.2 和 Q0.4 使两只钻头分别上行，升到由限位开关 I0.3 和 I0.5 设定的起始位置时，分别停止上行，设定值为 3 的计数器 C0 的当前值加 1。两个都上升到位后，若没有钻完 3 对孔，C0 的常闭触点闭合，Q0.5 使工件旋转 120°，旋转到位时限位开关 I0.6 为接通，旋转结束后又开始钻第 2 对孔。3 对孔都钻完后，计数器的当前值等于设定值 3，C0 的常开触点闭合，Q0.6 使工件松开，松开到位时，限位开关 I0.7 为接通，系统返回初始状态。画出控制系统的顺序功能图。

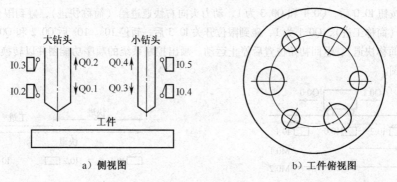

图 5-33　习题 7 的图

8. 用 SCR 指令设计图 5-34 所示的顺序功能图的梯形图程序。

9. 冲床的运动示意图如图 5-35 所示。初始状态时机械手在最左边，I0.4 为接通；冲头在最上面，I0.3 为接通；机械手松开（Q0.0 为失电）。按下起动按钮 I0.0，Q0.0 变为得电，工件被夹紧并保持，2s 后 Q0.1 变为得电，机械手右行，直到碰到右限位开关 I0.1，以后将顺序完成以下动作：冲头下行，冲头上行，机械手左行，机械手松开（Q0.0 被复位），延时 2s 后，系统返回初始状态。各限位开关和定时器提供的信号是相应步之间的转换条件。画出控制系统的顺序功能图。

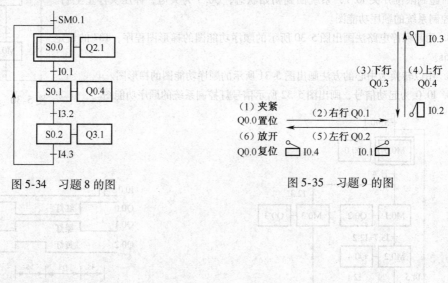

图 5-34　习题 8 的图　　　　　　　　图 5-35　习题 9 的图

第6章 PLC 控制系统设计

6.1 PLC 控制系统设计的内容和步骤

6.1.1 评估控制任务

随着 PLC 功能的不断完善，几乎可以用 PLC 完成所有的工业控制任务。是否选择 PLC 控制，选择单台 PLC 控制还是多台 PLC 控制，选择多台 PLC 控制时是选择分散控制还是分级控制，应根据该系统所需完成的控制任务，对被控对象的生产工艺及特点进行详细分析后才可确定。特别是应从以下几方面给予考虑：

（1）控制规模　一个控制系统的控制规模可用该系统的输入、输出设备总数衡量。当控制规模较大时，特别是开关量控制的输入、输出设备较多时，最适合采用 PLC 控制。

（2）工艺复杂程度　当工艺要求较复杂时，用继电器系统控制极不方便，且造价相应提高，甚至会超过 PLC 控制的成本。因此采用 PLC 控制有更大的优越性。特别是如果工艺要求经常变动或控制系统有扩充功能的要求时，则只能采用 PLC 控制。

（3）可靠性要求　虽然有些系统不太复杂，但对可靠性、抗干扰能力要求很高时，也需要采用 PLC 控制。在 20 世纪 70 年代，一般认为 I/O 总点数在 70 点左右时，可考虑 PLC 控制；到了 20 世纪 80 年代，一般认为 I/O 总点数在 40 点左右就可以采用 PLC 控制；目前，由于 PLC 性能价格比的进一步提高，当 I/O 总点数在 20 点甚至更少时，就趋向于选择 PLC 控制了。

（4）数据处理速度　当数据的统计、计算及规模较大，需要很大的存储器容量且要求较高的运算速度时，可考虑带有上位计算机的 PLC 分级控制；如果数据处理简单，主要以工业过程控制为本时，更适宜采用 PLC 控制。

6.1.2 PLC 控制系统设计的原则

1）最大限度地满足被控设备或生产过程的控制要求。
2）在满足控制要求的前提下，力求使系统简单、经济，操作方便。
3）保证控制系统工作安全可靠。
4）为系统的扩展和改进，应考虑设计余量。

6.1.3 PLC 控制系统设计的内容

1）拟定控制系统设计的技术条件（技术条件通常以设计任务书的形式来确定，它是整个设计的依据）。
2）选定电气传动形式和电动机、电磁阀等执行机构。
3）选定 PLC 的型号。

4）编制 PLC 的输入/输出（I/O）分配表，并绘制 PLC 的外部接线图。

5）根据系统的设计要求编写软件规格说明书，然后进行控制程序的设计。

6）设计操作控制台、电气柜及非标准电气元件。

7）编写设计说明书和使用说明书。

6.1.4　PLC 控制系统设计步骤

1. 分析控制对象

明确了控制任务和要求，则开始深入了解控制对象的工艺过程、工作特点、控制要求，并划分控制的各个阶段，归纳各个阶段的特点和各阶段之间的转换条件。然后画出控制流程图或功能流程图，拟定控制方案。

2. 确定输入/输出设备

根据系统的控制要求，确定系统所需的全部输入设备（如按钮、位置开关、转换开关及各种传感器等）和输出设备（如接触器、电磁阀、信号指示灯及其他执行器等），从而确定与 PLC 有关的输入/输出设备，以确定 PLC 的 I/O 点数。

3. PLC 的选择

1）选择合适的机型。

2）I/O 点数的估算。

3）用户存储器容量的估算。

4）CPU 功能与结构的选择。

4. I/O 地址分配

对软件设计来说，I/O 地址分配以后才可进行编程；对控制柜及 PLC 的外围接线来说，只有 I/O 地址确定以后，才可以绘制电气接线图、装配图，让装配人员根据线路图和安装图安装控制柜。

5. 程序设计

根据控制要求设计出梯形图或功能块图或语句表等语言程序，这是整个设计的核心工作。

6. 控制柜或操作台的设计和现场施工

设计控制柜及操作台的电器布置图及安装接线图；设计控制系统各部分的电气互锁图；根据图样进行现场接线，并检查。

7. 应用系统整体调试

如果控制系统由几个部分组成，则应先作局部调试，然后再进行整体调试；如果控制程序的步序较多，则可先进行分段调试，然后连接起来总调。

8. 编制技术文件

技术文件应包括可编程序控制器的外部接线图等电气图样、电器布置图、电器元件明细表、顺序功能图、带注释的梯形图和说明。

6.2　PLC 的选择与硬件配置

6.2.1　PLC 机型选择

1. 根据系统类型选择机型

小系统一般使用一台 PLC 就能完成控制要求，控制对象常常是一台设备或多台设备中的一个功能，系统对 PLC 间的通信问题要求不高。但有时功能要求全面，容量要求变化大。

大系统可以由一个上位计算机（可以是工业控制计算机或高档 PLC）和多台下位 PLC 构成，每一台下位 PLC 控制大系统中的一个子系统。这种系统可以采用由微机和 PLC 构成的集散控制系统或 PLC 现场网络控制，前者的控制规模比较大，系统的硬件成本要求高，但在设计、调试、扩展和维护等方面都有很大的优越性，其运行可靠、费用成本低。后者把计算机、PLC、数控机床、机器人等融合成一个大型的网络控制系统，成本比较高，工作速度比较快，适用于工厂自动化、大量数据处理和企业综合管理的系统。

2. 根据控制对象 I/O 点数确定 PLC 型号

对于小系统，通过统计被控制系统的开关量、模拟量的 I/O 点数和输出功率等，并考虑以后的扩充（一般加上 10% ~ 20% 的备用量），从而选择 PLC 的型号。

3. PLC 功能的选择

对于小型的 PLC 主要考虑 I/O 扩展模块、A/D 与 D/A 模块以及指令功能（如中断、PID 等），是否有特殊控制功能要求，机房离现场的最远距离，现场对控制器响应速度要求等。

对于开关量控制的系统，如果对控制速度要求不高，只需要选择小型或者微型 PLC 就可以满足使用要求，如单台机床控制、生产线控制等。对于以开关量控制为主且带有部分模拟量控制的系统，如在某些控制系统中除了开关量还需要温度、压力、流量、液位等连续量控制，就需选择具有 A/D、D/A 转换功能的模块，且具有较强运算能力的小型 PLC。

对于工艺复杂、控制要求较高的系统，如需要进行 PID 调节、位置控制、快速响应、联网通信等，必须选择中型或者大型 PLC。

4. PLC 速度的选择

PLC 的处理速度必须满足实时控制要求。PLC 控制系统由于其本身的特点，客观存在滞后现象，这对于一般的工业现场是允许的。但对于一些要求实时性控制较高的场合，就不允许有较大的滞后时间，一般允许在几十毫秒之内。而滞后的时间与 I/O 点数、应用程序、编程质量等都有关系。要满足现场的实时速度要求，可以选择运行速度快的 PLC，并对应用程序进行优化，以缩短扫描周期时间；必要时也可以采用快速响应模块，其响应时间不受扫描周期限制，只取决于硬件的延时。

5. PLC 内存的估算和选择

用户程序所需的内存容量主要与系统的 I/O 点数、控制要求、程序结构长短等因素有关。一般可按下式估算：存储容量 = 开关量输入点数 × 10 + 开关量输出点数 × 8 + 模拟通道数 × 100 + 定时器或计数器数量 × 2 + 通信接口个数 × 300 + 备用量。

6.2.2　I/O 模块选择

1. 开关量 I/O 模块的选择

输入信号的类型：有直流输入、交流输入和交流/直流输入三种类型。选择时主要根据现场输入信号和周围环境因素等。直流输入模块的延迟时间较短，还可以直接与接近开关、光电开关等电子输入设备连接。交流输入模块可靠性好，适合于有油雾、粉尘的恶劣环境。

输入信号的电压等级：直流 5V、12V、24V、48V、60V 等；交流 110V、220V 等。

选择时主要根据现场输入设备与输入模块之间的距离来考虑。一般 5V、12V、24V 用于传输距离较近场合，如 5V 输入模块最远不得超过 10m。距离较远的应选用输入电压等级较高的。

（1）开关量输入选择　开关量输入是将外部的各种开关、按钮、传感器的信号传递到 PLC 内部的连接部件，把现场的信号转换为 PLC 的 CPU 可以接收的 TTL 标准电平的数字信号。开关量输入的原理如图 6-1 所示。

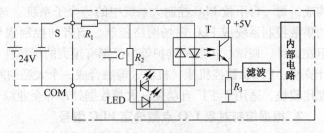

图 6-1　开关量输入的原理图

在图 6-1 中，点画线框内为 PLC 内部输入电路，点画线框外为用户外接电源。当 PLC 内部输入端提供 24V 直流电源时，输入单元就无需外接电源，用户只需将开关的无源接点接在输入端子和公共端子之间即可。

PLC 输入电路分为共点式、分组式和隔离式。常用的共点式输入电路只有一个公共端；分组式输入电路是将输入端子分为多组，各组共用一个公共端；隔离式输入电路的各组输入点之间互相隔离，可各自使用独立电源，其用量极少，需另配扩展模块。

（2）开关量输出选择　输出模块是连接 PLC 与外部执行机构的桥梁，不同外部设备所需要的驱动方式也不同，输出模块有继电器输出、晶体管输出和双向晶闸管输出三种方式，其原理如图 6-2 所示。

1）继电器输出。继电器输出的原理如图 6-2a 所示。继电器输出的负载电源由用户提供，负载可以是交流或直流。继电器输出具有抗干扰能力强、使用电压范围广（交直流均可）和负载驱动能力强（一般负载能力为交流 2A/250V）等优点。但其机械寿命受限制（10～30 万次）；信号响应速度慢，一般延时可达 8～10ms。

2）晶体管输出。晶体管输出的原理如图 6-2b 所示。晶体管输出的负载只能是直流负载，负载电源由用户提供。晶体管输出具有无触点、使用寿命长、响应速度快（延时一般为 0.5～1ms）等优点，但其负载驱动能力较差（负载电流为 0.3～0.5A）。

3）双向晶闸管输出。双向晶闸管输出的原理如图 6-2c 所示。双向晶闸管输出的负载只能是交流负载，负载电源由用户提供。双向晶闸管具有无触点、使用寿命长、响应速度较快（一般导通延时为 1～2ms，关断延时为 8～10ms）、负载驱动能力较强（负载电流为 1A）等特点。

开关量输出模块的选择主要考虑负载类型、负载大小、操作频率等因素。

2. 模拟量 I/O 选择

（1）模拟量输入模块选择　模拟量输入模块选择时主要考虑以下几点：

　　1）模拟量值的输入范围。模拟量输入可以是电压信号或者电流信号。标准电压信号为 0～5V、0～10V（单极性），-2.5～+2.5V、-5～+5V（双极性）；标准电流信号为 0～20mA、4～20mA 等。在选择时一定要注意与现场过程检测信号范围相对应，如果现场变送器与模拟量模块相距较远时，最好采用电流输入信号。

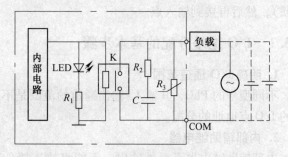

a）继电器输出原理图

　　2）模拟量输入模块的参数指标。模拟量输入模块的分辨率、精度和转换时间等参数指标必须满足现场的要求。

　　3）抗干扰措施。在系统设计中要注意抗干扰措施。主要方法有：输入信号必须与交流信号和可能产生干扰源的供电电源保持一定距离；模拟量输入信号要采取屏蔽措施；采取补偿技术以减少环境变化对模拟量输入信号的影响。

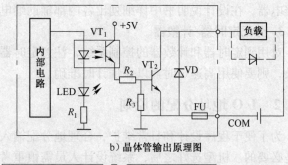

b）晶体管输出原理图

　　（2）模拟量输出模块选择　模拟量输出模块有电压输出和电流输出两种，电压和电流的输出范围分别为 0～10V、-10～+10V、0～20mA、4～20mA 等。一般模拟量输出模块都同时具有这两种输出类型，只是在与负载相连时接线方式不同。模拟量输出模块有不同的输出功率，选择时要根据负载来确定，输出模块的参数指标和抗干扰措施与模拟量输入模块类似。

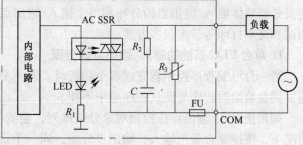

c）双向晶闸管输出原理图

图 6-2　输出模块的三种方式的原理图

　　（3）智能功能 I/O 模块的选择　在完成 PLC 的系统配置后，还要根据控制要求选择其他相关的硬件，如触摸屏的人机接口等，然后设计控制系统原理图（表明控制系统的原理）和接线图（表明 PLC 与现场设备之间的实际连线）。

6.3　I/O 地址分配

　　对软件设计来说，I/O 地址分配以后才可进行编程；对控制柜及 PLC 的外围接线来说，只有 I/O 地址确定以后，才可以绘制电气接线图、装配图，让装配人员根据线路图和安装图安装控制柜。

　　一般输入点与输入信号、输出点与输出控制是一一对应的；在个别情况下，也有两个信号用一个输入点的，那样就应在接入输入点前，按逻辑关系接好线（如两个触点先串联或并联），然后再接到输入点。

6.3.1　I/O 地址分配的基本步骤

1. 明确 I/O 通道范围

不同型号的 PLC，其输入/输出通道的范围是不一样的，应根据所选 PLC 型号，弄清相应的 I/O 点地址的分配。

2. 内部辅助继电器

内部辅助继电器不对外输出，不能直接连接外部器件，而是在控制其他继电器、定时器、计数器时作数据存储或数据处理用。根据程序设计的需要，应合理安排 PLC 的内部辅助继电器，在设计说明书中详细列出各内部辅助继电器在程序中的用途，避免重复使用。

3. 分配定时器/计数器

对用到定时器和计数器的控制系统，注意定时器和计数器的编号不能相同。若扫描时间较长，则要使用高速定时器以保证计时准确。

6.3.2　I/O 地址分配的原则

为了便于程序设计和日常维护，合理地分配输入/输出点，恰当地对输入/输出点进行命名是必要的。机型选好之后，系统设计人员需慎重考虑输入/输出定义问题。所谓输入/输出定义是指整体输入/输出点的分布和每个输入/输出点的名称定义，它们会给程序编制、系统调试和文本打印等带来很多方便。

1. 单台 PLC 系统的输入/输出点的分配

当一台可编程序控制器完成多个功能时，若不分被控对象把输入/输出点统一按顺序排列，则会给编写程序与调试程序带来不便。

如果把输入/输出点按控制对象分组排列，会给编写程序与调试程序带来方便。在这种情况下，按控制设备把输入、输出点分组，同一个设备的输入/输出点相对集中。例如用一台 S7 – 224 可编程序控制器配 5 个 EM223（16 入/16 出）I/O 模块，输入容量为 94 点，输出容量为 90 点。用这样一台 PLC 去控制 5 台交流电动机的起动。主机上的 I/O 分为一组，供主令控制使用。5 个 I/O 模块各为一组，分别为 5 台电动机控制使用。这样，输入/输出点的分配可按表 6-1 设计。

表 6-1　按控制对象分配输入/输出点

模块	CPU – 224	EM223 – 1	EM223 – 2	EM223 – 3	EM223 – 4	EM223 – 5
输入点	I0. 0 ~ I1. 5	I2. 0 ~ I3. 5	I4. 0 ~ I5. 5	I6. 0 ~ I7. 5	I8. 0 ~ I9. 5	I10. 0 ~ I11. 5
输出点	Q0. 0 ~ Q1. 1	Q2. 0 ~ Q2. 5	Q4. 0 ~ Q4. 5	Q6. 0 ~ Q6. 5	Q8. 0 ~ Q8. 5	Q10. 0 ~ Q10. 5
控制	主令控制	1 号电动机	2 号电动机	3 号电动机	4 号电动机	5 号电动机

可以看出，每个电动机的控制分别由各自对应的 EM223 模块的 I/O 点实现。这样分配 I/O 点，可使每个 EM223 模块控制其中一个电动机。这样电动机和 I/O 模块之间的关系一目了然，便于编程，便于检查和维修。

2. 多台 PLC 系统中输入/输出点的分配

在多台可编程序控制器系统中，应根据整体控制上的要求，按控制类别对输入/输出分组，规定出每台可编程序控制器都要遵循的原则。如某自动化生产线有 5 道工序进行控制，这 5 道工序虽然控制内容不同，所用设备也很不相同，但是所控制的对象总起来可以归纳出几种控制类别，比如各工序的控制器都有控制类、电源类、电动机类、输入检测信号类、输出控制信号类等。

表 6-2 列出一个系统由 CPU－224 按控制类别对输入输出点进行的分配。可以看出：按类别对各台 PLC 的输入/输出统一分组，统一编号，十分有利于编程和维修。

表 6-2 按控制类别分配输入/输出点

输入范围	控制对象	输出范围	控制对象
I0.0	控制台 1 起动操作	Q0.0	控制台 1 起动显示
I0.1	起动电动机 1	Q0.1	电源 1 显示
I0.2	停止电动机 1	Q0.2	操作方式 1 显示
I0.3	故障复位 1	Q0.3	电动机 1 运行显示
I0.4	紧急停车 1	Q0.4	故障 1 显示
…	…	…	…
I1.0	控制台 2 起动操作	Q1.0	控制台 2 起动显示
I1.1	起动电动机 2	Q1.1	电源 2 显示
I1.2	停止电动机 2	Q1.2	操作方式 2 显示
I1.3	故障复位 2	Q1.3	电动机 2 运行显示
I1.4	紧急停车 2	Q1.4	故障 2 显示
…	…	…	…

3. PLC 接口模块选择

在机型选定之后就要确定接口模块设备。目前 PLC 的产品很多，在选择机型和接口设备时要注意选择质量好、控制可靠的产品。这里所说的接口设备包含两类：一类是 PLC 自身的 I/O 模块、功能模块，另一类是和接口模块相连的外部设备。对于 PLC 自身模块的选择主要注意两个问题：

一是和 PLC 能否很好地对接。这一点请注意模块的型号、规格要配套。最好是类型、型号一致，这样才能使对接方便、可靠、稳定。

二是这些模块能和外部设备对接。这就考虑到模块和外部设备要匹配，要性能匹配、速度匹配、电平匹配。不仅要注意它们稳态特性，也要注意它们的动态特性。

6.4 PLC 控制系统的输入/输出设备

6.4.1 输入/输出过程与设备种类

PLC 的工作方式是周期扫描方式，所以其输入/输出过程是定时进行的，即在每个扫描周期内只进行一次输入和输出的操作。输入/输出信息处理包括输入采样与输出刷新两步。

PLC 内部开辟了两个暂存区，即输入信号和输出信号状态暂存区。用户程序从输入信号状态暂存区中读取输入信号状态，运算处理后将结果放入输出信号状态暂存区中。I/O 信号状态暂存区与实际 I/O 单元的信息交换是通过 I/O 任务实现的。I/O 任务还包括对 I/O 扩展接口的操作，通过 I/O 扩展接口实现主机的 I/O 状态暂存区与简单 I/O 扩展环节中的 I/O 单元或与智能型 I/O 扩展环节中的 I/O 状态区之间的信息交换。

在进行输入操作时，首先启动输入单元，把现场信号转换成数字信号后全部读入，然后进行数字滤波处理，最后把有效值放入输入信号状态暂存区；在进行输出操作时，首先把输出信号状态暂存区中的信号全部送给输出单元，然后进行传送正确性检查，最后启动输出单元把数字信号转换成现场信号输出给执行机构。对用户程序而言，要处理的输入信号是输入信号状态暂存区的信号，而不是实际的信号。运算处理后的输出信号被放入输出信号状态暂存区中，而不是直接输出到现场。

所以在用户程序执行的这一周期内，其处理的输入信号不再随现场信号的变化而变化；与此同时，虽然输出信号状态暂存区中信号随程序执行的结果不同而不断变化，但是实际的输出信号是不变的，在输出过程中，只有最后一次操作结果对输出信号起作用。

PLC 周期性的 I/O 处理方式对一般控制对象而言是能够满足动作响应要求的，但是对那些要求响应时间小于扫描周期的控制系统则不能满足，这时可以用智能型 I/O 单元或专门的软件指令，通过与扫描周期脱离的方式来解决。

PLC 的输入/输出设备可分为数字量、模拟量两大类。具体信息见表 6-3。

表 6-3　PLC 的输入/输出设备

输入部分		输出部分	
数字量	模拟量	数字量	模拟量
开关信号，如按钮开关，转换开关，接近开关 传感器信号，如光电传感器，光纤传感器 接触器、继电器触头信号 触摸屏里的开关信号	传感器、变送器信号，如温度传感器，流量传感器，各类仪表的模拟量输出 旋转编码器，主要用于检测位移 触摸屏里的模拟信号	各种继电器线圈，如接触器，继电器，电磁阀 各种指示类信号，如指示灯，蜂鸣器 一些其他的驱动器，如步进驱动器，伺服驱动器等	变频器，软起动器等

6.4.2　开关

开关是用来接通和断开电路的元件。开关应用在各种电子设备、家用电器中。在 PLC 控制系统中常用的包括转换开关、按钮开关、行程开关、接近开关、光电开关等。

1. 转换开关

它由装在同一根轴上的单个或多个单极旋转开关装在一起组成，有单极、双极、三极和多极结构，根据动触片和静触片的不同组合，有许多接线方式。图 6-3 所示为常用的 HZ10 系列组合开关的外形图。它有 3 对静触片，每个触片的一端固定在垫板上，另一端伸出盒外并连在外部接线端上，3

图 6-3　HZ10 系列组合开关

个动触片汇集在装有手柄的绝缘轴上。

2. 按钮开关

按钮类开关属于结构简单的手
动电器，由按钮帽、复位弹簧、两
副静触头和桥式动触头组成，其典
型结构如图6-4所示。

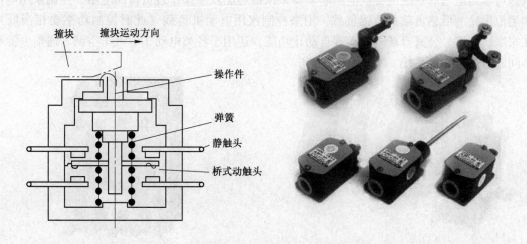

按钮开关未动作时（常态），桥
式动触头与上部静触头接触，形成
常闭触头，桥式动触头与下部静触
头断开形成常开触头。

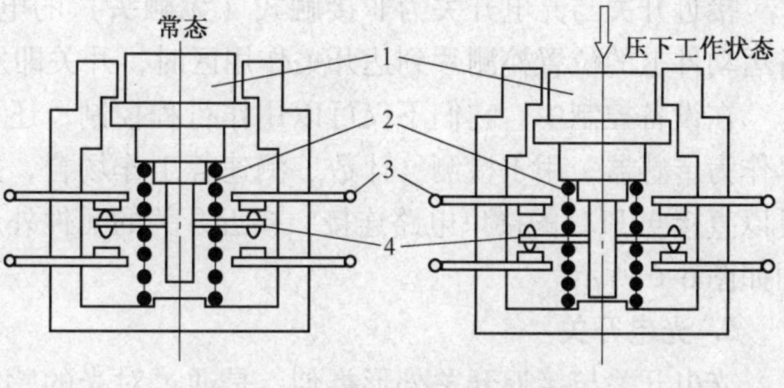

图 6-4　按钮开关结构示意图
1—按钮帽　2—弹簧　3—静触头　4—桥式动触头

当按下按钮帽时（操作状态），
桥式动触头向下移动，动触头与上部静触头脱离接触，转而与下部静触头接触，因此常闭触
头打开，断开电路，常开触头闭合，接通电路。

当松开按钮帽时，在复位弹簧作用下，桥式动触头上移复位，触头恢复常态位置。由于
PLC对一个触头信号能够多次使用，因此按钮开关作为PLC输入信号电器时，只需使用一
个常开触头。

3. 行程开关

行程开关属于机械类有触头式开关，行程开关由设备运动件触动（依据行程位置）发
出信号，用于设备自动工作过程中控制运动件的运行顺序或行程大小。

行程开关的工作原理与按钮开关相同，只是操作方式不同。按钮开关通过手指的按压进
入工作状态，行程开关利用设备运动件上的撞块压动开关操作件。使动触头变换位置，进入
工作状态。行程开关结构示意图如图6-5所示。

图 6-5　行程开关结构与产品

在实际使用中，行程开关安装在设备基座上预定位置，相应运动件上装有撞块，并且撞
块位置可以调整，当运动件移动到撞块压动行程开关时，行程开关的机械可动部分动作，将
设备位置状态转换为控制电路的触头信号。

4. 接近开关

接近开关与光电开关为非接触式（无触头）的电气类开关。通过电气方式操作，当设备运动件上的位置检测片到达开关作用区时，开关即发出控制电信号。

在设备控制中，它们不仅可以用作行程控制，还可以作为传感器，用于检测、计数、测速等工作场合，并可以直接与 PLC 的接口电路连接。接近开关的元件外形图如图 6-6 所示。

5. 光电开关

光电开关与接近开关外形类似，是通过对光的感应产生控制信号。光电开关有遮挡和反射两种工作形式。遮挡式光电开关由发光管和接收器两部分构成，当物体遮挡或未遮挡住发光管的光线时，接收器将会有两种检

图 6-6　接近开关元件外形图

测状态，从而产生"高"和"低"两种不同的电平，形成"开"和"关"的控制。反射式光电开关的发光管和光接收器组合在一起，通过物体对光的反射，进行运动件位置状态检测。

6.4.3　接触器

接触器是一种用来接通或分断带有负载的交流或直流主电路或大容量控制电路的电器元件。它主要控制的对象是电动机、变压器等电力负载，可实现远距离接通或分断电路，可频繁操作，工作可靠。另外，它还具有零电压保护、欠电压释放保护等作用。

接触器按其流过触头工作电流的种类不同，可分为交流接触器（CJ）和直流接触器（CZ）两类。几种常见接触器的外形如图 6-7 ~ 图 6-10 所示。接触器应用十分广泛，在冶金、轧钢企业起重机等电气设备中用于远距离接通和分断电路，频繁地起动和控制交流电动机；可以用适当的热继电器或电磁起动器来保护可能发生操作过负荷的电路、控制家用电器和类似用途的低感负载或微感负载，用来控制家用电动机负载（此时控制功率要相当低），在家庭、宾馆、公寓等场所，实现自动化功能；还用于各类电动车、汽车空调、通信电源和不间断电源等电控系统。

图 6-7　CJ12 系列交流接触器

图 6-8　NC1 系列交流接触器

交流接触器结构如图 6-11 所示，主要由电磁机构、触头系统、灭弧装置等部分组成。当接触器未工作时，处于断开状态的触头称为常开（或动合）触头；处于接通状态的触头称为常闭（或动断）触头。

图 6-9　机械互锁接触器

图 6-10　直流接触器

交流接触器的电磁线圈通电后会产生磁场，使静铁心产生足够的吸力，克服反作用弹簧与动触头压力弹簧片的反作用力，将衔铁吸合，使动触头和静触头的状态发生改变。常闭辅助触头首先断开，接着常开辅助触头和 3 对常开主触头闭合。当电磁线圈断电后，由于铁心的电磁吸力消失，衔铁在反作用弹簧的作用下释放，各触头也随之恢复原始状态。

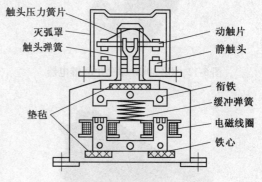

图 6-11　交流接触器的结构

交流接触器在分断大电流电路时，往往会在动、静触头之间产生很强的电弧。电弧会烧伤触头，甚至引起其他事故。电弧的熄灭方法一般采用双断口结构的电动力灭弧装置和半封闭式绝缘栅片灭弧罩。

交流接触器型号（CJ×—×）的含义为："C"表示接触器。"J"表示交流，两个"×"分别为设计序号和主触头额定电流。主要参数有额定电压、额定电流、吸引线圈的额定电压、额定操作频率等。额定电压、额定电流指主触头能够承受的电压和电流；吸引线圈的额定电压等于控制电路的电压，有交流 36V、110V、220V、380V 等；额定操作频率，一般为 600 次/h。

根据所控制对象的电流类型来选用交流或直流接触器。接触器的额定电压应大于或等于负载回路的额定电压。接触器的触头数量和种类应满足控制电路要求。主触头的额定电流应大于或等于负载的额定电流。在频繁起动、制动和正反转的场合，主触头的额定电流要选得大一些。

6.4.4　继电器

1. 继电器的种类和工作原理

继电器是一种自动动作的电器。当给继电器输入电压、电流、频率等电量或温度、压力、转速等非电量并达到规定值时，继电器的触头接通或分断其所控制或保护的电路。继电器广泛应用于电力传动系统、电力保护系统以及各类遥控和通信系统中。继电器与接触器原理相同，只是接触器控制的负载功率较大，体积也较大，而继电器是一种小信号控制电器，它用于电动机保护或各种生产机械自动控制。

继电器一般由输入感测机构和输出执行机构两部分组成，前者用于反映输入量的高低，后者用于接通或分断电路。继电器的种类很多，包括电磁式电流、电压、中间继电器，时间继电器等，如图 6-12～图 6-17 为几种常见的继电器的外形图。

图 6-12　DZ-30CE 系列中间继电器

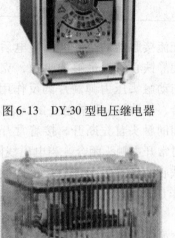

图 6-13　DY-30 型电压继电器

图 6-14　DX-30 系列信号继电器

图 6-15　JSH-10 系列高精度时间继电器

图 6-16　NR3 系列热继电器

图 6-17　电子式液位继电器

（1）电磁式电流、电压、中间继电器　电磁式继电器是电气控制系统中用得最多的一种继电器，其动作原理与接触器基本相同。它主要由电磁机构和触头系统组成，因为继电器无需分断大电流电路，故触头均采用无灭弧装置的桥式触头。

根据线圈中电流的大小而动作的继电器称为电流继电器。这种继电器的匝数少，能通过大电流，且串联在主电路中。线圈中的电流小于整定值而动作的继电器为欠电流继电器。电流继电器常用于电动机的短路保护和过载保护，兼具有短路保护作用。欠电流继电器常用于直流电动机和电磁吸盘的失磁保护。

根据电压大小而动作的继电器称为电压继电器。这种继电器线圈的导线细，匝数多，并联在主电路中。过电压继电器是当电压超过规定电压高限时衔铁吸合。一般动作电压为105% 以上时，对电路进行过电压保护。欠电压继电器是当电压低于所规定的电压低限时衔铁释放。

中间继电器本质上是电压继电器，它是用来远距离传输或转换控制信号的中间元件。它输入的是线圈的通电或断电信号，输出的是多对触头的通断动作。因此它可用于增加控制信号的数目；因为触头的额定电流大于线圈的额定电流，它又可用来放大信号。中间继电器的触头系统与接触器不同，中间继电器只有一种类型的触头，不同型号的中间继电器触头数目不同。有一对触头（常开触头、常闭触头各一个）、两对触头或者更多的触头。

常用的中间继电器有 JZ7 等系列。JZ7 系列中间继电器的外形与结构如图 6-18 所示。该继电器的结构与交流接触器相似，由静铁心、动铁心、线圈、触头系统、反作用弹簧和复位弹簧等组成，其触头对数较多，没有主、辅触头之分，各对触头允许通过的额定电流是一样的都为 5A。吸引线圈的额定电压有 12V、24V、36V、110V、127V、220V、380V 等多种可供选择。

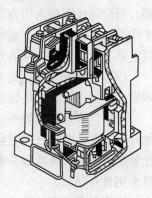

图 6-18　JZ7 系列中间继电器

（2）时间继电器　当继电器的检测部分接收到输入信号后，经过一段时间才能使执行部分动作的继电器称为时间继电器。时间继电器主要有空气阻尼式、电动式以及电子式等几大类，延时方式有通电延时和断电延时两种。

电子式时间继电器是目前应用得比较广泛的时间继电器，它具有体积小、重量轻、延时时间长（可达几十小时）、延时精度高、调节范围广（0.1s ~ 9999min）、工作可靠和使用寿命长等优点，将逐渐取代机电式时间继电器。用于交流操作的继电器保护和自动化的电路中，作为交流瞬时动作断电后延时返回的时间元件。具有延时精度高，工作灵敏度可靠及工种结构任意选择等特点。

（3）热继电器　热继电器是根据电流通过发热元件所产生的热量，使双金属片受热弯曲而推动执行机构动作的一种电器。双金属片式热继电器的结构简单，体积小，成本低，应用广泛。它主要用于电动机的过载、缺相以及电流不平衡的保护。

NR3 系列热继电器适用于交流 50Hz 或 60Hz、电压至 690V、电流为 0.1 ~ 500A 的长期工作或间断长期工作的交流电动机的过载与断相保护。具有断相保护、温度补偿、动作指示、自动与手动复位、停止等功能。

（4）速度继电器　速度继电器是一种转速达到规定值时动作的继电器。它常用于电动机反接制动的控制电路中。当反接制动的转速下降到接近零时，它能自动及时地切断电路。

（5）液位继电器　作为液位控制元件，按要求接通和分断水泵控制电路，实现自动供水功能。HHY1、HHY2 系列液位继电器适用于交流 50Hz，工作电压为 380V 及以下的控制电路中，广泛应用于学校、工矿企业、家庭等水塔与水井之间的自动控制。

2. 继电器的选择

（1）按使用环境选型　对电磁干扰或射频干扰比较敏感的装置周围，最好不要选用交流电激励的继电器。选用直流继电器要选用带线圈瞬态抑制电路的产品。那些用固态器件或电路提供激励及对尖峰信号比较敏感的地方，也要选择有瞬态抑制电路的产品。

（2）按输入信号不同确定继电器种类　按输入信号是电、温度、时间、光信号确定选用电磁、温度、时间、光电继电器，这是没有问题的。这里特别说明电压、电流继电器的选用。若整机供给继电器线圈是恒定的电流应选用电流继电器，是恒定电压则选用电压继电器。

（3）输入参数的选定　与用户密切相关的输入量是线圈工作电压（或电流），而吸合电压（或电流）则是继电器制造厂控制继电器灵敏度并对其进行判断、考核的参数。对用户来讲，它只是一个工作下极限参数值。控制安全系数是工作电压（电流）、吸合电压（电流），如果在吸合值下使用继电器，是不可靠的也是不安全的。环境温度升高或处于振动、冲击条件下，将使继电器工作不可靠。整机设计时，不能以空载电压作为继电器工作电压依据，而应将线圈接入作为负载来计算实际电压，特别是电源内阻大时更是如此。当然，并非工作值加得越高越好，超过额定工作值太高会增加衔铁的冲击磨损，增加触头回跳次数，缩短电器寿命，一般工作值为吸合值的 1.5 倍，工作值的误差一般为 ±10%。

（4）根据负载情况选择继电器触头的种类和容量　国内外长期实践证明，约 70% 的故障发生在触头上，这足见正确选择和使用继电器触头非常重要。

触头组合形式和触头组数应根据被控回路实际情况确定。常开触头组和转换触头组中的常开触头对，由于接通时触头回跳次数少和触头烧蚀后补偿量大，其负载能力和接触可靠性比常闭触头组和转换触头组中的常闭触头对要高，整机线路可通过对触头位置适当调整，尽量多用常开触头。

根据负载容量大小和负载性质（阻性、感性、容性、过载及电动机负载）确定参数十分重要。认为触头切换负荷小一定比切换负荷大可靠是不正确的。一般说，继电器切换负荷在额定电压下，电流大于 100mA、小于额定电流的 75% 最好。电流小于 100mA 会使触头积碳增加，可靠性下降，故 100mA 称作试验电流，是国内外对继电器生产厂工艺条件和水平考核内容的专业标准。由于一般继电器不具备低电平切换能力，用于切换 50mV、50μA 以下负荷的继电器，用户订货时需注明，必要时应请继电器生产厂协助选型。

继电器的触头额定负载与寿命是指在额定电压、电流下，负载为阻性的动作次数，当超出额定电压时，可参照触头负载曲线选用。当负载性质改变时，其触头负载能力将发生变化。

6.4.5　电磁阀

1. 电磁阀的种类与工作原理

电磁阀作为自动化仪表的一种执行器，近年来用量急剧上升。电磁阀是用电磁控制的工业设备，在工业控制系统中能调整介质的方向、流量、速度和其他的参数。电磁阀采用电磁效应进行控制，主要的控制方式为继电器控制，因此电磁阀可以配合各种控制电路来实现预期的控制，使控制的精度和灵活性都能够得到保证。电磁阀有很多种，不同的电磁阀在控制系统的不同位置发挥作用，最常用的是单向阀、安全阀、方向控制阀、速度调节阀等。几种常见电磁阀的外形如图 6-19 所示。

图 6-19　几种常见电磁阀的外形图

电磁阀里有密闭的腔，在不同位置开有通孔，每个孔都通向不同的油管，腔中间是阀，两面是两块电磁铁，哪面的磁铁线圈通电阀体就会被吸引到哪边，通过控制阀体的移动来挡住或漏出不同的排油孔，而进油孔是常开的，液压油就会进入不同的排油管，然后通过油的压力来推动油缸的活塞，活塞又带动活塞杆，活塞杆带动机械装置动作。这样通过控制电磁铁的电流通断就控制了机械运动。

（1）直动式电磁阀

1）原理：通电时，电磁线圈产生电磁力把关闭件从阀座上提起，阀门打开；断电时，电磁力消失，弹簧把关闭件压在阀座上，阀门关闭。

2）特点：在真空、负压、零压时能正常工作，但通径一般不超过 25mm。

（2）分步直动式电磁阀

1）原理：它是一种基于直动式和先导式相结合的电磁阀，当入口与出口没有压差时，通电后，电磁力直接把先导小阀和主阀关闭件依次向上提起，阀门打开。当入口与出口达到起动压差时，通电后，主阀下腔压力上升，上腔压力下降，从而利用压差把主阀向上推开；断电时，先导阀利用弹簧力或介质压力推动关闭件，向下移动，使阀门关闭。

2）特点：在零压差或真空、高压时亦能动作，但功率较大，要求必须水平安装。

（3）先导式电磁阀

1）原理：通电时，电磁力把先导孔打开，上腔室压力迅速下降，在关闭件周围形成上低下高的压差，流体压力推动关闭件向上移动，阀门打开；断电时，弹簧力把先导孔关闭，入口压力通过旁通孔迅速进入腔室，在关阀件周围形成下低上高的压差，流体压力推动关闭件向下移动，关闭阀门。

2）特点：流体压力范围上限较高，可任意安装（需定制）但必须满足流体压差条件。

2. 电磁阀的选型

电磁阀选型首先应该依次遵循安全性、可靠性、适用性、经济性四大原则，其次是根据六个方面的现场工况（即管道参数、流体参数、压力参数、电气参数、动作方式、特殊要求）进行选择。选型具体依据见表 6-4。

表 6-4　电磁阀的选型依据

选型依据		说　明
根据管道参数选择电磁阀的通径规格（即 DN）、接口方式	通径规格（即 DN）	按照现场管道内径尺寸或流量要求来确定通径（DN）尺寸
	接口方式	一般大于 DN50 要选择法兰接口，小于等于 DN50 则可根据用户需要自由选择
根据流体参数选择电磁阀材质、温度	腐蚀性流体	宜选用耐腐蚀电磁阀和全不锈钢
	食用超净流体	宜选用食品级不锈钢材质电磁阀
	高温流体	要选择采用耐高温的电工材料和密封材料制造的电磁阀，而且要选择活塞式结构类型
	流体状态	大致有气态、液态或混合状态，特别是口径大于 DN25 订货时一定要区分开来
	流体粘度	通常在 50cSt[①] 以下可任意选择，若超过此值，则要选用高粘度电磁阀

① $1\text{cSt} = 10^{-6}\text{m}^2/\text{s}$。

6.4.6　传感器

1. 传感器种类与工作原理

传感器是一种检测装置，能感受到被测量的信息，并能将检测感受到的信息，按一定规律变换成为电信号或其他所需形式的信息输出，以满足信息的传输、处理、存储、显示、记录和控制等要求。它是实现自动检测和自动控制的首要环节。

（1）电阻式传感器　电阻式传感器是将被测量，如位移、形变、力、加速度、湿度、温度等这些物理量转换成电阻值的一种器件。主要有电阻应变式、压阻式、热电阻、热敏、气敏、湿敏等电阻式传感器件。

能够实现力电转换的传感器有多种，常见的有电阻应变式、电磁力式和电容式等。电磁力式主要用于电子天平，电容式用于部分电子吊秤，而绝大多数称重产品所用的还是电阻应变式称重传感器。电阻应变式称重传感器结构较简单，准确度高，适用面广，且能够在相对比较差的环境下使用。因此电阻应变式称重传感器得到了广泛的运用。

传感器中的电阻应变片具有金属的应变效应，即在外力作用下产生机械形变，从而使电阻值随之发生相应的变化。电阻应变片主要有金属和半导体两类，金属应变片有金属丝式、箔式、薄膜式之分。半导体应变片具有灵敏度高（通常是丝式、箔式的几十倍）、横向效应小等优点。

（2）压阻式传感器　压阻式传感器是根据半导体材料的压阻效应在半导体材料的基片上经扩散电阻而制成的器件。当基片受到外力作用而产生形变时，各电阻值将发生变化，电桥就会产生相应的不平衡输出。用作压阻式传感器的基片（或称膜片）材料主要为硅片和锗片，尤其是以测量压力和速度的固态压阻式传感器应用最为普遍。

（3）热电阻传感器　热电阻传感器分类见表 6-5。热电阻测温是基于金属导体的电阻值随温度的增加而增加这一特性来进行温度测量的。热电阻大都由纯金属材料制成，目前应用最多的是铂和铜。此外，现在已开始采用镍、锰和铑等材料制造热电阻，具有电阻温度系数大、线性好、性能稳定、使用温度范围宽、加工容易等特点。用于测量 $-200 \sim +500℃$ 范围内的温度。

表 6-5　热电阻传感器分类

类　别	性　能
NTC 热电阻传感器	该类传感器为负温度系数传感器，即传感器阻值随温度的升高而减小
PTC 热电阻传感器	该类传感器为正温度系数传感器，即传感器阻值随温度的升高而增大

2. 温度传感器

温度传感器的种类很多，现在经常使用的有热电阻：PT100、PT1000、Cu50、Cu100；热电偶：B、E、J、K、S 等。温度传感器不但种类繁多，而且组合形式多样，应根据不同的场所选用合适的产品。根据电阻阻值、热电偶的电势随温度不同发生有规律的变化的原理，我们可以得到所需要测量的温度值。

3. 光敏传感器

光敏传感器是最常见的传感器之一，它的种类繁多，主要有：光电管、光电倍增管、光敏电阻、光敏三极管、太阳能电池、红外线传感器、紫外线传感器、光纤式光电传感器、色彩传感器、CCD 和 CMOS 图像传感器等。它的敏感波长在可见光波长附近，包括红外线波长和紫外线波长。光传感器不只局限于对光的探测，它还可以作为探测元件组成其他传感器，对许多非电量进行检测，只要将这些非电量转换为光信号的变化即可。光传感器是目前产量最多、应用最广的传感器之一，它在自动控制和非电量电测技术中占有非常重要的地位、最简单的光敏传感器是光敏电阻，当光子冲击接合处就会产生电流。

4. 位移传感器

位移传感器又称为线性传感器，把位移转换为电量的传感器。位移传感器是一种属于金属感应的线性器件，传感器的作用是把各种被测物理量转换为电量。它分为电感式位移传感器，电容式位移传感器、光电式位移传感器、超声波式位移传感器，霍尔式位移传感器。

在这种转换过程中有许多物理量（例如压力、流量、加速度等）常常需要先变换为位移，然后再将位移变换成电量。因此位移传感器是一类重要的基本传感器。在生产过程中，位移的测量一般分为测量实物尺寸和机械位移两种。机械位移包括线位移和角位移。按被测变量变换的形式不同，位移传感器可分为模拟式和数字式两种。模拟式又可分为物性型和结构型两种。常用位移传感器以模拟式结构型居多，包括电位器式位移传感器、电感式位移传感器、自整角机、电容式位移传感器、电涡流式位移传感器、霍尔式位移传感器等。数字式位移传感器的一个重要优点是便于将信号直接送入计算机系统。这种传感器发展迅速，应用日益广泛。

5. 压力传感器

压力传感器是工业实践中最为常用的一种传感器，压力传感器广泛应用于各种工业自控环境，涉及水利水电、铁路交通、智能建筑、生产自控、航空航天、军工、石化、油井、电力、船舶、机床、管道等众多行业。

6.4.7　电动调节阀

1. 电动调节阀的特点

电动调节阀是工业自动化过程控制中的重要执行单元仪表。电动调节阀具有体积小，重量轻、连线简单、流量大、调节精度高等特点，与传统的气动调节阀相比具有节能、环保、安装快捷方便等优点，因此广泛应用于电力、石油、化工、冶金、环保、轻工、教学和科研设备等行业的工业过程自动控制系统中。随着工业领域的自动化程度越来越高，其稳定性、可靠性也显得越来越重要，它的工作状态的好坏将直接影响自动控制过程。电动调节阀外形如图6-20所示。

电动调节阀的主要控制参数为：公称直径、设计公称压力、介质允许温度范围、流量系数等。对于要求流量和开启高度成正比例关系的严格场合，应选用专用调节阀。一般粗调时可以选用球阀和蝶阀。调节阀理想流量特性有快开、抛物线、线性、等百分比四种，需根据实际工作流量特性选择合适的调节阀。

2. 电磁阀和电动阀的区别

（1）开关形式　电磁阀通过线圈驱动，只能开或关，开关时动作时间短。电动阀的驱动一般是用电动机，开或关动

图6-20　电动调节阀外形图

作完成需要一定的时间，多数为模拟量。

（2）工作性质　电磁阀一般流通系数很小，而且工作压力差很小。比如一般 ϕ25mm 的电磁阀流通系数比 ϕ15mm 的电动球阀小很多。电磁阀的驱动是通过电磁线圈，比较容易被电压冲击损坏。相当于开关的作用，就是开和关两个状态。电动阀比较耐电压冲击。电磁阀是快开和快关的，一般用在小流量和小压力，要求开关频率大的地方。电动阀反之。电动阀的开度可以控制，状态有开、关、半开半关，可以控制管道中介质的流量，而电磁阀达不到这个要求。电磁阀一般断电可以复位，电动阀需要加复位装置才有复位功能。

（3）适用工艺　电磁阀适合一些特殊的工艺要求，比如泄漏、流体介质特殊等，价格较贵。电动阀一般用于调节，也有开关量的，比如风机盘管末端。

6.5　PLC控制系统硬件设计

6.5.1　PLC控制系统原理图

根据工艺要求设计PLC控制原理图的一般步骤：

1）分析要控制的设备的动作，确定要用多少输出及其类型。

2）确定要输入的信号，确定什么信号控制PLC的什么部分，确定信号类型。

3）根据以上两步进行PLC选型。

4）画原理图。

在绘制PLC的输入电路时，要考虑到输入端的电压和电流是否合适，也要考虑到在特殊条件下运行的可靠性与稳定条件等问题。特别要考虑到能否把高压引到PLC的输入端，把高压引入PLC的输入端会对PLC造成比较大的伤害。

在绘制PLC的输出电路时，不仅要考虑到PLC输出模块的带负载能力和耐电压能力，还要考虑到电源的输出功率和极性问题。在整个电路的绘制中还要考虑就设计的原则，努力提高其稳定性和可靠性。在电路的设计上需要谨慎、全面。在绘制电路图时要考虑周全，何处该装按钮，何处该装开关，都要一丝不苟。

6.5.2　PLC 控制柜设计

　　PLC 控制柜主要指装有 PLC 和需要控制的回路端子排等。西门子 PLC 控制柜里一般有空气开关、接触器、继电器、PLC、隔离变压器、变频器、接线排等，一般柜子上还有个小风扇，给变频器等设备降温。

　　一般来说，控制柜布局要合理，要能防电磁干扰，所以像 PLC 等需要电气隔离的设备，要远离高压线路和电磁干扰的线路。控制柜在条件允许时分成两个。一个放进动力元器件，包括接触器，变压器，变频器，相序检测，过电压、欠电压、过电流、接地等检测元件；另一个控制柜放控制元器件，包括 PLC、中间继电器、开关电源、端子排、电磁阀等。如果条件不允许，只能放进一个控制柜，那么要保证 PLC 等易干扰元器件远离动力线，或者交叉走线。比如动力线走底板的左边，控制线走底板的右边，或者空气开关等全部放在底板的中下面，PLC 等全部放在底板的中上面，也就是动力线走下面，控制线走上面。

　　在 PLC 控制柜安装时，要考虑环境中电磁干扰、防爆、温度、湿度、振动等因素的影响。绝对不能将输出信号线与高压线及动力线扎成线束，也不能接近、平行布线。接近时，可用导管进行分离或用其他的电线管进行布线，导管和电线管必须接地。也可全部使用屏蔽电缆，将 PLC 与接地端子连接，输入设备开路。在设备安装、布线时，采用良好的电源接地能防止电器对人体的危害，且不让电气信号受到噪声的干扰。

　　在有可燃性气体的场所，要安装防爆设备，最好不要在该场所使用安装电气控制柜。要留有易于程序操作和更换单元的空间。另外，考虑到维护操作的安全性，尽量远离高压设备及动力设备设置；预先考虑留有 1～2 成的扩展空间。使用环境温度通常应该在 5～40℃ 的范围内。为确保 PLC 控制柜内的温度不超过单元的使用温度范围，应尽量保留充足的温度余量，使之在有余量的温度范围内使用。为了保持 PLC 的绝缘特性，通常必须在相对湿度为 35%～85% 的范围内使用。特别是冬季暖气时通时断，有时会因急剧的温度变化而造成结露，导致短路而引起误动作，应采取措施如采用微加热器等防止结露现象。在一般规格的振动冲击下，不应发生误动作。但是不要设置在经常有振动冲击，特别是这种振动与冲击可能直接施加在 PLC 或控制柜上的场所。

6.6　PLC 控制程序编制

6.6.1　PLC 程序设计

　　根据控制要求设计出以梯形图、功能块图或语句表等语言表达的程序，这是整个设计的核心工作。对于较复杂的控制系统，根据生产工艺要求，画出控制流程图或功能流程图，然后设计出梯形图程序，并对程序进行模拟调试和修改，直到满足控制要求为止。

　　除此之外，程序通常还应包括以下内容：

　　1）初始化程序。在 PLC 上电后，一般都要做一些初始化的操作，为启动做必要的准备，避免系统发生误动作。初始化程序的主要内容有：对某些数据区、计数器等进行清零，对某些数据区所需数据进行恢复，对某些继电器进行置位或复位，对某些初始状态进行显示等。

　　2）检测、故障诊断和显示等程序。这些程序相对独立，一般在程序设计基本完成时再添加。

3）保护和互锁程序。保护和互锁是程序中不可缺少的部分，必须认真加以考虑。它可以避免由于非法操作而引起的控制逻辑混乱。

6.6.2　程序调试

对于较为复杂的 PLC 控制系统，程序的调试可以分为模拟调试和现场调试，程序模拟调试的基本思想是，以方便的形式模拟现场实际状态，为程序的运行创造必要的环境条件。根据产生现场信号的方式不同，模拟调试有硬件模拟法和软件模拟法两种形式。

1）硬件模拟法是使用一些硬件设备（如用另一台 PLC 或一些输入器件等）模拟产生现场的信号，并将这些信号以硬接线的方式连到 PLC 系统的输入端，其时效性较强。

2）软件模拟法可以采用仿真软件进行调试，模拟提供现场信号，其简单易行，但时效性不易保证。模拟调试过程中，可采用分段调试的方法，并利用编程器的监控功能，模拟调试的程序进行在线统调。联机调试过程应循序渐进，从 PLC 只连接输入设备、再连接输出设备、再接上实际负载等逐步进行调试。如不符合要求，则对硬件和程序作调整。通常只需修改部分程序即可。全部调试完毕后，交付试运行。经过一段时间运行，如果工作正常、程序不需要修改，应将程序固化到 EPROM 中，以防程序丢失。

联机调试后进行现场调试，具体步骤为：

1）将 PLC 安装在控制现场进行联机总调试，在调试过程中将暴露出系统图和梯形图程序设计中的问题，应对出现的问题及时加以解决。可能存在的有传感器、执行器和硬接线等方面的问题，以及 PLC 的外部接线。

2）如果调试达不到指标要求，则对相应硬件和软件部分作适当调整，通常只需要修改程序就可能达到调整的目的。

3）全部调试通过后，经过一段时间的考验，系统就可以投入实际的运行了。

6.7　PLC 应用系统的可靠性设计

PLC 具有很高的可靠性，并且有很强的抗干扰能力，但在过于恶劣的环境或安装使用不当等情况下，有可能引起 PLC 内部信息的破坏而导致控制混乱，甚至造成内部元件损坏。

为了提高 PLC 系统运行的可靠性，应注意以下问题：适合的工作环境、合理的安装与布线、正确的接地、必要的软件措施、冗余系统或热备用系统。

1. 电源安装

PLC 的 I/O 电路都具有滤波、隔离功能，所以对外部电源要求不高，但内部电源的性能好坏直接影响到 PLC 的可靠性，对其要求较高。

在干扰较强或可靠性要求较高的场合，应该用带屏蔽层的隔离变压器对 PLC 系统供电。还可以在隔离变压器二次侧串接 LC 滤波电路。同时，在安装时还应注意以下问题：

1）系统的动力线应足够粗，以降低大容量设备起动时引起的线路压降。

2）PLC 输入电路用外接直流电源时，最好采用稳压电源，以保证正确的输入信号。否则可能使 PLC 接收到错误的信号。

2. 远离高压

PLC 不能在高压电器和高压电源线附近安装，更不能与高压电器安装在同一个控制柜内。在控制柜内 PLC 应远离高压电源线，二者间距离应大于 200mm。

3. 合理的布线

1）I/O 线、动力线及控制线应分开走线，尽量不要在同一线槽中。

2）交流线与直流线、输入线与输出线最好分开走线。

3）开关量与模拟量的 I/O 线最好分开走线，传送模拟量信号的 I/O 线最好用屏蔽线，且屏蔽线的屏蔽层应一端接地。

4）PLC 的基本单元与扩展单元之间电缆传送的信号小、频率高，很容易受干扰，不能与其他的连线埋在同一线槽内。

5）PLC 的 I/O 回路配线，最好使用单股线。

6）与 PLC 安装在同一控制柜内的感性元件，最好有消弧电路。

4. 正确的接地

PLC 一般最好单独接地，也可以采用公共接地，但禁止使用串联接地方式，如图 6-21 所示。PLC 的接地线应尽量短，使接地点尽量靠近 PLC。同时，接地电阻要小于 100Ω，接地线的截面积应大于 2mm^2。

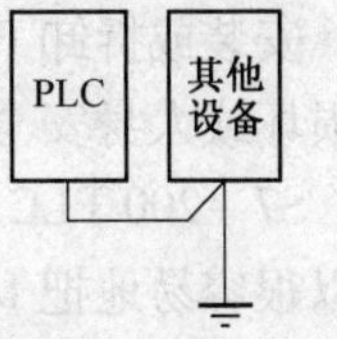

5. 必需的安全保护环节

（1）短路保护　应该在 PLC 外部输出回路中装上熔断器，进行短路保护。最好在每个负载的回路中都装上熔断器。

图 6-21　PLC 不正确的接地

（2）互锁措施　除在程序中保证电路的互锁关系，PLC 外部接线中还应该采取硬件的互锁措施，以确保系统安全可靠地运行。

（3）失压保护与紧急停车措施　PLC 外部负载的供电线路应具有失压保护措施，当临时停电再恢复供电时，不按下"起动"按钮，PLC 的外部负载就不能自行起动。这种接线方法的另一个作用是，当特殊情况下需要紧急停机时，按下"停止"按钮就可以切断负载电源，而与 PLC 毫无关系。

6. 必要的软件措施

1）消除开关量输入信号抖动。

2）故障的检测与诊断。

① 超时检测：设备在各工步的动作所需的时间一般是不变的，即使变化也不会太大，因此可以以这些时间为参考，在 PLC 发出输出信号，相应的外部执行机构开始动作时启动一个定时器定时，定时器的设定值比正常情况下该动作的持续时间长 20% 左右。

② 逻辑错误检测：编制一些常见故障的异常逻辑关系，一旦异常逻辑关系为 ON 状态，就应按故障处理。

③ 消除预知干扰：某些干扰是可以预知的，如 PLC 的输出命令使执行机构（如大功率电动机、电磁铁）动作，常常会伴随产生火花、电弧等干扰信号，它们产生的干扰信号可能使 PLC 接收错误的信息。在容易产生这些干扰的时间内，可用软件封锁 PLC 的某些输入信号，在干扰易发期过去后，再取消封锁。

7. 采用冗余系统

冗余系统如图 6-22 所示，是指系统中有多余的部分，在系统出现故障时，这多余的部分能立即替代故障部分而使系统继续正常运行。

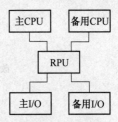

图 6-22　用冗余系统的安全措施

6.8 S7 - 200 安装接线

PLC 在设计时对其软件和硬件均采用一系列的抗干扰措施，工作可靠性高。在一般工业环境下正常使用，平均无故障时间可达几万小时。但在 PLC 的运行过程中，由于机械故障（如配线开路、接线端子的松动等）、各模块板上元器件的故障或者在过于恶劣的环境条件下，如强电磁干扰、超温、超湿、过电压、欠电压或安装使用不当，都有可能导致 PLC 内部信息的破坏，引起控制紊乱。因此正确的安装、必要的定期维护、选择合理的抗干扰措施，能够有效地提高 PLC 控制系统运行的可靠性。

6.8.1 PLC 模块安装

安装或拆卸 PLC 的各种模块和相关设备时，必须首先切断电源，否则可能会导致设备的损坏或人身安全受到危害。

S7 - 200 PLC 既可以安装在一块面板上，又可以安装在 DIN 导轨上，利用总线连接电缆可以很容易地把 I/O 模块和 PLC 或其他的模块（如通信模块、特殊功能模块等）连接在一起。图 6-23b 是用标准导轨安装，I/O 模块卡装在紧接 CPU 右侧的导轨上，通过总线连接电缆与 CPU 互相连接。

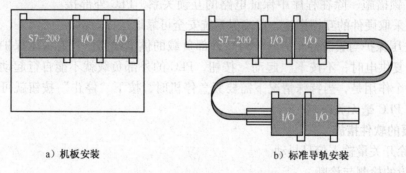

a）机板安装　　　　　　　　　　　b）标准导轨安装

图 6-23　S7 - 200 PLC 的安装方法

S7 - 200 PLC 和扩展模块采用自然对流散热方式，在每个单元的上方和下方都必须保留一定的空间，如图 6-24 所示。图 6-24a 是水平安装空间示意图，图 6-24b 是垂直安装空间示意图。

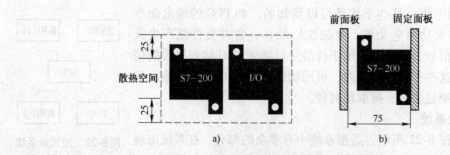

图 6-24　S7 - 200 PLC 水平和垂直空间要求

6.8.2　布线、接线

S7 – 200 PLC 采用的是 0.5 ~ 1.5mm 的导线。尽量使用短导线（最长 500m 屏蔽线或 300m 非屏蔽线）。导线要尽量成对使用，用一根中性或公共导线与一根控制线或信号线相配对。将交流线和大电流的直流线与小电流的信号线隔开。

安装以下隔离和保护设施

1）针对闪电式浪涌电流安装合适的浪涌电流抑制设备。

2）外部电源不能与 DC 输出端子并联用作输出负载。这可能导致反向电流冲击输出，除非在安装时使用二极管或其他方法隔离。

3）控制设备在不安全条件下使用可能会失灵，导致被控制设备的误操作。这样的误动作会导致严重的人身伤害和设备损坏。可以考虑使用独立于 PLC 之外的紧急停机功能、机电过载保护设备或其他冗余保护。

6.8.3　控制单元输入/输出端子接线

输入/输出端子接线的关键是要构成闭合回路，同时要求输入线应尽可能远离输出线、高压线及用电设备。

1. 数字量 I/O 接线

对于数字量 I/O 接线，其输入都是 24V 直流电，支持源型（或称 NPN 型，信号电流从模块内向输入器件流出）和漏型（或称 PNP 型，信号电流从输入器件流入）接法。两种接法的区别是电源公共端接 24V 直流电源的负极（漏型输入，如图 6-25 所示）或者正极（源型输入，如图 6-26所示）。

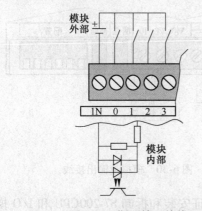

图 6-25　漏型输入接线

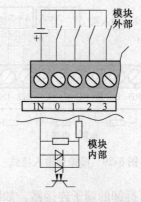

图 6-26　源型输入接线

其输出端子有 24V 直流（晶体管）和继电器触点。相对 CPU 的输出端子而言，凡是 24V 直流供电的 CPU 都是晶体管输出，如图 6-27 所示，凡是 220V 交流供电的 CPU，都是继电器输出，如图 6-28 所示。直流晶体管输出端子只有源型输出一种，继电器输出的连接端子没有电流方向性，它既可以连接直流信号，也可以连接交流信号，但是不能接 380V 的交流电压。

2. 模拟量 I/O 扩展模块接线

模拟量 I/O 扩展模块接线端子用于输入和输出电压、电流信号，其信号量程（电压一

般为 – 10 ~ 0V，电流为 0 ~ 20mA）由 DIP 开关拨至 ON 时或 OFF 时设定。

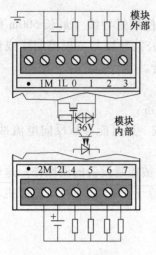

图 6-27　晶体管输出

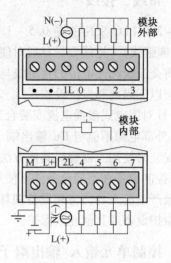

图 6-28　继电器输出

　　模拟量 I/O 扩展模块需要 24V 直流电源。可用 CPU 传感器电源。也可用外接电源供电。模拟量输入接线如图 6-29 所示。模拟量输出接线如图 6-30 所示，电压型和电流型信号的接法不同，各自的负载接到不同的端子上。

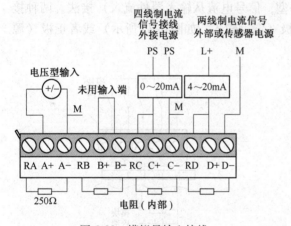

图 6-29　模拟量输入接线

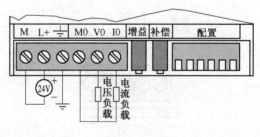

图 6-30　模拟量输出接线

　　采用可拆卸的端子连接器，如图 6-31 所示，可以保证安装和拆卸 S7-200CPU 和 I/O 模块时现场接线固定不变，提高安装效率和可靠性。

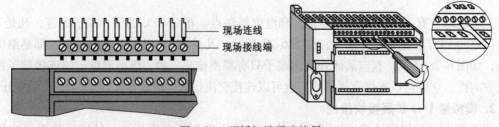

图 6-31　可拆卸端子连接器

习　题

1. 模拟量输入模块有何特点？

2. 晶体管与晶闸管输出模块的区别是什么？

3. 继电器输出模块的特点是什么？

4. 模拟量输出模块有哪些重要时间？各个时间是怎样定义的？

5. 将外部 24V 直流电源与 S7 - 200 的 24V 直流传感器供电电源并联，应注意什么问题？能否在带电情况下安装或拆卸 S7 - 200 及其相关设备，是否有可能导致电击或者设备误动作？

6. 在更换 S7 - 200 的器件时，除了要使用相同的模块外，还要注意什么问题？

7. PLC 的工作电源分为几种？对于交流供电方式，通常采用何种配线？

8. 接地线的长度不要超过多少米？接地端子能否接到一个建筑物的大型金属框架上？

9. 当一个感性负载连到 PLC 的输入端时，为什么需要加电涌吸收装置？

10. 晶体管或双向晶闸管输出型 PLC 接上负载后，为什么在负载两端并联一个旁路电阻？

11. I/O 扩展单元电压变化范围与 I/O 模块要求的电压范围有什么关系？

12. 紧固 PLC 时，需要注意什么问题？

第7章 PLC 应用控制系统设计实例

7.1 PLC 在继电器控制改造中的应用

7.1.1 改造原则与步骤

PLC 控制系统可靠性要远远高于继电器控制系统，因此用 PLC 改造老旧的继电器控制系统是大势所趋。由于 PLC 系统使用与继电器电路图极为相似的梯形图语言，因此在用 PLC 改造继电器控制系统时，根据继电器电路图来设计梯形图是一条捷径。因为原有的继电器控制系统经过长期的使用和考验，已经被证明能完成系统要求的控制功能，而继电器电路图又与梯形图有很多相似之处，因此可以将继电器电路图"翻译"成梯形图，即用 PLC 的外部硬件接线图和梯形图程序来实现继电器系统的功能。这种设计方法一般不需要改动控制面板，保持了系统原有的外部特性，操作人员不用改变长期形成的操作习惯。

在分析 PLC 控制系统的功能时，可以将 PLC 想象成一个继电器控制系统中的控制箱，其外部接线图描述了这个控制箱的外部接线，梯形图是这个控制箱的内部"线路图"，梯形图中的输入位（I）和输出位（Q）是这个控制箱与外部世界联系的"接口继电器"，这样就可以用分析继电器电路图的方法来分析 PLC 控制系统。在分析时可以将梯形图中输入位的触点想象成对应的外部输入器件的触点，将输出位的线圈想象成对应的外部负载的线圈。

将继电器电路图转换为功能相同的 PLC 的外部接线图和梯形图的步骤如下：

1）了解和熟悉被控设备的工艺过程和机械的动作情况，根据继电器电路图分析和掌握控制系统的工作原理，这样才能做到在设计和调试控制系统时心中有数。

2）确定 PLC 的输入信号和输出负载，以及与它们对应的梯形图中的输入位和输出位的地址，画出 PLC 的外部接线图。继电器图中的交流接触器和电磁阀等执行机构如果用 PLC 的输出位来控制，它们的线圈接在 PLC 的输出端。按钮、控制开关、限位开关、光电开关等用来给 PLC 提供控制命令和反馈信号，它们的触头接在 PLC 的输入端，一般使用常开触头。继电器电路用中的中间继电器和时间继电器的功能用 PLC 内部的位存储器和定时器来完成，它们与 PLC 的输入位、输出位无关。

3）确定与继电器电路图的中间继电器、时间继电器、计数器对应的梯形图中的位存储器（M）、定时器（T）、计数器（C）的地址。这两步建立了继电器电路图中的元件和梯形图中编程元件的地址之间的对应关系。

4）根据上述对应关系画出梯形图。

7.1.2 PLC 改造双面单工位液压传动组合机床控制系统实例

组合机床是一种可以同时进行多种类或多处加工的机床，它的加工程序通常按预定的步骤进行，具有多种程序步进的控制要求。如图 7-1 所示为双面单工位液压传动组合机床左右动力头的循环工作示意图，两动力头左右对称，每个动力头有快进、工进和快退三种运动状态，由行程开关发出转换信号。组合机床的液压执行元件状态见表 7-1，其中 YV 表示电磁阀，KP 表示压力继电器。

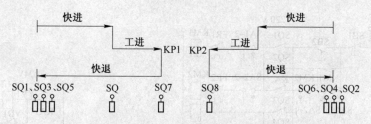

图 7-1　双面单工位液压传动组合机床工作示意图

表 7-1　组合机床液压执行元件

工步	YV1	YV2	YV3	YV4	KP1	KP2
原位停止	−	−	−	−	−	−
快进	+	−	+	−	−	−
工进	+	−	+	−	−	−
挡铁停留	+	−	+	−	+	+
快退	−	+	−	+	−	−

注：表中"＋"表示接通，"－"表示未接通。

图 7-2 所示为组合机床的主电路图。机床有三台电动机：M1、M2 分别为左、右动力头电动机，M3 为冷却泵电动机。这三台电动机分别由接触器 KM1、KM2 和 KM3 控制。

图 7-3 所示是继电器控制系统原理图。图中 SA1 为左动力头单独调整开关；SA2 为右动力头单独调整开关，通过它们可实现对左右动力头的单独调整；SA3 为冷却泵电动机工作选择开关。自动循环的工作过程如下：SA1、SA2 处于自动循环位置，按下起动按钮 SB2，接触器 KM1、KM2 线圈通电并自锁，左右动力头电动机同时起动旋转。按下"前进"按钮 SB3，中间继电器 KA1、KA2 通电并自锁，电磁铁 YV1、YV3 通电，左右动力

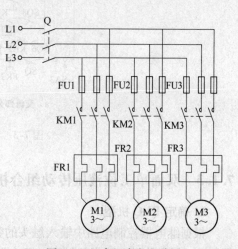

图 7-2　组合机床主电路图

头快速进给并离开原位，行程开关 SQ1、SQ2、SQ5、SQ6 先复位，行程开关 SQ3、SQ4 后复位，并使 KA 通电自锁。在动力头进给过程中，由各自的行程阀自动将快进变为工进，同时压下行程开关 SQ，接触器 KM3 线圈通电，冷却泵电动机 M3 工作，供给冷却液。左动力头加工完毕后压下 SQ7 并顶在挡铁上，使其油路油压升高，KP1 动作，使 KA3 通电并自锁；右动力头加工完毕后压下 SQ8 并使 KP2 动作，KA4 将接通并自锁，同时 KA1、KA2 将失电，YV1、YV3 也将失电，而 YV2、YV4 将通电，使左右动力头快退。当左动力头使 SQ 复位后，KM3 将失电，冷却泵电动机将停转。左右动力头快退至原位时，先压下 SQ3、SQ4，再

压下 SQ1、SQ2、SQ5、SQ6，使 KM1、KM2 线圈断电，动力头电动机 M1、M2 断电停转，同时 KA、KA3、KA4 线圈断电，YV2、YV4 断电，动力头停止动作，机床循环结束。加工过程中，如按下 SB4，可随时使左右动力头快退至原位停止。

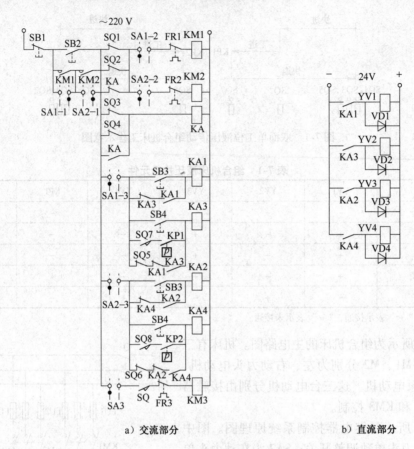

a）交流部分　　　　　　　　　　　　b）直流部分

图 7-3　继电器控制系统原理图

7.1.3　双面单工位液压传动组合机床 PLC 控制方案

1. 确定 PLC 机型

根据继电器控制电路中输入触头的数量，即有 4 个按钮、9 个行程开关、两个压力继电器触头、3 个热继电器常闭触头，两个调整开关，共有 21 个输入信号，也即需要占用 21 个 PLC 输入点。在实际应用中，为节省点数，可适当改变输入信号的接线，如将 SQ7 与 KP1 串联后作为一个输入信号，可减少一个输入点。据此可得到 PLC 输入点的分配及接线图，在图 7-4 中已将输入点由 21 个减至 13 个。PLC 输出控制对象主要是控制电路中的执行部件，该机床的执行部件有接触器 KM1、KM2、KM3 和电磁阀 YV1、YV2、YV3、YV4。根据它们的工作电压，可画出 PLC 输出端口的接线图，如图 7-4 所示。

由于接触器与电磁阀线圈的电压不同，需要占用 PLC 的两组输出通道，要选择的 PLC 还必须是交直流两用的继电器输出型。这里，选择 S7-200 系列 CPU224 型 AC \ DC \ 继电器型 PLC 作为该机床的控制器。在继电器-接触器控制线路中的中间继电器 KA、KA1、KA2、

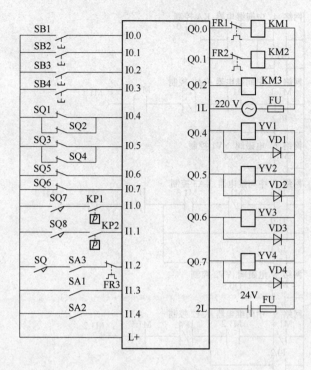

图 7-4　PLC 接线图

KA3、KA4 转换到 PLC 控制后，可分别用 PLC 辅助继电器 M1.0、M1.1、M1.2、M1.3、M1.4 替代。可见，如果在继电器–接触器控制电路中，中间继电器使用得越多，采用 PLC 替代后的优越性越明显。

2. PLC 控制程序设计

根据继电器控制电路的逻辑关系，按照一一对应的方式画出图 7-5 所示的 PLC 控制梯形图，即按其电路组成形式进行逐条转换，再按梯形图编程规则进行规范化和简化。为了简化 PLC 的梯形图，用一个辅助继电器 M1.5 代替继电器控制电路中的公共电路。

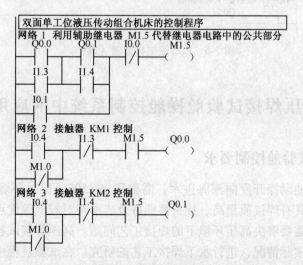

图 7-5　PLC 控制梯形图

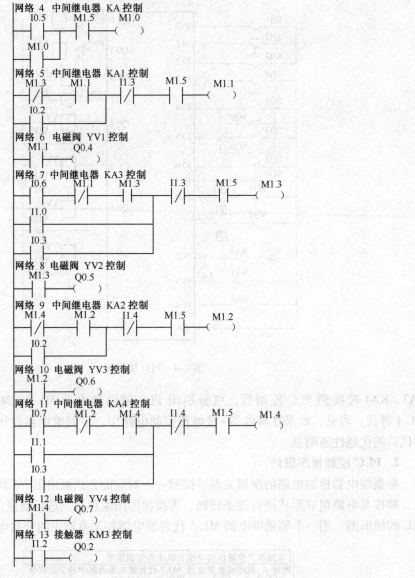

图 7-5　PLC 控制梯形图（续）

7.2　PLC 在高压焊接试验舱操舱控制系统中的应用

7.2.1　高压焊接试验舱控制要求

随着国家海洋石油勘探开发向深海进军，需要研发 1500m 深水环境中进行石油管线维护的技术。干式焊接具有焊接质量高、接头性能好及成本相对较低等优点，但在深水环境下应用干式焊接技术还需要解决高压环境下的焊接工艺问题。高压焊接试验舱能够模拟高压环境下干式水下焊接的实际情况，进行水下焊接工艺的研究。在试验过程中需要经常将舱门打开和关闭，将焊接试件放入舱内，试验后还要拿出来观察和检测焊接试验的效果，因此高压焊接试验舱采用快开门结构来适应频繁开关舱门的要求。为了保证舱门可靠的开启和关闭，需要采用自动控制系统来完成。图 7-6 为试验舱结构示意图，试验舱是能够承受 15MPa 压力的高压容器，采用快开结构。舱门端盖固定，筒体置于输送小车上，可沿轨道直线往复运动，端盖采用剖分环快开装置。试验过程主要包括关舱、抽真空、充气到所需压力、调节试验舱内的压力、排气、开舱等环节。由于试验舱为压力达 15MPa 的高压设备，存在较大的危险性，因此测控系统应能在较远距离上可靠地完成对试验舱的操舱控制和试验过程参数的监控。测控系统采用上下位机结构设计，上位计算

筒体

舱盖

图 7-6　试验舱结构示意图

机的监控系统采用 MCGS 组态软件设计，对压力、温度、湿度、焊接电压、焊接电流等试验参数进行显示、记录和处理，并监视试验过程；下位机采用 PLC，以 PLC 为核心的控制系统能完成对试验舱的操舱控制和试验数据的采集。操舱控制过程要求对高压焊接试验舱快开舱门的开启和闭合进行安全可靠的控制，通过控制液压缸驱动筒体输送小车直线往复运动来实现开舱和关舱，通过控制液压缸驱动剖分环滑块直线往复运动来实现舱门的锁紧和解锁。采用 PLC 的 A/D 模块能够可靠地采集压力变送器、真空压力变送器、温湿度变送器、电流变送器、电压变送器等的信号。

　　PLC 对试验舱的控制可以分为液压控制和气压控制两方面。液压控制部分主要是控制试验舱的开关舱，由一个长行程液压缸驱动筒体输送小车的直线往复运动，由四个短行程液压缸驱动剖分环滑块在舱盖内的直线往复运动。气压控制部分主要是在试验舱关闭后，控制试验舱内的充气，排气和压力平衡。这部分控制需要将压力变送器及真空压力变送器采集到的当前压力值送入 PLC，然后 PLC 根据舱内当前压力值的大小来控制气路的电磁开关阀、电动调节阀、真空泵等执行器的动作。

　　控制过程包括试验舱筒体输送小车在开关舱时的直线移动、剖分环滑块伸出和缩回的直线移动。该系统共采用五个双作用活塞液压缸来完成上述动作，包括一个筒体输送小车液压缸和四个剖分环液压缸。出于安全考虑，液压系统必须设置合理的油路，液压缸的动作与行程开关和舱内气体压力有密切关系，试验舱操舱过程需要严格按照动作顺序执行。整个试验舱工作过程如下：

　　1）当完成焊接设备的安装后，检查舱门前无阻碍物后关闭舱门，剖分环在初始位时其回位行程开关发出回位状态信号，之后筒体输送小车液压缸伸出，推动筒体输送小车运动到舱体封闭位，筒体到位行程开关发出到位状态信号。

　　2）高压舱内气体压力未降到常压或剖分环滑块未回到初始位时，即使在发生停电、液压泵停转时筒体输送小车液压缸也不能缩回。

　　3）剖分环液压缸在筒体与舱门端盖闭合到位后伸出，同时推动四个剖分环滑块伸出到工作位置，由剖分环行程开关发出到位状态信号。

　　4）当五个液压缸都到位后由自锁油路保持其状态，且液压泵停止运转，保证液压缸不会自行动作。之后打开真空泵前电磁阀，起动真空泵对高压舱抽真空。

　　5）高压舱内达到要求的真空度后，关闭真空泵，开启进气阀，进气电动调节阀开度全

开，向舱内供气，关闭真空泵前电磁阀。高压舱内达到工作压力时调小进气调节阀开度，保持很小的进气量以维持舱内压力。

6）在焊接试验过程中，通过控制进气调节阀的开度，使高压舱内气体始终维持在要求的范围内。

7）当需要打开舱门时，试验舱首先进行排气操作，直到舱内外气压相等时，方可进行开舱操作。

8）按下开舱按钮，剖分环液压缸缩回，滑块回到初始位，剖分环行程开关发出回位状态信号。

9）筒体输送小车液压缸缩回，筒体向开启方向移动，开启舱门，筒体回到初始位时筒体行程开关发出回位状态信号。

7.2.2　PLC 控制系统硬件选型

PLC 控制系统选用西门子 S7-200 CPU224 作为控制核心，完成液压操舱系统的控制和试验数据的采集。控制系统需要 29 个数字量输入点（用于按钮、行程开关信号的输入），19 个数字量输出点（用于控制液压、气压等执行器件接触器的开闭），6 路模拟量输入信号和 1 路模拟量输出信号，因此除了主模块外，还需要扩展 1 个 EM223 数字量模块和两个 EM235 模拟量模块。数字量 I/O 接口主要完成对试验舱的操舱控制，I/O 接口分配见表 7-2；模拟量接口主要完成对试验数据的采集，I/O 接口分配见表 7-3。模拟量输入采用 4～20mA 标准电流方式传送，可传送的距离较电压方式距离远，精度高。各变送器测量实际值存放地址见表 7-4。

表 7-2　PLC 控制系统数字量 I/O 接口分配表

类型	I/O 点	设　备	I/O 点	设　备	I/O 点	设　备
输入	I0.0	控制台急停 SB1	I1.2	试验舱充气 SB11	I2.6	剖分环到位行程开关 K5
	I0.1	手动/自动切换 SB2	I1.3	试验舱停气 SB12	I2.7	剖分环到位行程开关 K6
	I0.2	筒体液压缸伸出 SB3	I1.4	试验舱排气开 SB13	I3.0	剖分环回位行程开关 K7
	I0.3	筒体液压缸缩回 SB4	I1.5	试验舱排气关 SB14	I3.1	剖分环回位行程开关 K8
	I0.4	剖分环液压缸伸出 SB5	I2.0	环境气箱阀门开 SB15	I3.2	剖分环回位行程开关 K9
	I0.5	剖分环液压缸缩回 SB6	I2.1	环境气箱阀门关 SB16	I3.3	剖分环回位行程开关 K10
	I0.6	真空泵前阀门开 SB7	I2.2	筒体到位行程开关 K1	I3.4	自动开舱按钮 SB21
	I0.7	真空泵前阀门关 SB8	I2.3	筒体回位行程开关 K2	I3.5	自动关舱按钮 SB22
	I1.0	真空泵开 SB9	I2.4	剖分环到位行程开关 K3	I3.6	数据采集按钮 SB23
	I1.1	真空泵关 SB10	I2.5	剖分环到位行程开关 K4	—	
输出	Q0.0	液压泵	Q0.7	真空泵	Q2.4	剖分环回位指示灯 L4
	Q0.1	筒体换向阀关舱方向	Q1.0	试验舱充气阀门	Q2.5	试验舱常压指示灯 L5
	Q0.2	筒体换向阀开舱方向	Q1.1	试验舱排气阀门	Q2.6	试验舱真空指示灯 L6
	Q0.3	—	Q2.0	环境气箱阀门	Q2.7	压力上限指示灯 L7
	Q0.4	剖分环换向阀合盖方向	Q2.1	筒体到位指示灯 L1	Q3.0	压力下限指示灯 L8
	Q0.5	剖分环换向阀开盖方向	Q2.2	筒体回位指示灯 L2	Q3.1	数据采集状态指示灯 L9
	Q0.6	真空泵前阀门	Q2.3	剖分环到位指示灯 L3	—	

表 7-3　PLC 控制系统模拟量 I/O 接口地址分配表

类型	I/O 地址	设备	I/O 地址	设备	I/O 地址	设备
输入	AIW0	压力变送器	AIW4	温湿度变送器/温度	AIW8	电压变送器
	AIW2	真空压力变送器	AIW6	温湿度变送器/湿度	AIW10	电流变送器
输出	AQW0	电动调节阀	—		—	

表 7-4　各变送器测量实际值存放地址

物理量	压力	真空压力	温度	湿度	焊接电压	焊接电流
地址	VD100	VD104	VD108	VD112	VD116	VD120

　　根据 PLC 控制系统的设计要求，PLC 对试验舱的控制可以分为液压控制和气压控制两方面。试验舱的开启和闭合采用液压系统控制，如图 7-7 所示，液压系统工作过程如下：

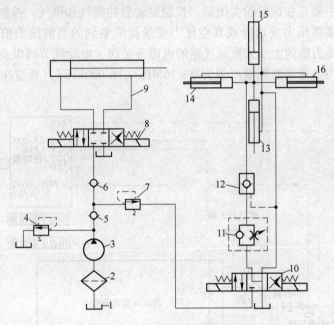

图 7-7　液压操舱系统原理图

1—油箱　2—滤油器　3—液压泵　4—溢流阀　5、6—单向阀　7—顺序阀　8、10—三位四通阀
9—筒体输送小车液压缸　11—单向节流阀　12—液控单向阀　13~16—剖分环液压缸

　　1）关舱时，按下筒体输送小车液压缸伸出按钮 SB3，液压泵 3 起动，三位四通阀 8 左侧线圈得电，左位油路接通。筒体输送小车液压缸 9 伸出，推动筒体小车运动到筒体封闭位，筒体到位行程开关 K1 发出到达工作位置信号。三位四通阀 8 的左侧线圈断电，阀芯回到中位，油路被切断。

　　2）筒体封闭到位后，按下剖分环液压缸伸出按钮 SB5，三位四通阀 10 的左侧线圈得电，左位油路接通，四个剖分环滑块液压缸 13~16 同时伸出，推动滑块移动到工作位置，由剖分环到位行程开关 K3~K6 发出到达工作位置信号。三位四通阀 10 左侧线圈断电，阀芯回到中位切断油路，同时液压泵 3 停转，保证液压缸不会自行动作。

　　3）当高压舱内充有高压气体时，为防止剖分环滑块液压缸意外回位造成危险，使用液控单向阀 12 构成液压锁回路。

4）当需要打开舱门时，按下试验舱排气按钮 SB14，排出舱内气体，使舱内气压降到常压，然后按下按钮 SB15 关闭高压舱排气阀门。

5）开舱时，按下剖分环液压缸缩回按钮 SB6，液压泵开启，三位四通阀 10 的右侧线圈得电，接通右位油路，四个剖分环滑块液压缸 13～16 同时缩回。剖分环滑块回到初始位后，剖分环回位行程开关 K7～K10 发出回到初始位置信号，三位四通阀 10 的右侧线圈断电，阀芯回到中位切断油路。

6）按下筒体输送小车液压缸缩回按钮 SB4，三位四通阀 8 的右侧线圈得电，筒体输送小车液压缸 9 缩回，拉动筒体小车开启筒体。筒体回到初始位置时，筒体回位行程开关 K2 发出回到初始位置信号。三位四通阀 8 的右侧线圈断电，阀芯回到中位切断油路，同时液压泵 3 停转。

气压控制部分主要是在试验舱关闭后，控制试验舱的充气和排气，控制原理如图 7-8 所示。这部分控制需要将压力变送器或真空压力变送器采集到的当前压力值送入 PLC，然后 PLC 根据舱内当前压力值的大小来控制气路的电磁开关阀、电动调节阀以及真空泵等执行器的动作。试验舱压力变送器的测量范围为 0～16MPa（16 000kPa），真空压力变送器的测量范围为 0～100kPa。

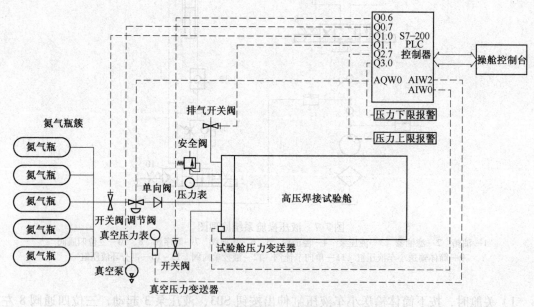

图 7-8　试验舱压力控制原理图

注：图中实线表示管路线，虚线表示电路线。

7.2.3　PLC 控制系统程序设计

1. 程序结构

试验舱 PLC 控制程序由主程序和实现不同功能的子程序构成。主程序的功能是调用公共子程序并且根据手动/自动切换旋钮的当前状态调用试验舱的手动控制子程序或自动控制子程序。公用子程序用于系统初始化和运行中系统各器件状态判断；自动、手动子程序分别设定了系统自动运行的逻辑步骤和手动控制执行的动作。这三个子程序会调用其他用于数据处理等方面的子程序。主程序梯形图如图 7-9 所示。

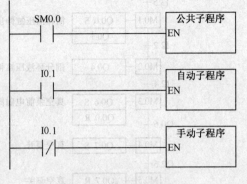

图 7-9　主程序梯形图

公共子程序主要的作用是：在 PLC 每次通电后的第一次运行时进行初始化；对筒体及剖分环滑块位置进行判断；定义常压及真空状态；将输入的数字量状态和模拟量数据存入特定的寄存器，以备其他控制程序的调用。

为了满足系统调试或其他需要手动操作的情况的需要，需要设计试验舱的手动控制子程序，可以用切换手动/自动旋钮选择手动方式。该子程序可以实现控制单个执行器件如电磁阀、换向阀、电动机等的动作，并且根据试验舱的动作流程对这些动作的执行进行限定，只有满足一定的状态条件，相应的执行器件才会执行动作，这样就保证了试验舱控制系统运行的安全性和稳定性。

试验舱自动控制子程序能够根据操作要求自动完成试验舱的关闭、开启和数据采集等动作，该子程序中还需要调用试验舱自动控制压力保持子程序、模拟量标准化子程序、将试验数据转换成实际量的子程序、调节阀 DA 输出转换子程序等。

2. 试验舱自动控制子程序

图 7-10 为试验舱自动控制顺序控制功能图，从顺序控制功能图可以看出，控制过程可以分为试验舱关舱、试验舱开舱、数据采集三个部分。按照顺序控制功能图，采用以转换为中心的方法编写 PLC 控制程序时通常先编写步与转换过程，然后再编写每个步的动作。

（1）步与转换过程程序的编写　图 7-11、图 7-12、图 7-13 分别为试验舱关舱、试验舱开舱、数据采集三个部分的步与转换过程梯形图。在试验舱关舱过程中需要完成舱门关闭、舱内抽真空、试验舱充气三个环节。舱门闭合过程分为两步，分别为筒体输送小车向关舱方向运动到工作位置；筒体到位后，剖分环滑块伸出进入筒体凹槽到工作位置。舱内抽真空分为三步：真空泵前电磁阀打开；真空泵打开；在达到要求的真空度后关闭真空泵。试验舱充气分为三步：充气阀开，调节阀开度调为最大；真空泵前电磁阀关；达到设定压力后调节阀开度减小。

试验舱关舱后，可以选择进行焊接试验或者对关闭的试验舱进行开舱操作。这样，在 M1.0 这一步之后会有一个选择分支，通过数据采集按钮（在进行焊接试验时按下）和自动开舱按钮选择下一步为进行数据采集的 M1.1 步还是进行开舱操作的 M4.0 步。

在试验舱开舱过程中需要完成舱内保护气体排出和舱门开启两个过程，舱内保护气体排出分为三步：舱内高压保护气体排出；在舱内气压下降到 105kPa 后打开真空泵前电磁阀，真空压力变送器（绝对压力，量程 0~100kPa）工作；当真空压力变送器测得舱内压力值为常压时，关闭试验舱排气阀与真空泵前电磁阀。舱门开启过程分为两步，分别为筒体输送小车向开舱方向运动回到初始位置；筒体回初始位置后，剖分环滑块从筒体凹槽缩回初始位。

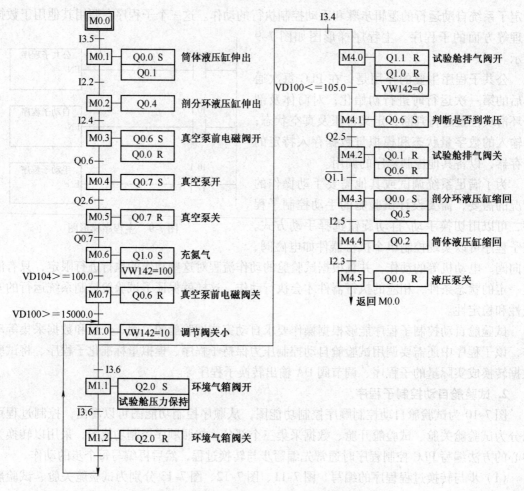

图 7-10 试验舱自动控制子程序顺序控制功能图

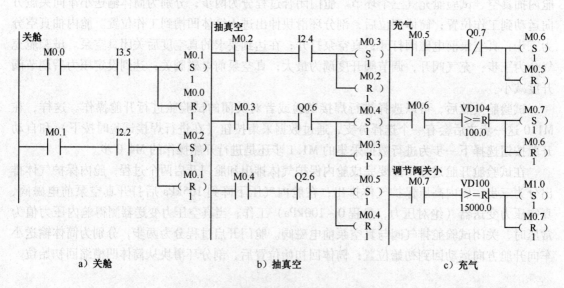

图 7-11 试验舱关舱过程步与转换梯形图

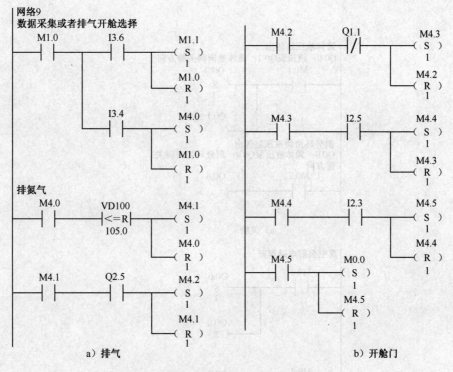

a) 排气 b) 开舱门

图 7-12 试验舱开舱过程步与转换梯形图

若将数据采集按钮按下, 即开始进行舱内试验数据采集及舱内压力保持动作。数据采集及压力保持分为三步: 数据采集或开舱选择; 连接环境气箱的阀门开启, 同时试验舱进行舱内压力自动保持; 试验结束后将连接环境气箱的阀门关闭, 同时返回到 M1.0 步, 可以选择开舱。

(2) 动作程序的编写 图 7-14 ~ 图 7-16 分别为试验舱关舱、试验舱开舱、数据采集三个过程的梯形图。

3. 模拟量标准化子程序

在高压焊接试验过程中需要测量试验舱压力、真空度、焊接电流、焊接电压等数据, 各测量数据通过变送器转换为 4 ~ 20mA 的标准电流信号, PLC 的模拟模块再把这个电流信号转换为 6400 ~ 32000 的相应数字量, 测量值 M 与数字量 N 之间有如下关系:

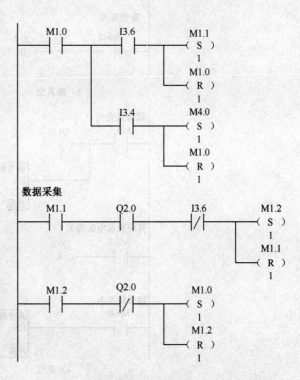

图 7-13 试验舱数据采集过程步与转换梯形图

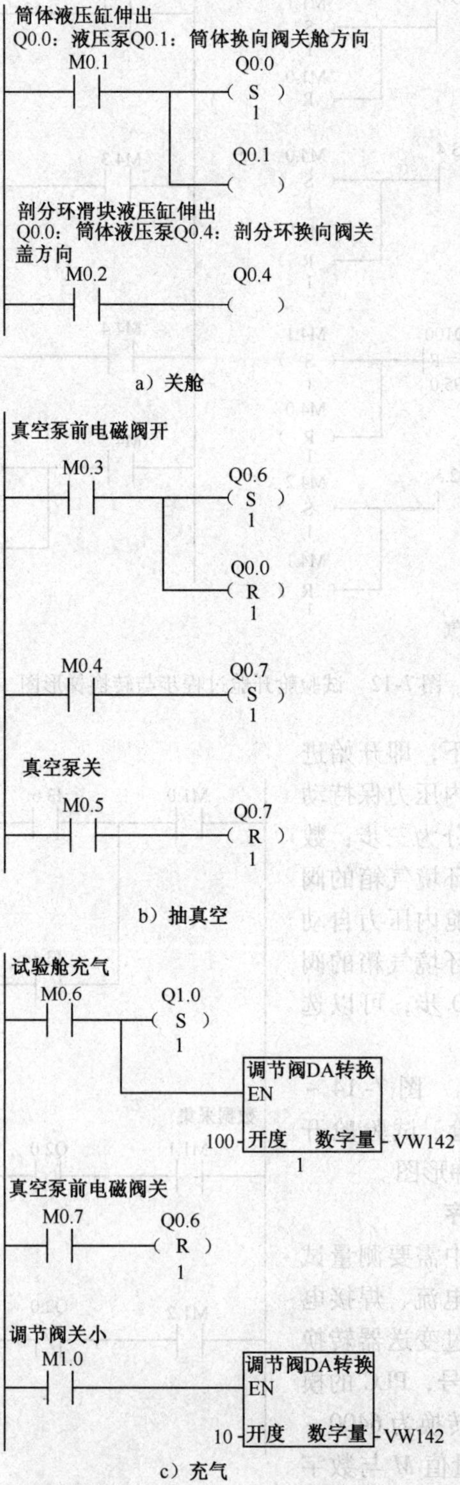

筒体液压缸伸出
Q0.0：液压泵Q0.1：筒体换向阀关舱方向

```
      M0.1              Q0.0
 ─────┤ ├──────┬──────( S )
                      1

                       Q0.1
               └──────(   )
```

剖分环滑块液压缸伸出
Q0.0：筒体液压泵Q0.4：剖分环换向阀关盖方向

```
      M0.2              Q0.4
 ─────┤ ├─────────────(   )
```

a）关舱

真空泵前电磁阀开

```
      M0.3              Q0.6
 ─────┤ ├──────┬──────( S )
                      1

                       Q0.0
               └──────( R )
                      1

      M0.4              Q0.7
 ─────┤ ├─────────────( S )
                      1
```

真空泵关

```
      M0.5              Q0.7
 ─────┤ ├─────────────( R )
                      1
```

b）抽真空

试验舱充气

```
      M0.6              Q1.0
 ─────┤ ├──────┬──────( S )
               │      1
               │
               │   ┌──────────────────┐
               │   │  调节阀DA转换      │
               └───┤EN                 │
                   │                   │
               100─┤开度      数字量├─ VW142
                   │           1      │
                   └──────────────────┘
```

真空泵前电磁阀关

```
      M0.7              Q0.6
 ─────┤ ├─────────────( R )
                      1
```

调节阀关小

```
      M1.0       ┌──────────────────┐
 ─────┤ ├────────┤  调节阀DA转换      │
                 │EN                 │
                 │                   │
              10─┤开度      数字量├─ VW142
                 │           1      │
                 └──────────────────┘
```

c）充气

图 7-14　试验舱关舱过程梯形图

准化子程序",在编写工程中，在此"调器度量值"中的 D0~2 中将最低四位，为 7 个无压缩器度量值，设定将 LV0，参照调量直 LD0，参不量参反数字量力值 OUT，参各 D4 上次低量 RTAL，将不不同时会气缩制压直出阀以排图面直。

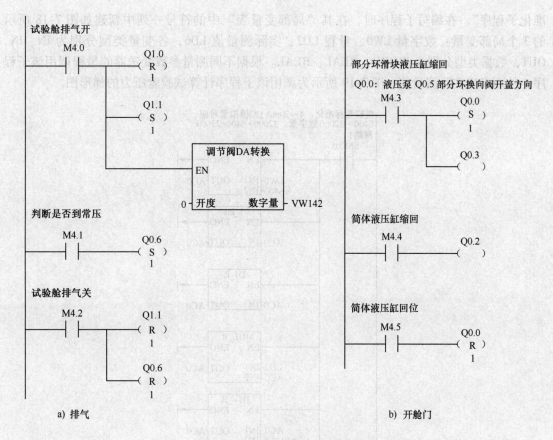

a) 排气　　　　　　　　　　　　b) 开舱门

图 7-15　试验舱开舱过程梯形图

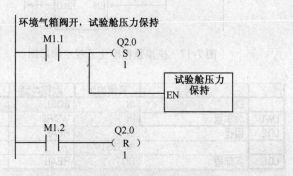

图 7-16　试验舱数据采集过程梯形图

$$M = \frac{L}{32000 - 6400} \cdot (N - 6400) \tag{7-1}$$

式中　M——待求的变送器测得的数据的实际值；

N——模拟量模块转换完得到的数字量；

L——变送器的量程。比如试验舱中采用的压力变送器，其测量范围为 0 ~ 16000kPa（表压），则 $L = 16000 - 0 = 16000$。

根据上式的转换关系可以编写如图 7-17 所示的模拟量转换为数据实际值的"模拟量标

准化子程序"。在编写子程序时，在其"局部变量表"中的符号一列中新建如图 7-18 所示的 3 个局部变量：数字量 LW0、量程 LD2、实际测量值 LD6，各变量类型分别为 IN、IN、OUT，数据类型分别为 WORD、REAL、REAL。根据不同测量参数变送器的量程调用该子程序，从而求出实际测量值，图 7-19 所示为调用该子程序计算试验舱压力的梯形图。

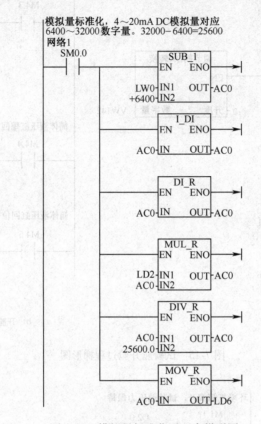

图 7-17　模拟量标准化子程序梯形图

	符号	变量类型	数据类型	
	EN	IN	BOOL	
LW0	数字量	IN	WORD	
LD2	量程	IN	REAL	
		IN_OUT		
LD6	实际量	OUT	REAL	

图 7-18　子程序局部变量表的填写

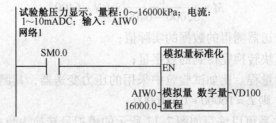

图 7-19　调用标准化子程序计算试验舱压力

4. 调节阀 D/A 转换子程序

对电动调节阀开度的控制与上述试验参数测量的过程相反，通过 PLC 的数/模转换功能将开度范围 0～100% 输出为 DC4～20mA 电流模拟量，来控制开度大小，在寄存器 AQW0 中存放与开度大小对应的数字量，范围为 0～32000，其中 6400～32000 数字量对应 DC4～20mA 模拟量。由式（7-1）及调节阀的调控范围 0～100，可以得出 $L = 100$，所以对给定开度 M，有对应的数字量 N：

$$N = 256 \cdot M + 6400 \tag{7-2}$$

由式（7-2）可以方便地得出调节阀 D/A 转换的程序。子程序局部变量表的填写如图 7-20 所示。其梯形图如图 7-21a 所示，需要开度为 10% 的子程序调用如图 7-21b 所示。

	符号	变量类型	数据类型	注释
	EN	IN	BOOL	
LW0	开度	IN	WORD	
		IN_OUT		
LW2	数字里	OUT	WORD	
		TEMP		

图 7-20　D/A 转换子程序局部变量表的填写

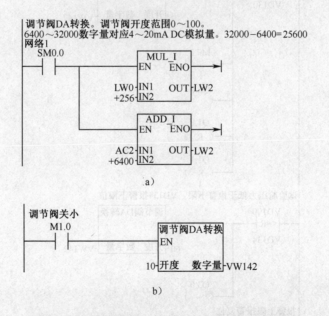

图 7-21　调用调节阀 D/A 转换子程序及调用梯形图

5. 试验舱压力保持子程序

当焊接试验开始时，试验舱内的气压应保持在设定压力附近的一个很小的范围内，以保证试验数据的有效性，图 7-22 所示为试验舱压力保持子程序，其主要功能是：

1）当舱内压力高于设定的上限值低于上限报警值时，调小电动调节阀开度。

2）当舱内压力低于设定的下限值高于下限报警值时，调大电动调节阀开度。

3）当舱内压力高于上限报警值时，系统报警，关闭试验舱进气阀门并将电动调节阀开度调至最小，同时开启试验舱排气阀门。

4）当舱内压力低于下限报警值时，系统报警，将电动调节阀开度调大。

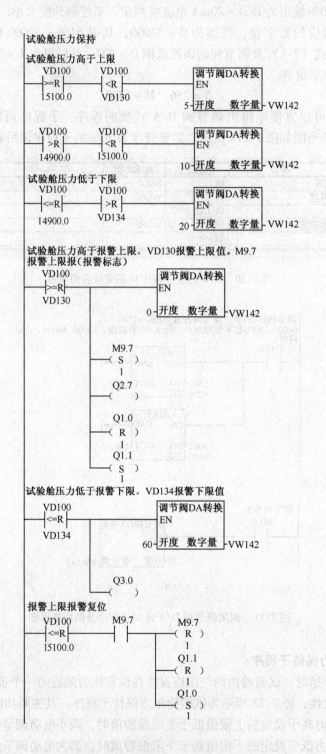

图7-22　试验舱压力保持子程序

7.3　PLC 在位置控制中的应用

7.3.1　控制类型

　　PLC 在位置控制中多使用脉冲量。PLC 有输入、输出脉冲量的接口、模块和处理脉冲量指令。脉冲量定义为其取值总是不断地在 0（低电平）和 1（高电平）之间交替变化着的逻辑量。每秒钟脉冲量交替变化的次数称频率。PLC 处理脉冲量的频率低的为几百、几千赫，高的为几十、几百千赫。

　　用脉冲量实现控制的优点是：

　　1）系统的工作精度高，且精度可以控制。降低脉冲当量，即可提高控制精度。随着技术进步，脉冲当量可做得非常之小。

　　2）节省资源，脉冲量实现控制用串行处理数值，而不是并行处理数值。用一个输入（单相时）或输出点（一个位），就可处理原来用一个通道（16 位）或字节（8 位）才能处理的问题。

　　3）信号传送的电平高，信号失真对其影响也较小，所以抗干扰能力很强。

　　PLC 处理输入、输出数据的类型有：脉冲量输入（PI）、开关量输入（DI）、模拟量输入（AI）、脉冲量输出（PO）、开关量输出（DO）及模拟量输出（AO）6 种。所以与此对应的与脉冲相关的控制大体有以下几种可能的组合：

　　1. 脉冲量输入（PI）＋开关量输出（DO）

　　这种控制输入的是脉冲量，而输出的是开关量，是用于 ON/OFF 输出的闭环控制。若脉冲频率不高，又是单相的，如每秒不到 100 次，用普通的输入点即可读入脉冲量。频率稍高的，又是单相的，可用定时或外中断的子程序读入脉冲量。若脉冲频率更高，或是双相的，则要用 PLC 的高速计数功能读入脉冲量。

　　在脉冲读入的同时，还要进行脉冲量的累计。如用了 PLC 的高速计数功能，在读入脉冲的同时，用高速计数功能累计，即计数。计数的加或减，则视脉冲输入情况而定。如未用 PLC 的高速计数功能，那可用计数器加一（INC）指令读脉冲，可读入和累计。计脉冲的同时还要不断地与设定值（给定值）进行比较。并根据比较结果产生相应的开关（ON/OFF）输出。一般的位置、运动行程控制，或模拟量的 ON/OFF 控制用的就是这个办法。在这种控制中，比较是关键，所以又称"比较控制"。

　　2. 脉冲量输入（PI）＋模拟量输出（AO）

　　这种控制输入的是脉冲量，而输出的是模拟量，这可用于闭环控制，也可是开环控制。

　　脉冲量输入同上，不过要计算频率。用频率的大小代表某物理量的大小。所以这个频率也可作为反馈量，或称被控量、调节量。模拟量输出是控制量。给定量与反馈量比较，并按一定算法（如 PID）处理后得到值，然后通过模拟量输出模块再加载给被控对象。因被控对象是脉冲量，又是闭环的，故也可称为脉冲量闭环控制。脉冲量输入、模拟量输出也可用于开环控制。如一个模拟量（PLC 对其控制）要跟踪一个脉冲量（用 PLC 高速计数功能去读该运动发出的脉冲）的变化就是开环控制，也就是比例控制。

3. 模拟量输入（AI）+脉冲量输出（PO）

这种控制输入的是模拟量，而输出的为脉冲量，可是闭环控制，也可是开环控制。模拟量可作为反馈量，或称被控量、调节量。控制量是脉冲量。给定量、反馈量按一定算法得出控制量。而得出控制量后，产生脉冲量输出有三种方法可供选择：

1）输出固定频率的脉冲，但脉冲数量可调，其值取决于控制量。

2）连续输出脉冲，但频率可调，其值取决于控制量。

3）连续输出固定频率的脉冲，但脉宽可调，其值取决于控制量。

选定后，作必要的设定，再选用相应的处理指令，即可达到目的。这种控制被控量是闭环的，又有脉冲量，故应算是脉冲量闭环控制的一种。模拟量输入、脉冲量输出也可用于开环控制。

4. 脉冲量输入（PI）+脉冲量输出（PO）

这种控制的输入、输出都是脉冲量。用它可实现闭环控制，也可实现开环控制。这种控制被控对象是脉冲量，故也可称为脉冲量闭环控制。

5. 开关量输入（DI）+脉冲量输出（PO）

这种控制输入的是开关量，而输出的是脉冲量，是开环控制。因为这里的开关量只是发送控制命令。命令发出后，即根据预定要求启动脉冲量输出程序，输出脉冲量，而输出的结果是不予反馈的。

脉冲量输出程序，有一个坐标（一个输出点）的，也有多个坐标（多个输出点）的。在多个坐标中，有坐标控制不相关的，也有相关的。后者要使两个坐标的运动协调，以达到按一定轨迹运动。发出脉冲的方法有：

1）通过普通的半导体输出的输出点（频率不高时），用基本指令控制。

2）通过指定的输出点（也是半导体输出），用脉冲输出指令（小型机多有这个指令）控制。

3）通过位置或运动控制单元的输出点，用该单元的相关命令控制等。

7.3.2　控制目的

位置控制用来控制对象的位置移动，也称定位控制。如立体仓库的操作机取货、送货，首先就要定位，要移动到指定的目标位置，才能进行相关操作。位置控制可以用闭环控制，也可用开环控制。

闭环控制总是要得知脉冲量的变化，并依此确定进一步该怎么控制。比如采用脉冲量输入（PI）+开关量输出（DO）或模拟量输出（AO）方式，脉冲量输入是读入脉冲，读入后与设定值（控制要求）比较，再根据比较结果确定相应的开关量输出（DO）或模拟量输出（AO），进而实现位置控制。

开环控制不管脉冲量怎么变化，总是按原定的目标进行控制。比如开关量输入（DI）或模拟量输入（AI）+脉冲量输出（PO），也可按设定的程序（预定要求）输出脉冲。不管哪一种，它都要用到PLC的脉冲输出功能，按要求输出脉冲，以实现位置控制。

中、大型机使用位置控制或运动控制单元。这些单元都有自己的CPU、内存及输出、输入点。通过与PLC的CPU交换数据，或预先设定，可确定用哪个输出点发送脉冲，送多少脉冲，以及脉冲的频率多大等。确定之后，无须PLC的CPU干预，可自行工作。所以这类 PLC 就没有自身的脉冲输出口，也没有脉冲输出指令。

有的小型机也有位置控制单元，其特点与中、大型机相同。但小型机即使不配置位置控制单元，仍有输出脉冲的资源。

1. 用内置脉冲输出点输出脉冲

小型机多内置有脉冲输出口，一般有两个输出点（如 S7-200 为 Q0.0 及 Q0.1），并具有脉冲输出指令。使用这些指令，可按要求产生脉冲输出。一旦这些点指定用于脉冲输出，将不能再用作正常输出。由于脉冲输出频率都较高，所以应选用半导体输出的 PLC，否则将影响 PLC 的工作速度与寿命。

脉冲输出有两种格式：①脉冲串格式，如图 7-23 所示，连续地输出若干个规定频率的 ON、OFF 等宽的脉冲。②调制脉冲格式，如图 7-24 所示，连续输出规定周期的 ON 的宽度变化的脉冲。前者多用于运动控制，而后者多用于模拟量控制。

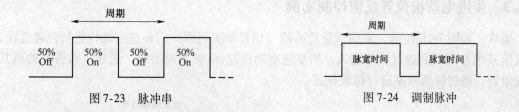

图 7-23　脉冲串　　　　　　　　　　　　　　图 7-24　调制脉冲

2. 用脉冲输出单元、模块或内插板输出脉冲

脉冲输出也可用位置、运动控制模块。特别是中、大型机，一般没有内置脉冲输出点，也没有相关指令。这些单元模块可输出脉冲串，有的还可输出脉宽可调制的脉冲。由于 PLC 的进步，这些单元模块也还在与日俱增。

（1）闭环控制　脉冲量闭环控制与模拟量闭环控制基本上是相同的。不同的只是它的输入或输出有一个是脉冲量或输入、输出都是脉冲量。为此，它的程序应在输入、输出的环节上作适当处理。以下分脉冲量输入模拟量输出、模拟量输入脉冲量输出及脉冲量输入脉冲量输出三种情况进行讨论。

1）脉冲量输入模拟量输出。脉冲量输入模拟量输出的闭环控制，可以是 PID 控制，也可是其他控制。以下以直流电动机转速控制为例解释怎样使用 PID 进行闭环控制。系统的原理框图如图 7-25 所示。

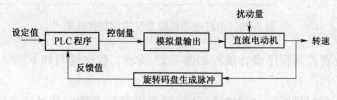

图 7-25　PI/AO 闭环控制原理框图

从图 7-25 可知，闭环控制的过程是读入旋转码盘生产的脉冲信号，并将其转换为频率信号，以用作转速反馈值。而有了这个反馈值，加上给定值，再采用某个控制算法计算，即可得出控制量。如果控制算法合适，选用的控制参数得当，则可有效地实现系统闭环控制。

2）模拟量输入脉冲量输出。这种闭环控制反馈输入的是模拟量，而控制输出是脉冲量。脉冲量可以是不同的输出脉冲数、不同的脉冲频率或不同的脉宽。

3）脉冲量输入脉冲量输出。这种闭环控制反馈输入的是脉冲量，而控制输出也是脉冲量。脉冲量可以是不同的输出脉冲数、不同的脉冲频率或不同的脉宽。

（2）开环控制　开环控制有两种：一种是程序控制，另一种是比例控制。

1）程序控制是指一旦控制命令启动，将按预定程序进行控制，使运动部件按要求的速度、加速度或轨迹运动，直到控制任务完成。

2）比例控制是指使一个脉冲输出（控制量）跟踪另一个输入量变化，也称随动控制或同步运动。

开环控制最大的优点是简单，响应速度快，没有系统不稳定的问题。开环控制用于定位与运动控制，有单轴的、双轴的和多轴的。小型机多用于单轴或双轴控制。

7.3.3　步进电动机位置反馈控制实例

要求：如图 7-26 所示，采用增量传感器（增量轴编码器）对步进电动机进行位置监视，将该信号作为 PLC 高速计数器输入，当步进电动机起-停频率超出时，通过步数丢失检测其位置错误，通过降低频率进行位置校正。

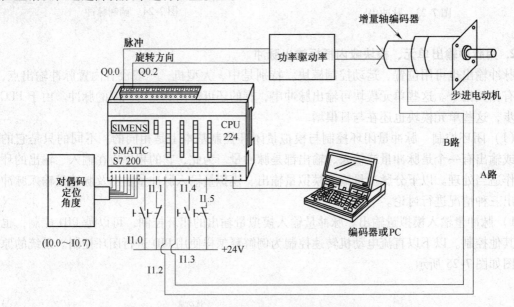

图 7-26　步进电动机位置反馈控制接线图

步进电动机位置控制程序设计流程如图 7-27 所示，程序说明如下：

1. 初始化

在程序的第一个扫描周期（SM0.1 = 1）设置重要的参数。此外，高速计数器 HSC2 由外部复位并初始化为 A/B 计数器。HSC2 对检测定位的增量轴编码器信号计数。传感器的 A 路和 B 路信号分别作为 CPU 输入端 I1.2 和 I1.3 的输入。

由增量传感器进行定位监视，在输出脉冲结束之后，等待 T1 时间，以便使连接电动机和传感器的轴连接器的扭转振动消失。

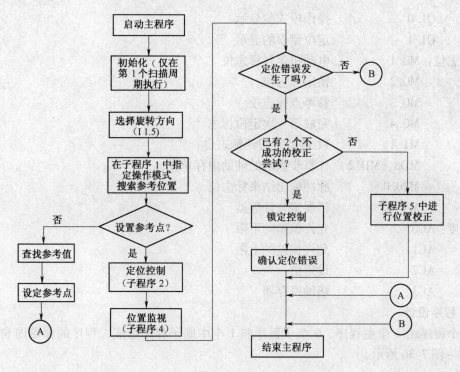

图 7-27　步进电动机位置控制流程图

2. 实际值和设定值的比较

T1 到设定时间后，子程序 4 对实际值和设定值进行比较。如果轴的位置在设定位置的 ±2 步范围内，定位就是正确的。如果实际位置在此目标范围之外，当超过起停频率时，那就会造成电动机失步，此时，Q1.1 就会输出一个警告信号。

3. 位置的校正

若定位错误被检测出来，则启动第二等待定时器 T2。此后，根据设定值和实际值之间的差值计算出校正的步数。当校正时，电动机频率低于起停频率，以防新的步数丢失。

4. 校正取消

如果在两次校正尝试之后还不能达到设定位置，为安全起见，控制将被锁定（M0.2 = 1）。只有按下确认按钮 I1.4 之后，控制才被打开，然后，进行另一个参考点的检测。

5. 存储单元信号

输入：I0.0 ~ I0.7　　　以度为单位的定位角（对偶码）

　　　　I1.0　　　　　　电动机起动按钮 "START"

　　　　I1.1　　　　　　电动机停止按钮 "STOP"

　　　　I1.2　　　　　　传感器信号，A 路

　　　　I1.3　　　　　　传感器信号，B 路

　　　　I1.4　　　　　　"设置/取消参考点" 按钮（确认开关）

　　　　I1.5　　　　　　选择旋转方向的开关

输出：Q0.0　　　　　　脉冲输出

　　　　Q0.2　　　　　　旋转方向信号

　　Q1.0　　　　　　　操作模式的显示

　　Q1.1　　　　　　　定位错误的显示

标志位：M0.1　　　　　电动机运转标志位

　　　　M0.2　　　　　锁定标志位

　　　　M0.3　　　　　参考点标志位

　　　　M0.4　　　　　完成第一次定位标志

　　　　M1.1　　　　　T1 等待时间到标志位

　　　　MD8，MD12　　计算步数时的辅助内存单元

　　　　M20.0　　　　　脉冲输出结束标志位

　　　　MW 25　　　　　错误定位计数器

精度：AC0　　　　　　允许偏差的下限

　　　AC1　　　　　　允许偏差的上限

　　　AC2　　　　　　设定值

　　　AC3　　　　　　辅助寄存器

6. 程序设计

　　整个程序由 1 个主程序、6 个子程序和 1 个中断子程序组成，程序的梯形图和说明如图 7-28 ~ 图 7-36 所示。

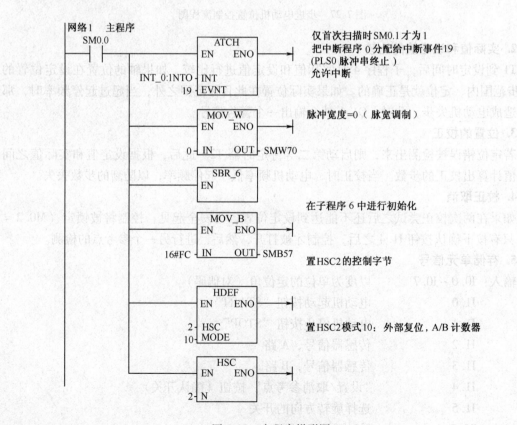

图 7-28　主程序梯形图

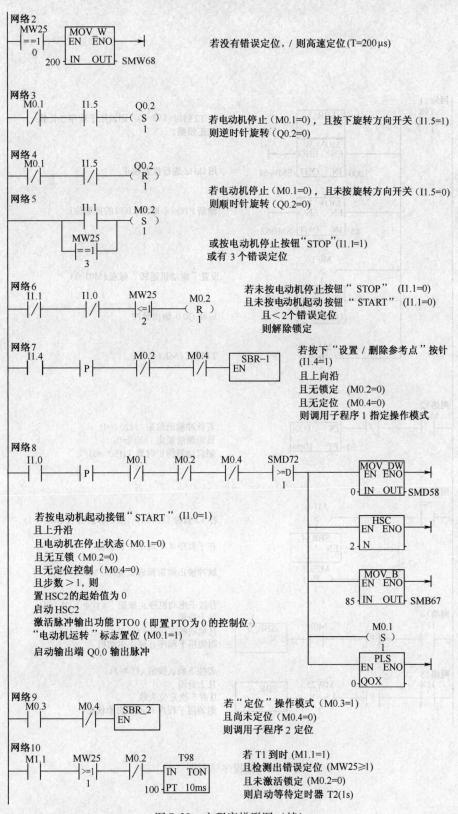

图 7-28　主程序梯形图（续）

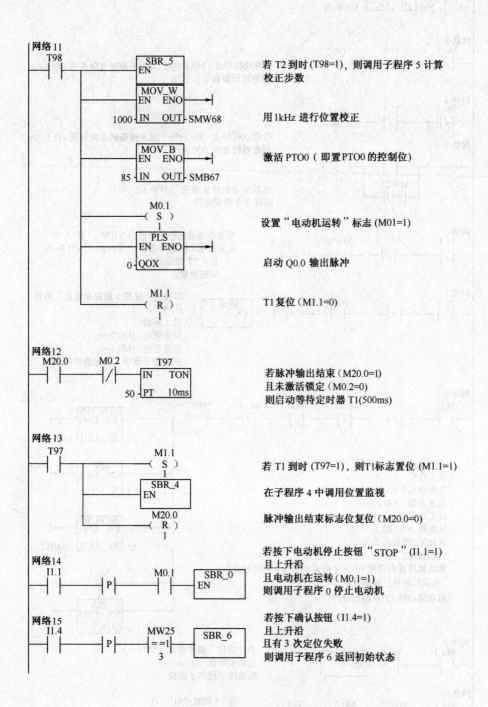

网络11
若 T2 到时 (T98=1)，则调用子程序 5 计算校正步数

用 1kHz 进行位置校正

激活 PTO0（即置 PTO0 的控制位）

设置"电动机运转"标志 (M01=1)

启动 Q0.0 输出脉冲

T1 复位 (M1.1=0)

网络12
若脉冲输出结束（M20.0=1）
且未激活锁定（M0.2=0）
则启动等待定时器 T1(500ms)

网络13
若 T1 到时 (T97=1)，则 T1 标志置位 (M1.1=1)

在子程序 4 中调用位置监视

脉冲输出结束标志位复位（M20.0=0）

网络14
若按下电动机停止按钮"STOP"(I1.1=1)
且上升沿
且电动机在运转（M0.1=1）
则调用子程序 0 停止电动机

网络15
若按下确认按钮 (I1.4=1)
且上升沿
且有 3 次定位失败
则调用子程序 6 返回初始状态

图 7-28　主程序梯形图（续）

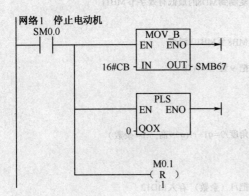

网络 1　停止电动机

SM0.0　　　　　　　　　　　　　　　　　　　SM0.0 总是 1

MOV_B
EN　ENO

16#CB　IN　OUT　SMB67　　　　　　激活脉冲宽度调制（即置 PT00 的控制位）

PLS
EN　ENO

0　QOX　　　　　　　　　　　　　　Q0.0 停止输出脉冲

M0.1
(R)
1　　　　　　　　　　　　　　　　　对"电动机运转"标志复位（M0.1=0）

图 7-29　子程序 0

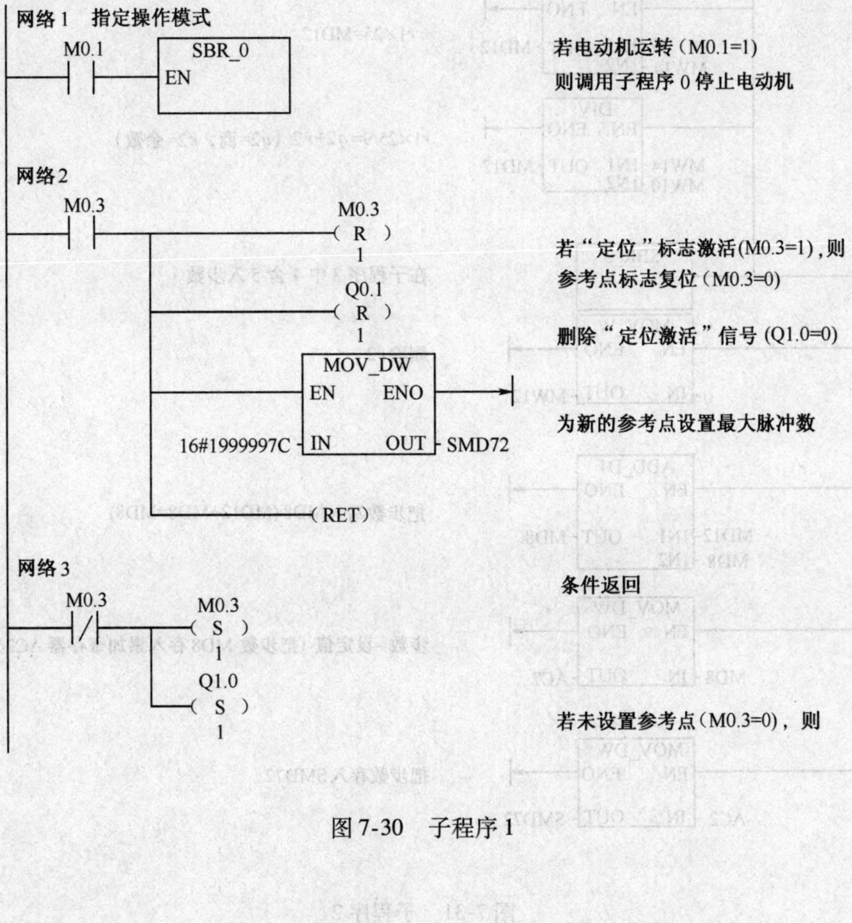

网络 1　　指定操作模式

M0.1　　　　SBR_0
EN　　　　　　　　　　　　　若电动机运转（M0.1=1）
　　　　　　　　　　　　　　　　　　则调用子程序 0 停止电动机

网络 2

M0.3　　　　　　　　　M0.3
(R)
1　　　　　　若"定位"标志激活(M0.3=1),则
　　　　　　　　　　　　　参考点标志复位（M0.3=0）

Q0.1
(R)
1　　　　　　删除"定位激活"信号 (Q1.0=0)

MOV_DW
EN　ENO

16#1999997C　IN　OUT　SMD72　　为新的参考点设置最大脉冲数

(RET)　　　　　　　　　　　　　　条件返回

网络 3

M0.3　　　　M0.3
(S)
1　　　　　　若未设置参考点（M0.3=0），则

Q1.0
(S)
1

图 7-30　子程序 1

网络1 计算步数，允许偏差极限

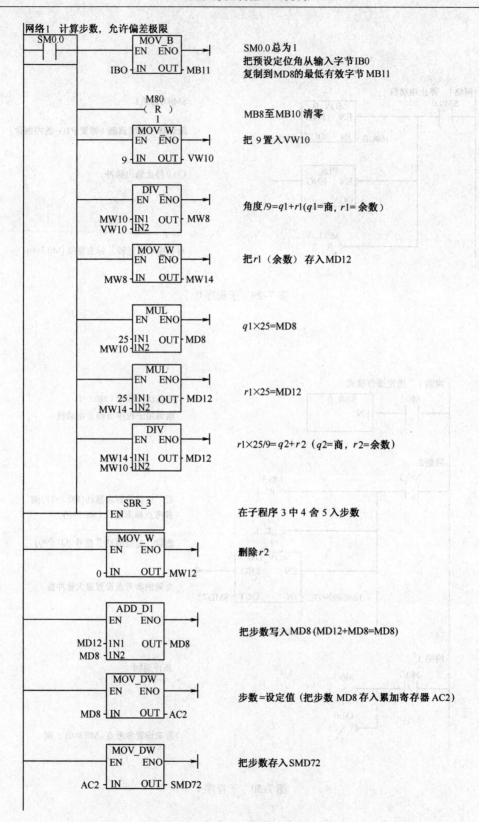

SM0.0 总为 1
把预设定位角从输入字节 IB0
复制到 MD8 的最低有效字节 MB11

MB8 至 MB10 清零

把 9 置入 VW10

角度 /9=q1+r1(q1=商，r1=余数)

把 r1（余数）存入 MD12

q1×25=MD8

r1×25=MD12

r1×25/9= q2+r2（q2=商，r2=余数)

在子程序 3 中 4 舍 5 入步数

删除 r2

把步数写入 MD8 (MD12+MD8=MD8)

步数=设定值（把步数 MD8 存入累加寄存器 AC2)

把步数存入 SMD72

图 7-31 子程序 2

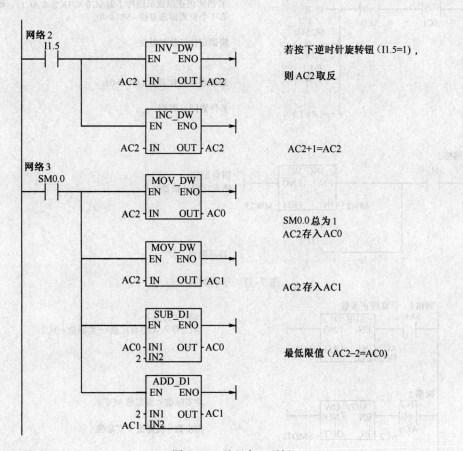

图 7-31　子程序 2（续）

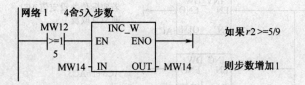

图 7-32　子程序 3

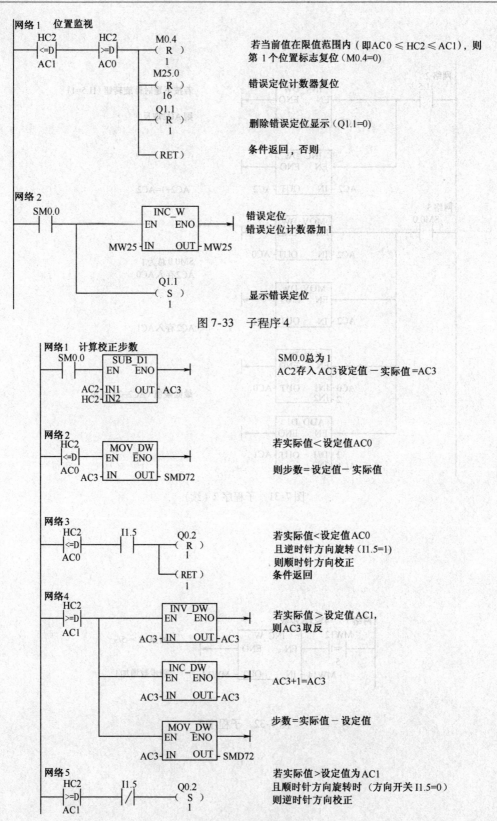

图 7-33 子程序 4

图 7-34 子程序 5

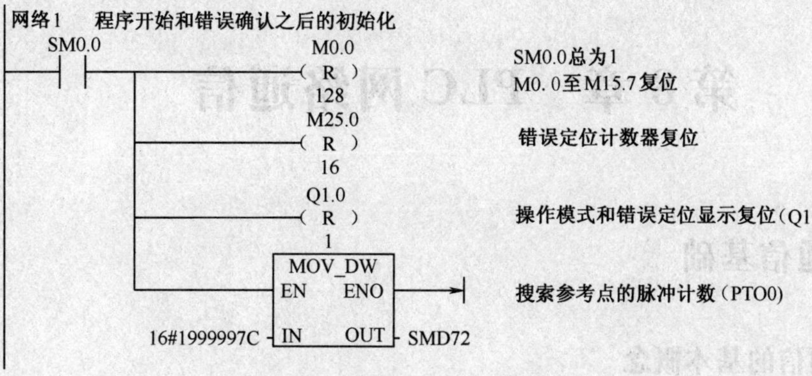

网络 1   程序开始和错误确认之后的初始化

```
 SM0.0                    M0.0
──┤ ├──────────────────────( R )        SM0.0总为1
         │                  128          M0.0至M15.7复位
         │                 M25.0
         ├──────────────────( R )        错误定位计数器复位
         │                   16
         │                  Q1.0
         ├──────────────────( R )        操作模式和错误定位显示复位（Q1.0＝0，Q1.1＝0）
         │                    1
         │            ┌──────────────┐
         │            │   MOV_DW      │
         └────────────┤ EN      ENO   ├──   搜索参考点的脉冲计数（PTO0）
                      │               │
        16#1999997C ──┤ IN      OUT   ├── SMD72
                      └──────────────┘
```

图 7-35   子程序 6

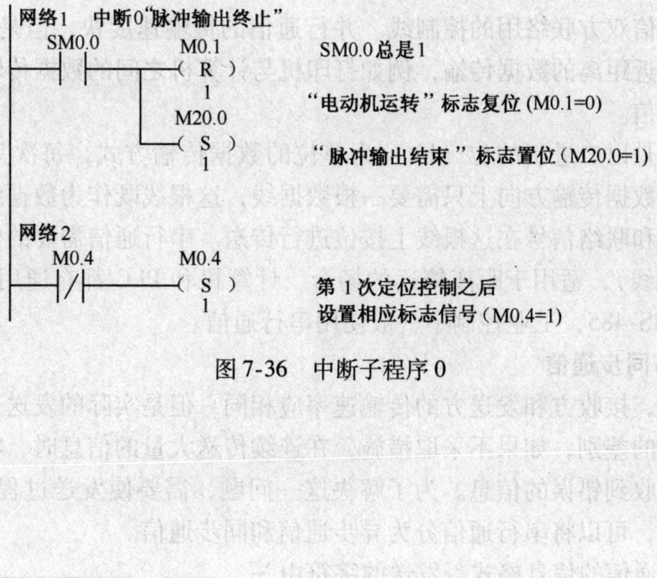

网络 1   中断0"脉冲输出终止"

```
 SM0.0            M0.1
──┤ ├─────────────( R )        SM0.0总是1
         │          1
         │        M20.0         "电动机运转"标志复位 (M0.1＝0)
         └─────────( S )
                    1            "脉冲输出结束"标志置位（M20.0＝1）
```

网络 2

```
  M0.4            M0.4
──┤/├─────────────( S )        第 1 次定位控制之后
                   1            设置相应标志信号（M0.4＝1）
```

图 7-36   中断子程序 0

第 8 章 PLC 网络通信

8.1 PLC 通信基础

8.1.1 串行通信的基本概念

1. 并行通信与串行通信

并行数据通信是以字节或字为单位的数据传输方式，除了 8 根或 16 根数据线、1 根公共线外，还需要通信双方联络用的控制线。并行通信的传输速度快，但是传输线的根数多，成本高，一般用于近距离的数据传输，例如打印机与计算机之间的数据传输，而工业控制一般使用串行数据通信。

串行数据通信是以二进制的位（bit）为单位的数据传输方式，每次只传送 1 位，除了公共线外，在一个数据传输方向上只需要一根数据线，这根线既作为数据线又作为通信联络控制线，数据信号和联络信号在这根线上按位进行传送。串行通信需要的信号线少，最少只需要两根线（双绞线），适用于距离较远的场合。计算机和 PLC 都有通用的串行通信接口，例如 RS-232C 和 RS-485，工业控制中一般使用串行通信。

2. 异步通信与同步通信

在串行通信中，接收方和发送方的传输速率应相同，但是实际的发送速率与接收速率之间总是有一些微小的差别，如果不采取措施，在连续传送大量的信息时，将会因积累误差造成错位，使接收方收到错误的信息。为了解决这一问题，需要使发送过程和接收过程同步。按同步方式的不同，可以将串行通信分为异步通信和同步通信。

图 8-1 是异步通信的信息格式，发送的字符由一个起始位、7 ~ 8 个数据位、一个奇偶校验位（可以没有）一个或两个停止位组成。在通信开始之前，通信的双方需要对所采用的信息格式和数据的传输速率作相同的约定。接收方检测到停止位和起始位

图 8-1　异步通信的信息格式

之间的下降沿后，将它作为接收的起始点，在每一位的中点接收信息。由于一个字符中包含的位数不多，即使发送方和接收方的收发频率略有不同，也不会因为两台设备之间的时钟周期的积累误差而导致收发错位。异步通信传送附加的非有效信息较多，传输效率较低。

同步通信以字节为单位（一个字节由 8 位二进制数组成），每次传送 1 ~ 2 个同步字符、若干个数据字节和校验字符。同步字符起联络作用，用它来通知接收方开始接收数据。在同步通信中，发送方和接收方要保持完全同步，这意味着发送方和接收方应使用同一个时钟脉冲。可以通过调制解调方式在数据流中提取出同步信号，使接收方得到与发送方完全相同的接收时钟信号。由于同步通信方式不需要在每个数据字符中增加起始位、停止位和奇偶校验位，只需要在数据块（往往很长）之前加一两个同步字符，所以传输效率高，但是对硬件

的要求较高，一般用于高速通信。

3. 单工与双工通信方式

单工通信方式只能沿单一方向发送或接收数据。双工方式的信息可以沿两个方向传送，每一个站既可以发送数据，也可以接收数据。双工方式又分为全双工和半双工两种方式。

（1）全双工方式 全双工方式数据的发送和接收分别使用两根或两组不同的数据线，通信的双方都能在同一时刻接收和发送信息，如图 8-2 所示。

（2）半双工方式 半双工方式用同一组线（例如双绞线）接收和发送数据，通信的某一方在同一时刻只能发送数据或接收数据，如图 8-3 所示。

图 8-2 全双工方式   图 8-3 半双工方式

（3）传输速率 在串行通信中，传输速率（又称比特率）的单位是比特，即每秒传送的二进制位数，其符号为 bit/s。常用的标准比特率为 300～38400bit/s 等（成倍增加）。不同的串行通信网络的传输速率差别极大，有的只有数百比特每秒，高速串行通信网络的传输速率可达 1Gbit/s。

8.1.2 串行通信的接口标准

1. RS-232C

RS-232C 是美国 EIC（电子工业联合会）在 1969 年公布的通信协议，至今仍在计算机和工业控制中广泛使用。

RS-232C 采用负逻辑，用 $-5\sim-15V$ 表示逻辑状态"1"，用 $+5\sim+15V$ 表示逻辑状态"0"。RS-232C 的最大通信距离为 15m，最高传输速率为 20Kbit/s，只能进行一对一的通信。RS-232C 使用 9 针或 25 针的 D 型连接器，PLC 一般使用 9 针的连接器，距离较近时只需要 3 根线，如图 8-4 所示，GND 为信号地。RS-232C 使用单端驱动、单端接收的电路，如图 8-5 所示，容易受到公共地线上的电位差和外部引入的干扰信号的影响。

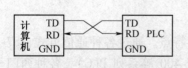

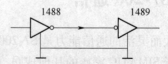

图 8-4 RS-232C 的信号线连接   图 8-5 单端驱动、单端接收

2. RS-422A

RS-422A 采用平衡驱动、差分接收电路，如图 8-6 所示，利用两根导线间的电压差传输信号。这两根导线称为 A（TXD/RXD－）和 B（TXD/RXD＋）。当 B 的电压比 A 高时，认为传输的是逻辑"高"电平信号；当 B 的电压比 A 低时，认为传输的是逻辑"低"电

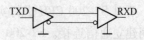

图 8-6 平衡驱动差分接收

平信号。能够有效工作的差动电压范围十分宽广（零点几伏到接近10V）。

平衡驱动器相当于两个单端驱动器，其输入信号相同，两个输出信号互为反相信号，图中的小圆圈表示反相。两根导线相对于通信对象信号地的电压差为共模电压，外部输入的干扰信号是以共模方式出现的。两根传输线上的共模干扰信号相同，因为接收器是差分输入，共模信号可以互相抵消。只要接收器有足够的抗共模干扰能力，就能从干扰信号中识别出驱动器输出的有用信号，从而克服外部干扰的影响。

与 RS-232C 相比，RS-422A 的通信速率和传输距离有了很大的提高。在最大传输速率（10Mbit/s）时，允许的最大通信距离为 12m。传输速率为 100Kbit/s 时，最大通信距离为 1200m，一台驱动器可以连接 10 台接收器。

在 RS-422A 模式，数据通过 4 根导线传送，如图 8-7 所示，RS-422A 是全双工，两对平衡差分信号线分别用于发送和接收。

3. RS-485

RS-485 是 RS-422A 的变形，RS-485 为半双工，只有一对平衡差分信号线，不能同时发送和接收信号。使用 RS-485 通信接口和双绞线可以组成串行通信网络，构成分布式系统，如图 8-8 所示。网络中可以有 32 个站。

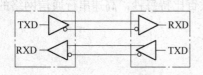

图 8-7　RS-422A 通信接线图

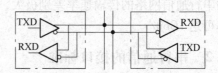

图 8-8　RS-485 网络

S7-200 支持的 PPI、MPI 和 Profibus-DP 协议以 RS485 为硬件基础。S7-200 CPU 通信接口是非隔离型的 RS-485 接口，共模抑制电压为 12V。对于这类通信接口，它们之间的信号地等电位是非常重要的，最好将它们的信号参考点连接在一起（不一定要接地）。

在 S7-200 CPU 联网时，应将所有 CPU 模块输出的传感器电源的 M 端子用导线连接起来。M 端子实际上是 A、B 线信号的 0V 参考点。

8.2　S7-200 通信

强大而灵活的通信能力是 S7-200 系统的一个重要特点。通过各种通信方式，S7-200 可与西门子 SIMATIC 家族的其他成员（如 S7-300 和 S7-400 等系列 PLC）、各种西门子 HMI（人机操作界面）产品及其他如 LOGO 智能控制模块、SIMATICS 驱动装置等紧密地联系起来。

8.2.1　S7-200 系列 PLC 的通信方式

要对 S7-200 CPU 进行实际的编程和调试，需要在运行编程软件的计算机和 S7-200 CPU 之间建立通信连接。S7-200 系列 PLC 的通信端口是符合欧洲标准 EN50170 中 Profibus 标准的 RS-485 兼容 9 针 D 型连接器。S7-200 CPU 上的两个通信口基本一样。它们可以各自在不同模式、不同通信速率下工作，口地址甚至也可相同。分别连接到 PLC 两个通信口上的设备，不属于同一个网络。

PC 机的标准串口为 RS-232。西门子公司提供的 PC/PPI 电缆带有 RS-232/RS-485 电平转换器，因此在不增加任何硬件的情况下，可以很方便地将 PLC 和 PC 机互联。

在 PLC 上的通信口不够的情况下，不能通过扩展得到与 PLC 通信口功能完全一样的通信口，可以考虑选择具有更多通信口的 PLC。

常用的编程通信方式有以下三种：

1）PC/PPI 电缆（USB/PPT 电缆）连接 PG/PC 的总线端口和 PLC 通信口。

2）PC/PPI 电缆（RS-232/PPI 电缆）连接 PG/PC 的串行通信口（COM 口）和 PLC 通信口。

3）CP（通信处理卡）安装在 PG/PC 上，通过 MP 电缆连接 PLC 通信口。

8.2.2　S7-200 系列 PLC 支持的通信协议

S7-200 支持多种通信协议，主要有以下几种：

1. 点对点接口协议（PPI）

PPI 是西门子专门为 S7-200 系列 PLC 开发的通信协议，是 S7-200 CPU 最基本的通信方式。

PPI 是主/从协议。S7-200 系列 PLC 既可作主站又可作从站，这个协议中，主站向从站发送申请，从站进行响应。从站不主动发信息，总是等待主站的要求，并且根据地址信息对要求作出响应。这个协议支持一主机多从机连接和多主机多从机连接方式，通信速率为 9.6Kbit/s、19.2Kbit/s 和 187.5Kbit/s。

如果在程序中允许 PPI 主站模式，一些 S7-200 CPU 在 RUN 模式下可以作为主站。一旦允许主站模式，就可以利用网络读写指令读写其他 PLC。当 S7-200 CPU 作为 PPI 主站时，它还可以作为从站响应来自其他主站的申请。任何一个从站允许有多少个主站与其通信 PPI 没有限制，但在网络中最多只能有 32 个主站。

单主站的 PPI 网络如图 8-9 所示，在用 PPI 协议进行通信的网络中，用一根 PC/PPI 电缆将计算机与 PLC 连接。图 8-10 为多从站的 PPI 网络，多个 PLC 之间通过网络连接器连接。在这两个网络中，S7-200 CPU 是从站，响应来自主站的要求。

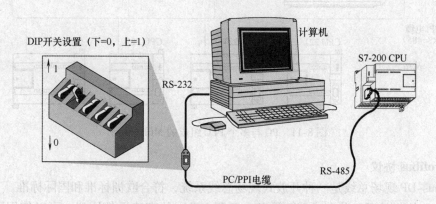

图 8-9　单主站 PLC 与计算机相连

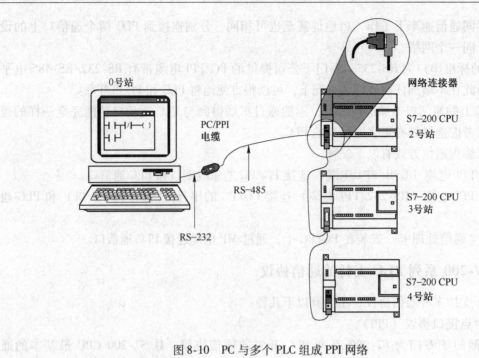

图 8-10　PC 与多个 PLC 组成 PPI 网络

2. 多点接口协议（MPI）

PC 与多个 PLC 组成的 MPI 网络如图 8-11 所示。MPI 协议可以是主/主协议或主/从协议，协议如何操作取决于设备类型。在计算机或编程设备中插入 1 块 MPI（多点接口）卡或 CP（通信处理）卡。由于该卡本身具有 RS-232/RS-485 信号电平转换器，因此可以将计算机或编程设备直接通过 RS-485 电缆与 S7-200 系列 PLC 相连。MPI 协议可用于 S7-300 和 S7-400 与 S7-200 之间的通信，S7-200 CPU 只能作 MPI 从站，S7-300 和 S7-400 为主站。

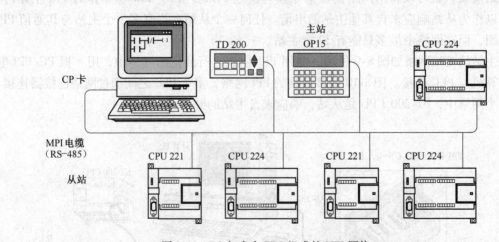

图 8-11　PC 与多个 PLC 组成的 MPI 网络

3. Profibus 协议

Profibus-DP 现场总线是一种开放式现场总线系统，符合欧洲标准和国际标准。

Profibus 协议是用于分布式 I/O 设备（远程 I/O）的高速通信协议，可以使用不同厂家的 Profibus 设备。许多厂家生产类型众多的 Profibus 设备，如简单的输入输出模块、电动机控制器和 PLC 等。S7-200 系列 PLC 通过 EM 277 Profibus-DP 扩展模块可以方便地与 Profibus 现场总线进行连接。EM 277Profibus-D 模块端口可运行于 9600bit/s ~ 12Mbit/s 之间的任何 Profibus 比特率，进而实现低档设备的网络运行。

有 PC 和 HMI 设备的 Profibus 网络如图 8-12 所示。S7-300 作 Profibus 的主站，S7-200 是从站，HMI 通过 EM277 监控 S7-200，PC 通过 EM277 对 S7-200 编程。

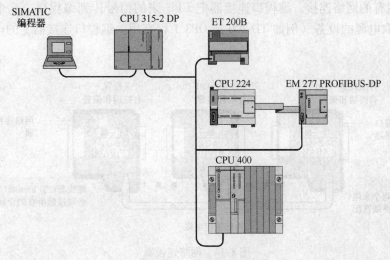

图 8-12 Profibus 网络

4. TCP/IP 协议

通过 CP-243-1IT 通信处理器，可以将 S7-200 系统连接到工业以太网（IE）中。通过工业以太网，一台 S7-200 CPU 可以与另一台 S7-200、S7-300 或 S7-400CPU 通信，也可与 OPC 服务器及主机通信，还可以通过 CP2431IT 通信处理器的 IT 功能非常容易地与其他计算机以及服务器系统交换文件，可以在全球范围内将控制器和当今办公环境中使用的普通计算机连接。

在图 8-13 所示的配置中，PC 通过以太网连接与 S7-200 通信。S7-200 带有以太网模块 CP-243-1 和互联网模块 CP-243-1IT。S7-200CPU 可以通过以太网连接交换数据。

5. 用户自定义协议（自由口通信模式）

第三方设备大部分支持 RS-485 通信。S7-200 CPU 以通过选择自由口通信模式控制单口通信。自由口通信模式使 S7-200 可以与许多通信协议公司的其他设备和控制器通信，通过使用接收中断、发送中断、字符中

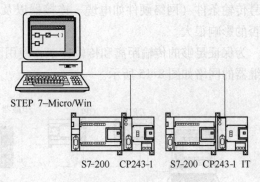

图 8-13 工业以太网

断、发送指令（XMT）和接收指令（RCV），可以为所有的通信活动编程。通信速率从 12Kbit/s 到 96Kbit/s、19.2Kbit/s 或 115.2Kbit/s，通信协议应符合通信对象的要求或者由用户决定。

8.2.3　用户在设计网络时应当考虑的因素

利用西门子提供的如图 8-14 所示的两种网络连接器可以把多个设备很容易地连到网络中。两种连接器都有两组螺钉端子，可以连接网络的输入和输出。两种网络连接器还有网络偏置和终端匹配的选择开关。一个连接器仅提供连接到 CPU 的接口，而另一个连接器增加了一个编程接口。带有编程接口的连接器可以把 SIMATIC 编程器或操作面板增加到网络中，而不用改动现有的网络连接。编程口连接器把 CPU 来的信号传到编程口。这个连接器对于连接从 CPU 取电源的设备（例如 TD 200 或 OP3）很有用。编程口连接器上的电源引针连到编程口。

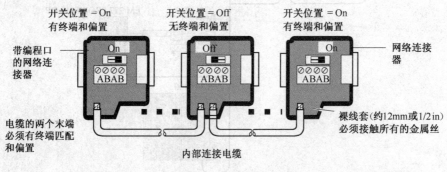

图 8-14　网络连接器

安装合适的浪涌抑制器可以避免雷击浪涌。应避免将低压信号线和通信电缆与交流线和高能量、快速开关的直流导线布置在同一线槽中。要成对使用导线，用中性线或公共线与能量线或信号线配对。

S7-200 CPU 上的通信口是非隔离的，需要注意保证网络上的各通信口电位相等。具有不同参考电位的互联设备有可能导致不希望的电流流过连接电缆，这种不希望的电流有可能导致通信错误或者设备损坏。如果想使网络隔离，应考虑使用 RS-485 中继器或者 EM277。信号传输条件（网络硬件如电缆、连接器以及外部的电磁环境）传输条件对信号传送成功与否的影响很大。

为保证足够的传输距离和传输速率，使用西门子公司制造的网络电缆和网络连接器。带中继器的网络如图 8-15 所示。

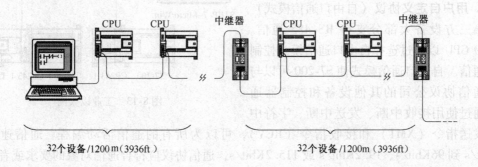

图 8-15　带中继器的网络

8.2.4　设置计算机与 PLC 的通信

最简单的编程通信配置为：带串行通信口（RS-232C 即 COM 口或 USB 口）的 PG/PC 并已正确安装了 STEP 7-Micro/Win 32 的有效版本；RS-232C/PPI 电缆（PC/PPI），连接计算机的 COM 口和 PLC 通信口；USB/PPI 电缆，连接计算机的 USB 口和 PLC 通信口。

1）在 PC 机上运行 STEP7-Micro/Win 软件，用鼠标单击侧览条上的通信（Communications）图标打开通信属性设置对话框，如图 8-16 所示。

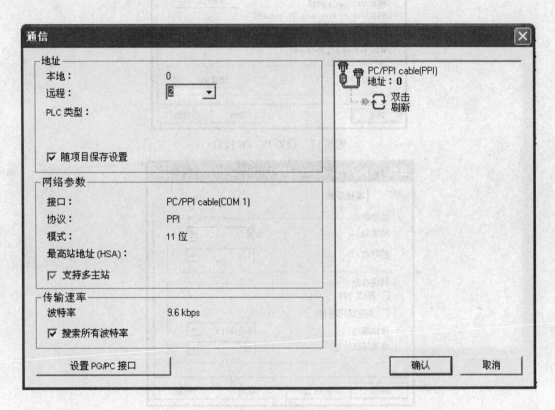

图 8-16　通信属性设置对话框

窗口左侧显示本地编程计算机的网络通信地址是 0，默认的远程（就是与计算机连接的 PLC 通信口）端地址为 2。窗口右侧显示编程计算机通过 PC/PPI 电缆与 PLC 通信。

2）双击 PC/PPI 电缆图标，出现图 8-17 所示的设置 PG/PC 接口对话框。单击窗口属性（Properties）按钮。可查看、设置 PG（编程器）/PC 电缆连接参数。

3）PPI 选项卡中查看设备网络相关参数，如图 8-18 所示。

4）在本地连接（Local Connection）选项卡中，在下拉选择框中选择实际连接的编程计算机的 COM 口，如图 8-19 所示。单击"确认"按钮，回到"通信"窗口。

5）鼠标双击图 8-16 通信窗口右侧刷新（Refresh）图标，执行刷新命令将显示通信设备上连接的设备，如图 8-20 所示。

6）通信端口参数设置如图 8-21 所示。

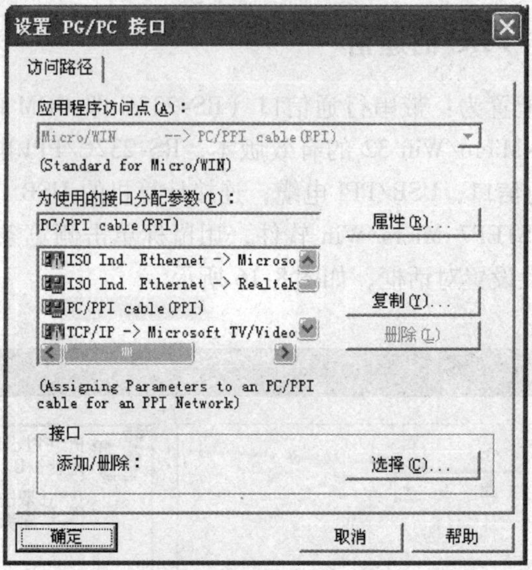

图 8-17　设置 PG/PC 接口

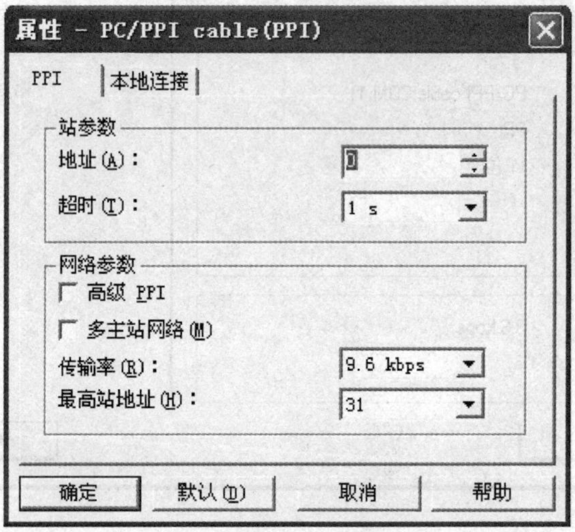

图 8-18　PC/PPI 属性

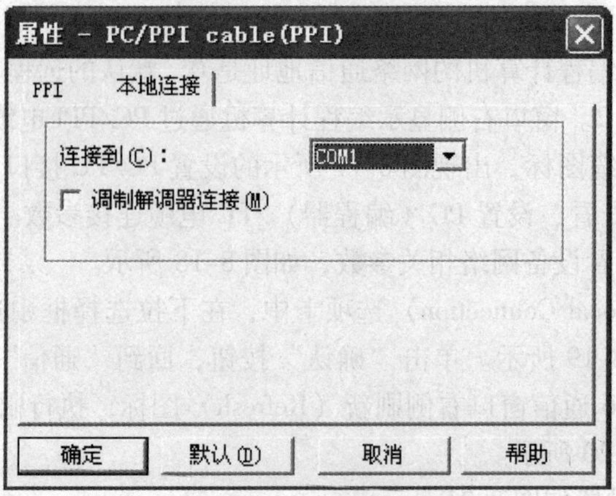

图 8-19　本地连接属性

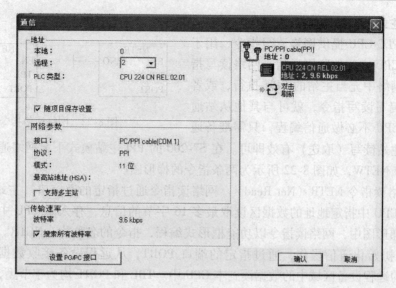

图 8-20　设备连接设置对话框

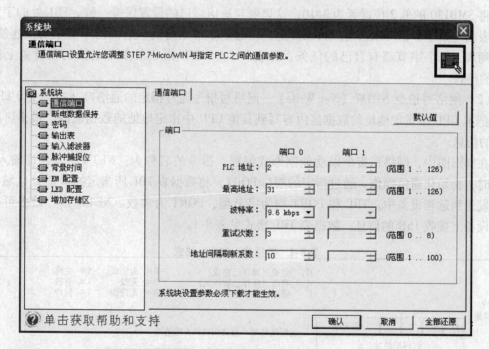

图 8-21　系统块中的端口设置

8.2.5　通信指令

1. PPI 主站模式设定

在 S7-200 PLC 的特殊继电器 SM 中，SMB30（SMB130）是用于设定通信端口 0（通信端口 1）的通信方式。由 SMB30（SMB130）的低 2 位决定通信端口 0（通信端口 1）的通信协议。只要将 SMB30（SMB130）的低 2 位设置为 2#10，就允许该 PLC 主机为 PPI 主站模式，可以执行网络读写指令。

2. PPI 主站模式的通信指令

S7-200 PLC CPU 提供网络读写指令，用于 S7-200 PLC CPU 之间的联网通信。网络读写指令只能由在网络中充当主站的 CPU 执行，或者说只给主站编写读写指令，就可与其他从站通信了；从站 CPU 不必做通信编程，只需准备通

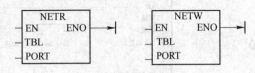

图 8-22　网络通信指令

信数据，让主站读写（取送）有效即可。在 S7-200 的 PPI 主站模式下，网络通信指令有两条：NETR 和 NETW，如图 8-22 所示为两条指令的梯形图。

（1）网络读指令 NETR（Net Read）　网络读指令通过指定的通信口（主站上 0 口或 1 口）从其他 CPU 中指定地址的数据区读取最多 16 字节的信息，存入本 CPU 中指定地址的数据区。在梯形图中，网络读指令以功能框形式编程，指令的名称为：NETR。当允许输入 EN 有效时，初始化通信操作，通过指定的端口 PORT，从远程设备接收数据，将数据表 TBL 所指定的远程设备区域中的数据读到本 CPU 中。TBL 和 PORT 均为字节型，PORT 为常数。PORT 处的常数只能是 0 或 1，如是 0，就要将 SMB30 的低 2 位设置为 2#10；如是 1，就要将 SMB130 的低 2 位设置为 2#10，这里要与通信端口的设置保持一致。TBL 处的字节是数据表的起始字节，可以由用户自己设定，但起始字节定好后，后面的字节就要接连使用，形成列表，每个字节都有自己的任务，见表 8-1。NETR 指令最多可以从远程设备上接收16B 的信息。

（2）网络写指令 NETW（Net Write）　网络写指令通过指定的通信口（主站上 0 口或 1 口）把本 CPU 中指定地址的数据区内容写到其他 CPU 中指定地址的数据区内，最多可以写16B 的信息。

在梯形图中，网络写指令以功能框形式编程，指令的名称为：NETW。当允许输入 EN 有效时，初始化通信操作，通过指定的端口 PORT，将数据表 TBL 所指定的本 CPU 区域中的数据发送到远程设备中。TBL 和 PORT 均为字节型，PORT 为常数。NETW 指令最多可以从远程设备上接收 16B 的信息。数据表 TBL 格式见表 8-1。

表 8-1　数据表（TBL）格式

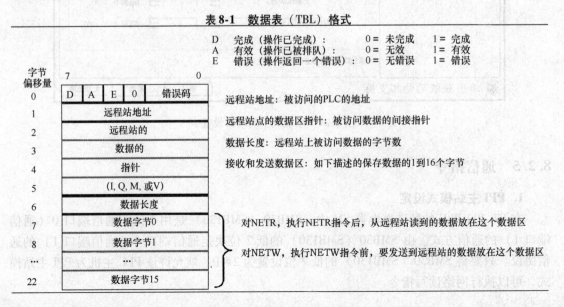

（续）

错 误 码	定　　义
0	无错误
1	时间溢出错：远程站点不响应
2	接收错：奇偶校验错，响应时帧或检查位出错
3	离线错：相同的站地址或无效的硬件引发冲突
4	队列溢出错：激活了超过8个NETR/NETW方框
5	违反通信协议：没有在SMB30中允许PPI，就试图执行NETR/NETW指令
6	非法参数：NETR/NETW表中包含非法或无效的值
7	没有资源：远程站点正在忙中（上装或下装顺序在处理中）
8	第7层错误：违反应用协议
9	信息错误：错误的数据地址或不正确的数据长度
A-F	未用：（为将来的使用保留）

8.3　S7-300 通信

在 S7-300 PLC 的 CPU 模块中，大部分都集成有 MPI 通信接口、Profibus 通信模块、工业以太网通信模块和点对点通信模块之一。通过这些通信模块，在自动化系统之间、PLC 和 HMI（人机接口）站以及计算机之间，均可以交换数据。主站和从站的建立可用 MPI 和 Profibus 等接口，这些物理模块接口都可以用来实现 PLC 之间的相互通信。

S7-300 根据实际应用需要可以具有不同的通信方式。用 MPI 接口可构成低成本的 MPI 网，实现网上各 S7 系列 PLC 间数据共享。还可采用专用的通信模块组成不同层次的网络，与 S5/S7 PLC、外部设备或其他厂家的 PLC 组成网络。

8.3.1　MPI 网

MPI 用于连接多个不同的 CPU 或设备。MPI 符合 RS-485 标准，具有多点通信的性质。MPI 的比特率设定为 187.5Kbit/s。接入到 MPI 网的设备称为一个节点，仅用 MPI 接口构成的网络，称为 MPI 分支网，最多可以有 32 个节点。两个或多个 MPI 分支网，用网间连接器或路由器连接起来，可以构成复杂的网络结构，实现更大范围的设备连接。MPI 网能够连接不同区段的中继器。每个 MPI 分支网有一个分支网络号，以区别不同的 MPI 分支网。分支网上的每个节点都有一个网络地址，称为 MPI 地址。用 PG 可以为设备分配需要的 MPI 地址，修改最高 MPI 地址。

S7-300 可以通过 MPI 接口组成 PLC 网络，MPI 网采用全局数据通信模式，可在 PLC 之间进行少量数据交换。MPI 网不需要额外的硬件和软件，具有使用简单、成本低的特点。如图 8-23 所示为 MPI 网络示意图，它包括 S7-300 系列的 CPU、OP 及 PG 等。S7-300PLC 的 CPU 模块内置有 MPI 接口，MPI 网络在内置的 S7 协议支持下工作，在 S7 系统内，对编程器、CPU 和 I/O 等进行内部数据交换。MPI 接口有两个用途：

1）把各种具有 MPI 的设备连接起来组成 MPI 网。能接入 MPI 网的设备有：PG、OP（操作面板）、S7-300/S7-400PLC 或其他 MPI 的设备。

2）以全局（GD）数据通信方式实现网上 CPU 间的少量数据交换。全局数据通信方式以 MPI 分支为基础，是为循环地传送少量数据而设计的。

GD 通信方式仅限于同一分支网的 S7 系列 PLC 的 CPU 之间，构成的通信网络简单，只实现两个或多个 CPU 间的数据共享。S7 系列 PLC 程序中的功能块（FB）、功能（FC）、组

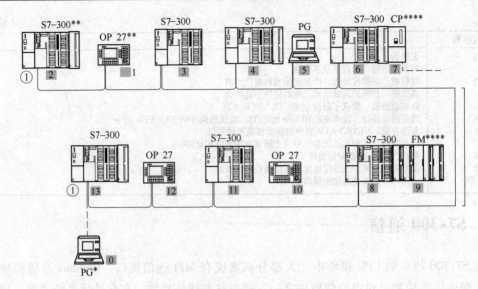

图 8-23　MPI 网络示意图
①端接电阻接通。
0 ~ 13—节点的 MPI 地址。

织块（OB）都能用绝对地址来访问全局数据。在一个 MPI 分支网中，最多有 5 个 CPU 能通过 GD 通信交换数据。用 STEP7 软件包中的配置（Configuration）功能可以为每个网络节点分配一个 MPI 地址和最高地址。如果在 MPI 网上添加一个新节点，需切断 MPI 网中的电源。连接 MPI 网络常用到的部件有网络插头和网络中继器。对应 MPI 网络，从第一个节点到最后一个节点最长距离为 50m。对于一个要求较大区域的信号传输或分散控制的系统，采用两个中继器可以将两个节点间的距离增大到 1000m，但是两个节点间不应再有其他节点，如图 8-24 所示。

在采用分支线的结构中，分支线的距离与分支线的数量有关，其中，中继器除可以放大信号、扩展节点间的连接距离，还可以用作抗干扰隔离。

8.3.2　S7-300 通信模块

S7-300PLC 有多种不同用途的通信模块供系统应用选择，如 CP340、CP341、CP342-2、CP342-5DP、CP343-5、CP343-1IT、CP343-1TCP、CP343-FMS 等，下面重点介绍 CP340 和 CP342-5DP 两种通信模块的性能，其他模块请参考相关的技术手册。

（1）CP340

1）CP340 是一种经济型串行通信模块，数据通过 RS-232C（V.24）接口进行传输，适合于点到点设备的连接。通过 CP340 不仅能实现 S5/S7 系列 PLC 的互联，而且能与其他品牌的系统或设备互连，如打印机、机器人控制系统等。

2）CP340 具有一个 RS-232C 接口，前面板有数据发收和错误指示。内部固化有 ASCII 和 3964（R）两种协议，可以与多种设备进行数据交换。

3）CP340 通信模块具有友好的用户界面，参数设定简便。通过集成在 STEP7 软件中的参数配置功能，用户可方便地选择 CP340 通信协议及参数，其参数设定通过 CPU 来进行，CPU 内部有一存放配置的专用数据块。

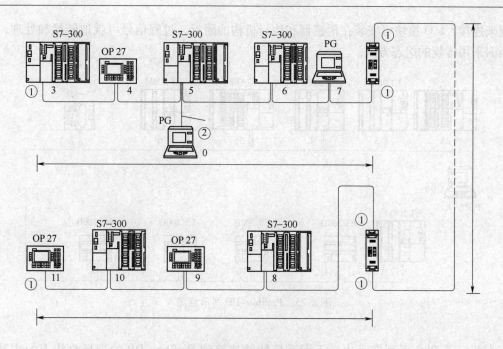

图 8-24　S7-300 中继示意图
①端接电阻接通。
②通过分支线接入用于维护的编程器。

4）CP340 通信模块的主要技术数据有：一个 RS-232 接口，信号对 S7 电源隔离；数据传输率：2.4Kbit/s、4.5Kbit/s、9.6Kbit/s 可选；数据传输距离：15m；通信协议：ASCII 或 3964（R）。

（2）CP342-5DP

1）CP342-5DP 是连接 S5/S7 系列到 Profibus 总线系统的低成本的通信模块。它减少 CPU 的通信任务，同时支持其他的通信设备。

2）CP342-5DP 应用于 S7-300 系统中，提供给用户 SINECL2 网的各种通信服务。既可以作为主机或从机，将 ET200 远程 I/O 系统连接到符合 DIN19245、PART3 的 Profibus 现场总线中去，也可以与编程装置或人机接口通信，还可以与其他 S7 或 S5 PLC 通信，并且可以与配有 CP5412（A2）的 ATPC 机以及其他品牌的具有 FDI 接口的系统建立连接。

3）CP342-5DP 也能与 MPI 分支网上的其他 CPU 进行全局数据通信。

4）NCMS7-L2 组态软件可以为实现上面功能进行参数配置。CP342-5DP 内部有 128KB 的 FLASH-EPROM，能够可靠地进行参数备份，在掉电时参数也能被保持。

5）CP342-5DP 通信模块的主要技术数据有：用户存储器 FLASH-EPROM 为 128KB，SINECL2LAN 标准符合 DIN19245；RS485 传输方式，比特率为 9.6～15000Kbit/s；可连接的设备数量达 127 个。

8.3.3　Profibus 现场总线网络

Profibus 是目前最成功的现场总线之一，图 8-25 为 Profibus-DP 网示意图。采用 SIMATIC S7 现场总线构成的系统，具有以下优点：PLC、I/O 模块、智能化现场总线设备可通过现场总线来连接，I/O 模块可安装在传感器和执行机构的附近，过程信号可就地转换和处理，编程仍旧采用传统的组态方式。

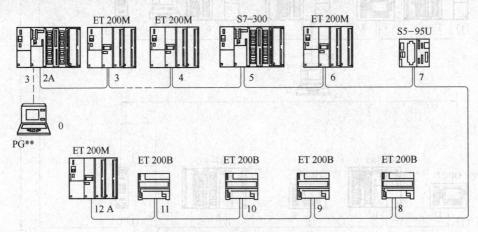

图 8-25　Profibus-DP 网示意图

在西门子 PLC 系列产品中，下面系统能够连接到 Profibus-DP 的现场总线上的主动站（主站）：

1）使用内置的 Profibus-DP 接口，或采用 IF964 或 CP342-5DP 接口模块的 S7-300/400，M7300/400 的自动化系统，最大比特率为 1.5Mbit/s。

2）使用 IM308-C 或降低了响应时间的 CP5430/5431 的 S5-115U/H、S5-135U、S5-155U/HPLC，S5-95U/DP 主站机，最大比特率为 1.5Mbit/s。

3）带有主机模块或接口的其他企业的 PLC。

4）带有内置接口的编程装置，如 PG720/PG740/PG760，1.5Mbit/s。

5）使用 CP5411/5412（A2）的 PG730/PG740/PG750/PG760/PG770，最大比特率为 12Mbit/s。

6）使用了带 CP5412（A2）的个人计算机，最大比特率为 12Mbit/s。

能接到被动站（从站）的接口有：

1）分布 I/O 系统中的 ET200M/ET200L/ET200C/ET200U。

2）使用 IM308-C 的 S5-115U/S5-135U/S5-155U。

3）从机 S5-96U/DP，最大比特率为 1.5Mbit/s。

4）DP/AS-1 收发器。

5）人机接口 MMI。

6）现场设备，如其他制造厂商生产的驱动器、阀门、过程控制器、数控机床控制器等。

S7-300 可以由内置接口或 CP342-5DP 接口模块连接到 Profibus-DP 网上，内置接口的编程参数软件在 STEP7 中，通信模板适用 SINECNCM 软件编程。

西门子 S7 系列 PLC 产品组成的 Profibus-DP 网的优点如下：

1）集中和分布系统的编程。都用 STEP7 编程，在编程时不用考虑硬件配置。

2）集中和分布的全系统性能。SIMATICS7/M7 提供了有效的系统支持，包括软件参数化 I/O，多功能诊断能力，功能模块易于连接等。

3）通过 Profibus-DP 编程测试启动。分布式的自动化结构对于系统的安装、使用和维修可以分散进行；使用 STEP7 进行现场集中控制编程、诊断、测试就像采用集中处理单元编程接口时一样。

4）集成的 DP 接口。DP 主机接口已经集成在许多 CPU 中，为用户节省了槽位，并能对系统性能进行优化。

5）提供了系统操作者的控制和监视。在配置和实际操作中，SIMATICS7/M7 和 COROS 操作盘可以相互配合使用；在网络中，站节点是连在集中编程接口（MPI）还是 Profibus-DP 上并不重要。

8.3.4　网络建立

MPI 网络的基本结构和 Profibus 网络的结构相同，就是说建立网络有同样的规则和同样的部件。但 Profibus 网络的数据传输速率大于 1.5Mbit/s 时需要其他部件。

（1）网络建立的前提条件

1）MPI/Profibus 地址。为了使所有节点能相互通信，必须在组网前为它们分配地址：在 MPI 网络中，每一个节点分配一个"MPI 地址"以及一个"最高 MPI 地址"；在 Profibus 网络中，每一个节点分配一个"Profibus 地址"以及一个"最高 Profibus 地址"。通过编程器给每个节点单独分配 MPI/Profibus 地址。

2）MPI/Profibus 选址的规则。在分配 MPI/Profibus 地址之前，要遵守以下规则：在 MPI/Profibus 网络上各节点的地址必须是不同的，允许的最高 MPI/Profibus 地址必须是大于等于实际的最大 MPI/Profibus 地址，并且对所有节点应该是相同的。

（2）配置一个网络的规则　在连接网络的节点时，必须遵循以下规则：

1）在网络的各个节点互连以前，必须为每一个节点分配 MPI 地址或 Profibus 地址和最高 Profibus 地址。

2）"排队"连接 MPI 网络中的所有节点。

3）如网络上允许的节点多于 32 个，必须通过 RS-485 中继器连接网络上的段。

4）在段的第一个节点和最后一个节点接入终端电阻。

5）在将一个新的节点接入网络之前，必须切断该节点的供电电压。

习　　题

1. 简述 PLC 网络的特点。
2. 试说明 PLC 网络的通信功能及通信方式。
3. 试叙述 S7-200 PPI 网络的特点以及所需的物理部件。
4. 试叙述 S7-200 MPI 网络的特点以及所需的物理部件。
5. 试叙述 S7-300 MPI 网络的特点以及所需的物理部件。
6. 试叙述 Profibus 网络的特点以及所需的物理部件。

第9章 组态软件与 PLC 控制

9.1 组态软件概述

9.1.1 组态的概念

在工业控制技术的不断发展和应用过程中，PC（包括工控机）相比以前的专用系统具有的优势日趋明显。这些优势主要体现在：PC 技术保持了较快的发展速度，各种相关技术日臻成熟；由 PC 构建的工业控制系统具有相对较低的成本；PC 的软件资源和硬件资源丰富，软件之间的互操作性强；基于 PC 的控制系统易于学习和使用，可以容易地得到技术方面的支持。在 PC 技术向工业控制领域的渗透中，组态软件占据着非常特殊而且重要的地位。

组态的英文是"Configuration"，其意义究竟是什么呢？简单地讲，组态就是用应用软件中提供的工具、方法，完成工程中某一具体任务的过程。与硬件生产相对照，组态与组装类似。如要组装一台电脑，事先提供了各种型号的主板、机箱、电源、CPU、显示器、硬盘、光驱等，我们的工作就是用这些部件组装成自己需要的电脑。当然软件中的组态要比硬件的组装有更大的发挥空间，因为它一般要比硬件中的"部件"更多，而且每个"部件"都很灵活，因为软部件都有内部属性，通过改变属性可以改变其规格，如大小、形状、颜色等。组态的概念最早出现在工业计算机控制中，如集散控制系统（DCS）组态、可编程序控制器（PLC）梯形图组态，而人机界面生成的软件就叫工控组态软件。组态形成的数据只有组态工具或其他专用工具才能识别，工业控制中形成的组态结果主要用于实时监控，而组态工具的解释引擎，要根据这些组态结果实时运行。因此从表面上看，组态工具的运行程序就是执行自己特定的任务。

9.1.2 组态软件及特点

组态软件是指一些数据采集与过程控制的专用软件，它们是在自动控制系统监控层一级的软件平台和开发环境，使用灵活的组态方式，为用户提供快速构建工业自动控制系统监控功能的、通用层次的软件工具。组态软件应该能支持各种工控设备和常见的通信协议，并且通常应提供分布式数据管理和网络功能。对应于原有的 HMI（Human Machine Interface，人机接口软件）的概念，组态软件应该是一个使用户能快速建立自己的 HMI 的软件工具或开发环境。在组态软件出现之前，工控领域的用户要么通过手工或委托第三方编写 HMI 应用，其开发时间长、效率低、可靠性差；要么购买专用的工控系统，通常是封闭的系统，其选择余地小，往往不能满足需求，很难与外界进行数据交互，升级和增加功能都受到严重的限制。组态软件的出现，把用户从这些困境中解脱出来，可以利用组态软件的功能，构建一套最适合自己的应用系统。随着技术的快速发展，实时数据库、实时控制、通信及联网、开放数据接口、对输入/输出（I/O）设备的广泛支持已经成为组态软件的主要内容，而且还会不断被赋予新的内容。

一般来说，组态软件是数据采集监控系统（Supervisory Control and Data Acquisition，SCADA）的软件平台工具，是工业应用软件的一个组成部分。它具有丰富的设置项目，使用方式灵活，功能强大。组态软件由早先单一的人机界面向数据处理机方向发展，管理的数据量越来越大，实时数据库的作用进一步加强。随着组态软件自身以及控制系统的发展，监控组态软件部分地与硬件发生分离，为自动化软件的发展提供了充分发挥作用的舞台。OPC（OLE for Process Control）的出现，以及现场总线尤其是工业以太网的快速发展，大大简化了异种设备间的互联，降低了开发 I/O 设备驱动软件的工作量。I/O 驱动软件也逐渐向标准化的方向发展。组态软件的主要特点：

（1）延续性和可扩充性　用通用组态软件开发的应用程序，当现场（包括硬件设备或系统结构）或用户需求发生改变时，不需作很多修改就可方便地完成软件的更新和升级。

（2）封装性（易学易用）　通用组态软件所能完成的功能都用一种方便用户使用的方法包装起来，对于用户，不需掌握太多的编程语言技术（甚至不需要编程技术），就能很好地完成一个复杂工程所要求的所有功能。

（3）通用性　每个用户根据工程实际情况，利用通用组态软件提供的底层设备（PLC、智能仪表、智能模块、板卡、变频器等）的 I/O 驱动器、开放式的数据库和画面制作工具，就能完成一个具有动画效果、实时数据处理、历史数据和曲线并存、具有多媒体功能和网络功能的工程，不受行业限制。

9.1.3 国内外主要组态软件

组态软件产品于 20 世纪 80 年代初出现，并在 20 世纪 90 年代末期进入我国。但在 20 世纪 90 年代中期之前，组态软件在我国的应用并不普及。随着工业控制系统应用的深入，人们意识的提高，在 1995 年以后，组态软件在国内的应用逐渐得到了普及。目前中国市场上的组态软件主要包括国外厂商提供的产品如 InTouch、FIX、WinCC 等，以及国内自行开发的如组态王、力控、MCGS 等。国外软件产品在功能完备性、产品包装、市场推广等方面具有一定优势，但由于使用习惯、价格等方面的原因，不如国产化的组态软件使用广泛。

1. 美国 Wonderware 公司的 InTouch

InTouch 堪称组态软件的"鼻祖"，率先推出的 16 位 Windows 环境下的组态软件，在国际上曾得到较高的市场占有率。InTouch 软件的图形功能比较丰富，使用较方便，但控制功能较弱。其 I/O 硬件驱动丰富，但只是使用 DDE 连接方式，实时性较差而且驱动程序需单独购买。它的 5.6 版（16 位）很稳定，在中国市场也普遍受到好评。7.0 版（32 位）在网络和数据管理方面有所加强，并实现了实时关系数据库。

2. 美国 Intellution 公司的 iFIX

iFIX 产品系列较全，包括 DOS 版、16 位 Windows 版、32 位 Windows 版、OS/2 版和其他一些版本，功能较 InTouch 强，但实时性仍欠缺，总体技术一般。其 I/O 硬件驱动丰富，只是驱动程序也需单独购买。最新推出的 iFIX 是全新模式的组态软件，思想和体系结构都比较新，提供的功能也较为完整。

3. 德国西门子公司的 WinCC

WinCC 也是一套完备的组态开发环境，西门子提供类 C 语言的脚本，包括一个调试环境。WinCC 内嵌 OPC（OLE for Process Control，用于过程控制的 OLE）支持，并可对分布式系统进行组态。但 WinCC 的结构较复杂，用户最好经过西门子的培训以便掌握 WinCC 的应用。

4. 组态王

北京亚控自动化软件有限公司开发的组态王，是国内较有影响的组态软件。组态王提供了资源管理器式的操作主界面，提供了以汉字作为关键字的脚本语言支持和多种硬件驱动程序，具有易用性、开放性和集成能力。应用组态王，工程师可以把主要精力放在控制对象上，而不是形形色色的通信协议、复杂的图形处理、枯燥的数字统计上。只需要进行填表式操作，即可生成适合的监控和数据采集系统。它还可以在整个生产企业内部将各种系统和应用集成在一起，实现"厂际自动化"的目标。

5. 力控

大庆三维公司的力控，也是国内较早出现的组态软件之一。在很多环节的设计上，力控都能从国内用户的角度出发，即注重实用性，又不失软件的规范。另外，公司在产品的培训、用户技术支持等方面投入了较大的人力，力控软件产品将在工控软件界形成巨大的冲击。

6. MCGS

MCGS 由北京昆仑通态自动化软件科技有限公司开发研制，具有多任务、多线程功能，其源程序采用 VC＋＋ 编程，通过 OLE 技术向用户提供 VB 编程接口，提供丰富的设备驱动构件、动画构件、策略构件，用户可随时方便地扩展系统的功能。MCGS 提供丰富的设备驱动程序，通过 Active DLL 把设备驱动挂接在系统中，配置简单、速度快、可靠性高；提供强大的网络功能；提供开放的 OLE 接口，允许用户使用 VB 来快速编制各种设备驱动构件、动画构件和各种策略构件，通过 OLE 接口，用户可以方便地定制自己特定的系统。

9.1.4 组态软件的发展方向

社会信息化的加速是组态软件市场增长的强大推动力，很多新技术将不断被应用到组态软件当中，促使组态软件向更高层次和更广范围发展。其发展方向如下：

1. 数据采集的方式

大多数组态软件提供多种数据采集程序，用户可以进行配置。然而，在这种情况下，驱动程序只能由组态软件开发商提供，或者由用户按照某种组态软件的接口规范编写，这为用户提出了过高的要求。由 OPC 基金组织提出的 OPC 规范基于微软的 OLE/DCOM 技术，提供了在分布式系统下，软件组件交互和共享数据的完整解决方案。在支持 OPC 的系统中，数据的提供者作为服务器（Server），数据请求者作为客户（Client），服务器和客户之间通过 DCOM 接口进行通信，而无须知道对方内部实现的细节。由于 COM 技术是在二进制代码级实现的，所以服务器和客户可以由不同的厂商提供。在实际应用中，作为服务器的数据采集程序往往由硬件设备制造商随硬件提供，可以发挥硬件的全部效能，而作为客户的组态软件可以通过 OPC 与各厂家的驱动程序无缝连接，故从根本上解决了以前采用专用格式驱动程序总是滞后于硬件更新的问题。同时，组态软件同样可以作为服务器为其他的应用系统（如 MIS 等）提供数据。OPC 现在已经得到了包括 Interruption、Siemens、GE、ABB 等国外知名厂商的支持。随着支持 OPC 的组态软件和硬件设备的普及，使用 OPC 进行数据采集必将成为组态中更合理的选择。

2. 脚本的功能

脚本语言是扩充组态系统功能的重要手段，因此大多数组态软件提供了脚本语言的支持。具体的实现方式为三种：一是内置的类 C/Basic 语言；二是采用微软的 VBA 编程语言；三是有少数组态软件采用面向对象的脚本语言。类 C/Basic 语言要求用户使用类似高级语言的语句书写脚本，使用系统提供的函数调用组合完成各种系统功能。应该指明的是，多数采用这种方式的国内组态软件，对脚本的支持并不完善，许多组态软件只提供 If…then…else 的语句结构，不提供循环控制语句，为书写脚本程序带来了一定的困难。微软的 VBA 是一种相对完备的开发环境，采用 VBA 的组态软件，通常使用该环境和组件技术把组态系统中的对象以组件方式实现，使用 VBA 的程序对这些对象进行访问。由于 Visual Basic 是解释执行的，所以 VBA 程序的一些语法错误可能到执行时才能发现。而面向对象的脚本语言提供了对象访问机制，对系统中的对象可以通过其属性和方法进行访问，比较容易学习、掌握和扩展，但实现比较复杂。

3. 组态环境的可扩展性

可扩展性为用户提供了在不改变原有系统的情况下，向系统内增加新功能的能力，这种增加的功能可能来自于组态软件开发商、第三方软件提供商或用户自身。增加功能最常用的手段是 ActiveX 组件的应用，目前还只有少数组态软件能提供完备的 ActiveX 组件引入功能，实现引入对象在脚本语言中的访问。

4. 组态软件的开放性

随着管理信息系统和计算机集成制造系统的普及，生产现场数据的应用已经不仅仅局限于数据采集和监控。在生产制造过程中，需要现场的大量数据进行流程分析和过程控制，以实现对生产流程的调整和优化。现有的组态软件对这些需求还只能以报表的形式提供，或者通过 ODBC 将数据导出到外部数据库，以供其他的业务系统调用。在绝大多数情况下，仍然需要进行再开放才能实现。随着生产决策活动对信息需求的增加，可以预见，组态软件与管理信息系统或领导信息系统的集成必将更加紧密，并很可能以实现数据分析与决策功能的模块形式在组态软件中出现。

5. 对互联网的支持程度

现代企业的生产已经趋向国际化、分布式的生产方式。互联网将是实现分布式生产的基础。组态软件能否从原有的局域网运行方式跨越到支持互联网，是摆在所有组态软件开发商面前的一个重要课题。限于国内目前的网络基础设施和工业控制应用的程度，在较长时间内，以浏览器方式通过互联网对工业现场的监控，将会在大部分应用中停留于监视阶段，而实际控制功能的完成应该通过更稳定的技术，如专用的远程客户端，由专业开发商提供的 ActiveX 空间或 Java 技术实现。

6. 组态软件的控制功能

随着以工业 PC 为核心的自动控制集成系统技术的日趋完善和工程技术人员使用组态软件水平的不断提高，用户对组态软件的要求已不像过去那样主要侧重于画面，而是要考虑一些实质性的应用功能，如软 PLC、先进的过程控制策略等。软 PLC 产品是基于 PC 开放结构的控制装置，它具有硬 PLC 在功能、可靠性、速度、故障查找等方面的特点，利用软件技术可将标准的工业 PC 转换成全功能的 PLC 过程控制器。软 PLC 综合了计算机和 PLC 的开关量控制、模拟量控制、数学运算、数值处理、通信网络等功能，通过一个多任务控制内核，提供了强大的指令集、快速而准确的扫描周期、可靠的操作和可连接各种 I/O 系统及网络的开放式结构。

9.2　MCGS 组态软件介绍

1. MCGS 组态软件的功能

MCGS（Monitor and Control Generated System）是一套基于 Windows 平台的，用于快速构造和生成上位机监控系统的组态软件系统，由北京昆仑通态自动化软件科技有限公司开发，可运行于 Microsoft Windows 95/98/Me/NT/2000 等操作系统。

MCGS 为用户提供了解决实际工程问题的完整方案和开发平台，能够完成现场数据采集、实时和历史数据处理、报警和安全机制、流程控制、动画显示、趋势曲线和报表输出以及企业监控网络等功能。

MCGS 具有操作简便、可视性好、可维护性强、高性能、高可靠性等突出特点，已成功应用于石油化工、钢铁行业、电力系统、水处理、环境监测、机械制造、交通运输、能源原材料、农业自动化、航空航天等领域，经过各种现场的长期实际运行，系统稳定可靠。使用 MCGS，用户无须具备计算机编程的知识，就可以在短时间内轻而易举地完成一个运行稳定、功能全面、维护量小并且具备专业水准的计算机监控系统的开发工作。

MCGS 是一套用于快速构造和生成计算机监控系统的组态软件，它充分利用了 Windows 图形功能完备、界面一致性好、易学易用的特点，比以往使用专用机开发的工业控制系统更具通用性，在自动化领域有着更广泛的应用。MCGS 的主要特点和基本功能如下：

（1）简单灵活的可视化操作界面　MCGS 采用全中文、可视化、面向窗口的开发界面，以窗口为单位，构造用户运行系统的图形界面，使 MCGS 的组态工作既简单直观，又灵活多变，符合中国人的使用习惯和要求。用户可以使用系统的默认构架，也可以根据需要自己组态配置图形界面，生成各种类型和风格的图形界面，包括 DOS 风格和标准 Windows 风格的图形界面，并且带有动画效果的工具条和状态条等。

（2）实时性强、良好的并行处理性能　MCGS 是真正的 32 位应用系统，充分利用了 32 位 Windows 操作平台的多任务、按优先级分时操作的功能，以线程为单位对在工程行业中实时性强的关键任务和实时性不强的非关键任务进行分时并行处理，使 PC 广泛应用于工程测控领域成为可能。例如，MCGS 在处理数据采集、设备驱动和异常处理等关键任务时，可在主机运行周期时间内分时处理打印数据等类似的非关键性工作，实现系统并行处理多任务、多进程。

（3）丰富、生动的多媒体画面　MCGS 以图像、图符、报表和曲线等多种形式，为操作员及时提供系统运行中的状态、品质及异常报警等有关信息；通过对图形大小的变化、颜色的改变、明暗的闪烁、图形的移动翻转等多种手段，增强画面的动态显示效果；在图元、图符对象上定义相应的状态属性，实现动画效果。MCGS 还为用户提供了丰富的动画构件，每个动画构件都对应一个特定的动画功能。MCGS 还支持多媒体功能，能够快速地开发出集图像、声音、动画于一体的漂亮、生动的工程画面。

（4）开放式结构，广泛的数据获取和强大的数据处理功能　MCGS 采用开放式结构，系统可以与广泛的数据源交换数据，MCGS 提供多种高性能的 I/O 驱动；支持 Microsoft 开放数据库互联（ODBC）接口，有强大的数据库连接能力；全面支持 OPC（OLE for Process Control）标准，既可作为 OPC 客户端，也可以作为 OPC 服务器，可以与更多的自动化设备相连接；MCGS 通过 DDE（Dynamic Data Exchange，动态数据交换）与其他应用程序交换数据，充分利用计算机丰富的软件资源；MCGS 全面支持 ActiveX 控件，提供极其灵活的面向对象的动态图形功能，并且包含丰富的图形库。

（5）完善的安全机制　MCGS 提供了良好的安全机制，为多个不同级别的用户设定了不同的操作权限。此外，MCGS 还提供了工程密码、锁定软件狗、工程运行期限等功能，大大加强了保护组态开发者劳动成果的力度。

（6）强大的网络功能　MCGS 支持 TCP/IP、MODEM、RS-485/RS-422/RS-232 等多种网络体系结构；使用 MCGS 网络版组态软件，可以在整个企业范围内，用 IE 浏览器方便地浏览到实时和历史的监控信息，实现设备管理与企业管理的集成。

（7）多样化的报警功能　MCGS 提供多种不同的报警方式，具有丰富的报警类型和灵活多样的报警处理函数。不仅方便用户进行报警设置，而且实现了系统实时显示、打印报警信息的功能。报警信息的存储与应答功能，为工业现场安全可靠地生产运行提供了有力的保障。

（8）实时数据库为用户分步组态提供极大方便　MCGS 由主控窗口、设备窗口、用户窗口、实时数据库和运行策略 5 个部分构成，其中实时数据库是一个数据处理中心，是系统各个部分及其各种功能性构件的公用数据区，是整个系统的核心。各个部件独立地向实时数据库输入和输出数据，并完成自己的差错控制。在生成用户应用系统时，每一部分均可分别进行组态配置，独立创建，互不干扰；而在系统运行过程中，各个部分都通过实时数据库交换数据，形成互相关联的整体。

（9）支持多种硬件设备，实现"设备无关"　MCGS 针对外部设备的特征，设立设备工具箱，定义多种设备构件，建立系统与外部设备的连接关系，赋予相关的属性，实现对外部设备的驱动和控制。用户在设备工具箱中可方便选择各种设备构件。不同的设备对应不同的设备构件，所有的设备构件均通过实时数据库建立联系；而建立时又是相互独立的，即对某一构件的操作或改动，不影响其他构件和整个系统的结构。因此 MCGS 是一个"设备无关"的系统，用户不必因外部设备的局部改动，而影响整个系统。

（10）方便控制复杂的运行流程　MCGS 开辟了"运行策略"窗口，用户可以选用系统提供的各种条件和功能的策略构件，用图形化的方法和简单的类 Basic 语言构造多分支的应用程序，按照设定的条件和顺序，操作外部设备，控制窗口的打开或关闭，与实时数据库进行数据交换，实现自由、准确地控制运行流程。同时，也可以由用户创建新的策略构件，扩展系统的功能。

（11）良好的可维护性和可扩充性　MCGS 系统由五大功能模块组成，主要的功能模块以构件的形式来构造，不同的构件有着不同的功能，且各自独立。三种基本类型的构件（设备构件、动画构件和策略构件）完成了 MCGS 系统三大部分（设备驱动、动画显示和流程控制）的所有工作。除此之外，MCGS 还提供了一套开放的可扩充接口，用户可根据自己的需要用 VB、VC 等高级开发语言，编制特定的构件来扩充系统的功能。

（12）用数据库来管理数据存储，系统可靠性高　MCGS 中数据的存储不再使用普通的文件，而是用数据库来管理。组态时，系统生成的组态结果是一个数据库；运行时，系统自动生成一个数据库，保存和处理数据对象和报警信息的数据。利用数据库来保存数据和处理数据，提高了系统的可靠性和运行效率；同时，也使其他应用软件系统能直接处理数据库中的存盘数据。

（13）设立对象元件库，组态工作简单方便　对象元件库，实际上是分类存储各种组态对象的图库。组态时，可把制作好的数据对象（包括图形对象、窗口对象、策略对象以至位图文件等）以元件的形式存入图库中，同样也可把元件库中的各种对象取出，直接为当前的工程所用。随着在工作中积累，对象元件库将日益扩大和丰富，这样解决了对象元件库的元件积累和元件重复利用问题。组态工作将会变得更加简单、方便。

（14）实现对工控系统的分布式控制和管理　考虑到工控系统今后的发展趋势，MCGS 充分运用现今发展的 DCCW（Distributed Computer Cooperator Work，分布式计算机协同工作方式）技术，使分布在不同现场的采集设备和工作站之间实现协同工作，不同的工作站之间则通过 MCGS 实时交换数据，实现对工控系统的分布式控制和管理。

2. MCGS 组态软件的工作方式

（1）与设备进行通信　MCGS 通过设备驱动程序与外部设备进行数据交换，包括数据采集和发送设备指令。设备驱动程序是由 VB、VC 程序设计语言编写的 DLL（动态链接库）文件，设备驱动程序中包含符合各种设备通信协议的处理程序，将设备运行状态的特征数据采集进来或发送出去。MCGS 负责在运行环境中调用相应的设备驱动程序，将数据传送到工程中的各个部分，完成整个系统的通信过程。每个驱动程序独占一个线程，达到互不干扰的目的。

（2）产生动画效果　MCGS 为每一种基本图形元素定义了不同的动画属性，例如一个长方形的动画属性有可见度、大小变化、水平移动等，每一种动画属性都会产生一定的动画效果。所谓动画属性，实际上是反映图形大小、颜色、位置、可见度和闪烁性等状态的特征参数。然而在组态环境中生成的画面都是静止的，如何在工程运行中产生动画效果呢？方法是：图形的每一种动画属性中都有一个"表达式"文本框，在该文本框中设定一个与图形状态相联系的数据变量，连接到实时数据库中，以此建立相应的对应关系，MCGS 称之为动画连接。

（3）实施远程多机监控　MCGS 提供了一套完善的网络机制，可通过 TCP/IP 网、MO-DEM 网和串口网将多台计算机连接在一起，构成分布式网络监控系统，实现网络间的实时数据同步、历史数据同步和网络事件的快速传递。同时，可利用 MCGS 提供的网络功能，在工作站上直接对服务器中的数据库进行读写操作。分布式网络监控系统的每一台计算机都要安装一套 MCGS 工控组态软件。MCGS 把各种网络形式，以父设备构件和子设备构件的形式供用户调用，并进行工作状态、多口号和工作站地址等属性参数的设置。

（4）对工程运行流程实施有效控制　MCGS 开辟了专用的"运行策略"窗口，建立用户运行策略。MCGS 提供了丰富的功能构件供用户选用，通过构件配置和属性设置两项组态操作，生成各种功能模块（称为"用户策略"），使系统能够按照设定的顺序和条件操作实时数据库，实现对动画窗口的任意切换、控制系统的运行流程和设备的工作状态。所有的操作均采用面向对象的直观方式，避免了烦琐的编程工作。

9.3 MCGS 组态软件与 PLC 综合设计实例

采用 MCGS 组态软件能够编制监控软件和仿真软件，监控软件就是要 PLC 和监控计算机相连，根据 PLC 实际运行的状态来控制 PC 机屏幕上相应画面的动画动作，这在实际生产控制中是非常有效的；而仿真软件则不需要 PLC 和计算机相连，在计算机上就能模拟控制过程，主要是用于教学，能按照控制要求模拟实际生产中的设备动作，达到仿真效果。以下在交通信号灯和液体混合实例中，主要讲述 MCGS 编制监控软件的过程，在机械手控制实例中，讲解控制仿真软件的编制过程。

9.3.1 十字路口交通信号灯控制监控

控制要求：在屏幕上按下开始按钮，十字路口交通信号的东西红灯和南北绿灯开始亮 4s，之后南北绿灯灭，东西红灯继续亮 2s，同时南北黄灯闪 2 次，然后东西红灯灭，南北红灯和东西绿灯亮 4s 后，东西绿灯灭，南北红灯继续亮 2s，同时东西黄灯闪 2 次后，东西红灯和南北绿灯开始亮 4s，继续以上循环。

1. 绘制路口交通控制系统界面

在 MCGS 组态平台上，单击"用户窗口"，在"用户窗口"中单击"新建窗口"按钮，则新建"窗口 0"，如图 9-1 所示。

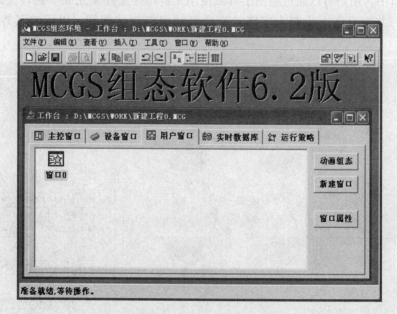

图9-1 新建窗口

选中"窗口 0"，单击"窗口属性"，进入"用户窗口属性设置"对话框，如图 9-2 所示。在"窗口名称"文本框中填入"路口交通控制系统"；在"窗口标题"文本框中填入

"路口交通控制系统";在"窗口位置"选项组中选中"最大化显示",其他不变,单击"确认"。

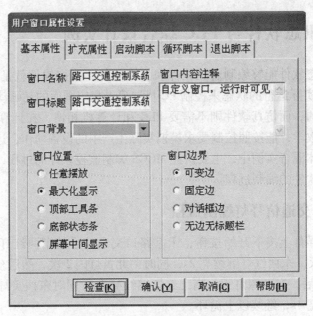

图 9-2 用户窗口属性设置对话框

选中刚创建的"路口交通控制系统"用户窗口,单击"动画组态",进入动画制作窗口。在此窗口中,用户可以通过绘图工具或使用工具箱等途径来完成"路口交通控制系统"的界面设计,并在界面上绘制十字路口交通灯顺序控制功能图,以反映其控制过程,如图 9-3 所示。

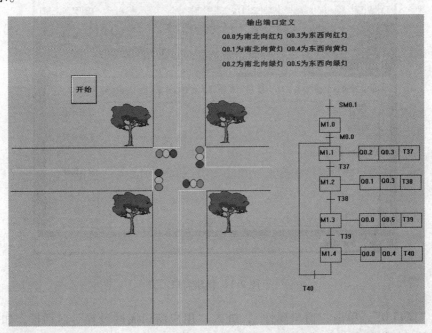

图 9-3 路口交通控制系统界面

2. 路口交通控制系统中构件的属性设置

在"实时数据库"选项卡中，通过使用"新增对象"和"对象属性"按钮，对数据变量进行定义，如图 9-4 所示。

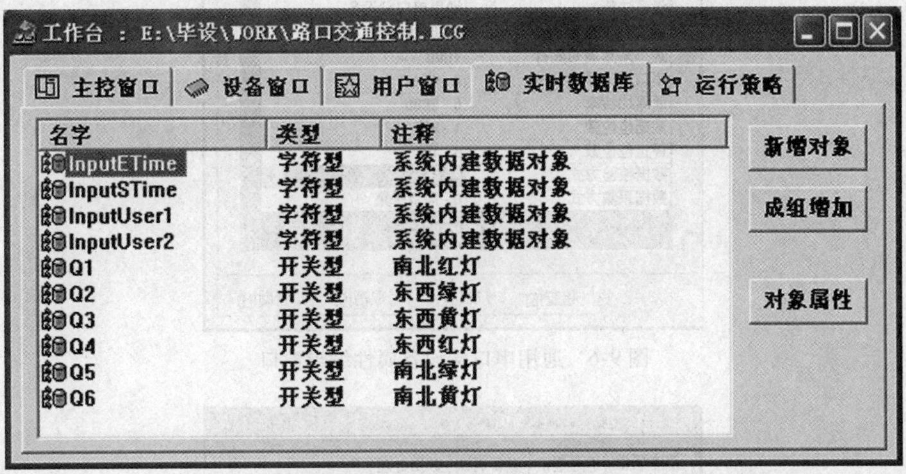

图 9-4　实时数据库定义数据

3. 设备窗口属性设置

在组态工作台界面中，单击"设备窗口"选项，出现设备窗口图标并双击进入设备组态窗口；在此窗口中通过设备工具箱，完成设备组态，如图 9-5 所示。

图 9-5　设备组态窗口

设备组态完成后，双击"通用串口父设备 0"，进入"通用串口设备属性编辑"对话框，根据设备通信要求和连接情况，完成通用串口父设备属性编辑界面中相关的参数设置，具体设置如图 9-6 所示，按"确认"完成设置。

返回设备组态窗口，双击"设备 0-［西门子 S7-200PPI］"进入如图 9-7"设备属性设置"对话框，在此窗口中双击"通道连接"，则出现图 9-8 所示对话框，在此窗口中将红绿灯图像与输出点和内部位存储器的表格一一对应填好。双击"设备调试"，则出现图 9-9 所示的对话框。如果通道值为"0"，说明连接正常，如果有错误，则显示"-1"。

回到工作台界面，选择主控窗口并单击界面右侧的"系统属性"按钮，弹出"主控窗口属性设置"对话框，在此窗口中选择"启动属性"选项卡，在"用户窗口列表"中选中"路口交通控制系统"，按"增加"按钮，则"路口交通控制系统"移入"自动运行窗口"，如图 9-10 所示，按"确认"键。

设备属性名	设备属性值
设备名称	通用串口父设备0
设备注释	通用串口父设备
初始工作状态	1 - 启动
最小采集周期[ms]	1000
串口端口号[1~255]	0 - COM1
通信比特率	6 - 9600
数据位位数	1 - 8位
停止位位数	0 - 1位
数据校验方式	2 - 偶校验
数据采集方式	0 - 同步采集

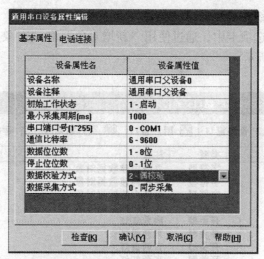

图 9-6　通用串口父设备属性编辑窗口

设备属性名	设备属性值
[内部属性]	设置设备内部属性
采集优化	0-不优化
[在线帮助]	查看设备在线帮助
设备名称	设备0
设备注释	西门子_S7200PPI
初始工作状态	1 - 启动
最小采集周期[ms]	1000
设备地址	2
通信等待时间	100
快速采集次数	0

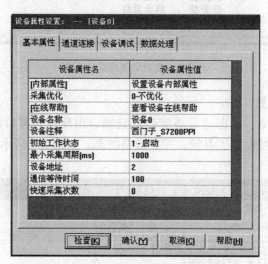

图 9-7　设备属性设置窗口

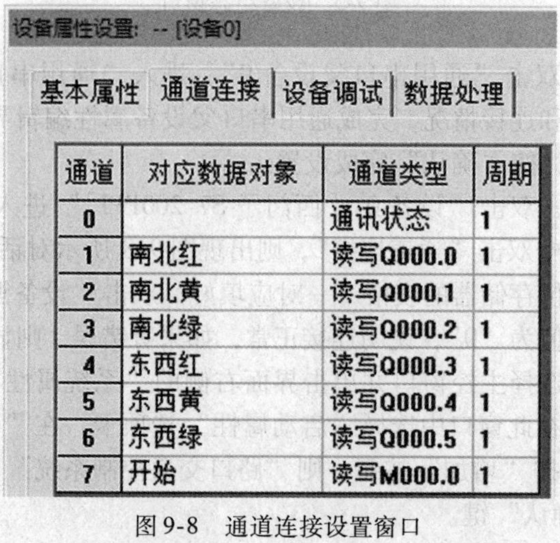

通道	对应数据对象	通道类型	周期
0		通讯状态	1
1	南北红	读写Q000.0	1
2	南北黄	读写Q000.1	1
3	南北绿	读写Q000.2	1
4	东西红	读写Q000.3	1
5	东西黄	读写Q000.4	1
6	东西绿	读写Q000.5	1
7	开始	读写M000.0	1

图 9-8　通道连接设置窗口

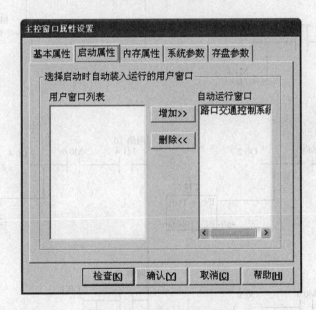

通道连接	设备调试	数据处理

对应数据对象	通道值	通道类型
	0	通讯状态
南北红	0	读写Q000.0
南北黄	0	读写Q000.1
南北绿	0	读写Q000.2
东西红	0	读写Q000.3
东西黄	0	读写Q000.4
东西绿	0	读写Q000.5
开始	0	读写M000.0

图 9-9 设备调试窗口

图 9-10 主控窗口属性设置

4. PLC 梯形图编制与监控

使用 STEP7 软件编制梯形图，如图 9-11 所示。将编译好的"路口交通灯控制系统"程序下载入 PLC（注意选择 CPU 的型号），运行软件。单击 MCGS 主菜单中的"进入运行环境"按钮，进入监控运行界面，实时监控系统的工作情况。

9.3.2 液体混合控制仿真

1. 绘制液体混合控制系统界面

在 MCGS 组态平台上，单击"用户窗口"，在"用户窗口"中单击"新建窗口"按钮，则产生新"窗口 0"，选中"窗口 0"，单击"窗口属性"，进入"用户窗口属性设置"对话框。在"窗口名称"文本框中填入"液体混合控制系统"；在"窗口标题"文本框中填入

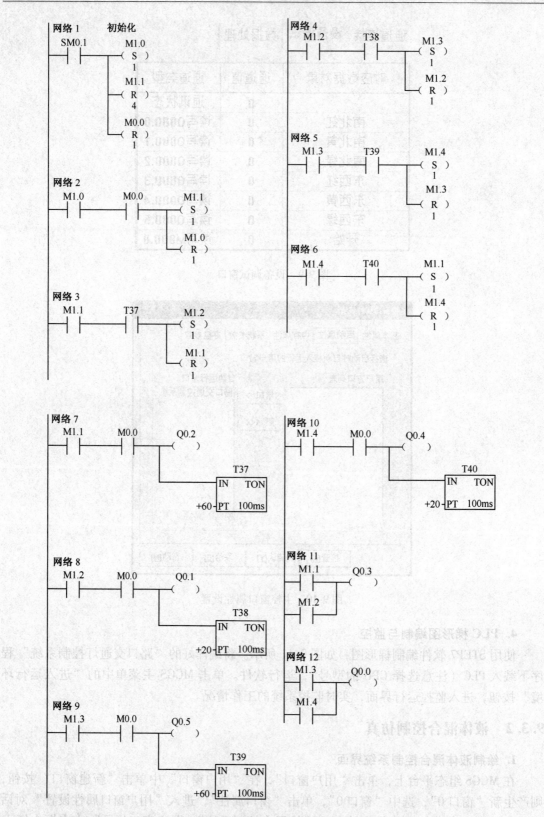

图 9-11　十字路口交通灯控制梯形图

"液体混合控制系统";在"窗口位置"选项组中选中"最大化显示",其他不变,单击"确认"。右键点击新建的窗口,选择"设置为启动窗口"。

选中刚创建的"液体混合控制系统"用户窗口,单击"动画组态",进入动画制作窗口。在此窗口中,用户可以通过绘图工具或使用工具箱等途径来完成"液体混合控制系统"的界面设计,如图 9-12 所示。

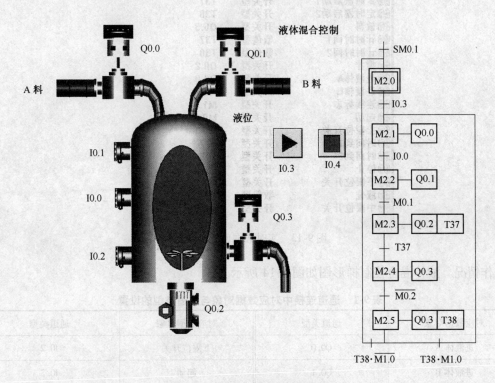

图 9-12 液体混合控制系统界面

2. 液体混合控制系统中构件的属性设置

在"实时数据库"选项卡中,通过使用"新增对象"和"对象属性"按钮,对数据变量进行定义,如图 9-13 所示。

3. 设备窗口属性设置

在组态工作台界面中,单击"设备窗口"选项,出现设备窗口图标并双击进入设备组态窗口。在设备组态窗口中,按 9.3.1 中的方法设置好设备属性。其中"通道连接"中对应数据对象与通道类型的设置见表 9-1。

回到工作台界面,选择主控窗口并单击界面右侧的"系统属性"按钮,弹出"主控窗口属性设置"对话框,在此窗口中选择"启动属性"选项卡,在"用户窗口列表"中选中"液体自动混合系统",按"增加"按钮,则"液体自动混合系统"移入"自动运行窗口",按"确认"键。

4. PLC 梯形图编制与仿真监控

单击主菜单中的"进入运行环境"钮,将 STEP7 的"液体混合控制系统"程序下载到 PLC 实验箱中,将实验箱与电源和组态软件 MCGS 连接,进入监控运行界面,实时监控系统

名字	类型	注释
InputETime	字符型	系统内建数据对象
InputSTime	字符型	系统内建数据对象
InputUser1	字符型	系统内建数据对象
InputUser2	字符型	系统内建数据对象
定时器复位1	开关型	T37
定时器复位2	开关型	T38
定时器启动1	开关型	T37
定时器启动2	开关型	T38
放料	开关型	Q0.3
计时时间1	数值型	T37
计时时间2	数值型	T38
搅拌	开关型	Q0.2
进液体A	开关型	Q0.0
进液体B	开关型	Q0.1
连续标志	开关型	M1.0
起动	开关型	M0.3
上限位开关	开关型	M0.1
时间到1	开关型	T37
时间到2	开关型	T38
停止	开关型	M0.4
下限位开关	开关型	M0.2
液位	数值型	
中限位开关	开关型	M0.0

图 9-13　实时数据库定义数据

的工作情况。液体混合控制梯形图如图 9-14 所示。

表 9-1　通道连接中对应数据对象与通道类型的设置

对应数据对象	通道类型	对应数据对象	通道类型
进液体 A	Q0.0	下限位开关	I0.2
进液体 B	Q0.1	起动	I0.3
搅拌	Q0.2	停止	I0.4
放料	Q0.3	连续标志	M1.0
中限位开关	I0.0	定时器启动 1	M0.5
上限位开关	I0.1	定时器启动 2	M0.6

9.3.3　机械手控制系统仿真

1. 建立新工程

在 MCGS 组态环境中生成的文件成为工程文件，后缀为 . mcg，存放于 MCGS 目录下的 Work 子目录中，例如，D：\ MCGS \ Work \ 机械手系统 . mcg。

首先建立一个新工程，并对其中的窗口名称、窗口标题、窗口背景、窗口位置进行设置。在 MCGS 组态平台上，单击"用户窗口"，在"用户窗口"中单击"新建窗口"按钮，则产生新"窗口 0"，选中"窗口 0"，单击"窗口属性"，进入"用户窗口属性设置"对话框。在"窗口名称"文本框中填入"机械手系统"；在"窗口标题"文本框中填入"机械手系统"；在"窗口位置"选项组中选中"最大化显示"，其他不变，单击"确认"。

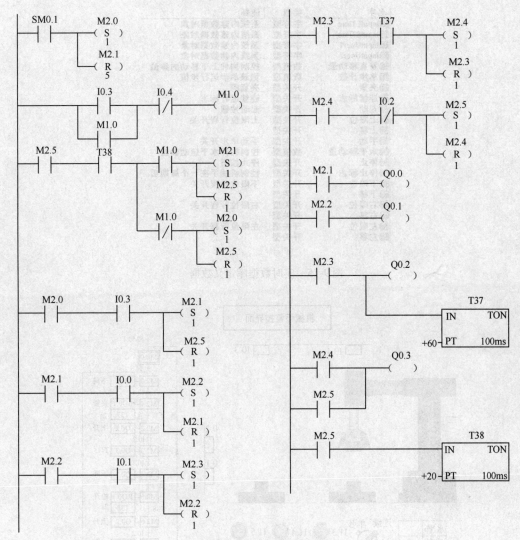

图 9-14　液体混合控制梯形图

2. 实时数据库设置

MCGS 用实时数据库来管理所有的实时数据。从外部设备采集来的实时数据送入实时数据库，实时数据库将数据在系统中进行交换处理。实时数据库所存储的单元，不单单是变量的数值，还包括变量的特征参数（属性）以及对该变量的操作方法（设置报警属性、报警处理和存盘处理等）。在"实时数据库"选项卡中，通过使用"新增对象"和"对象属性"按钮，对数据变量进行定义，如图 9-15 所示。

3. 工程画面的制作

利用 MCGS 组态软件的绘图工具或工具箱绘制画面，可以使需要的界面生动形象地在计算机中体现出来。

选中刚创建的"机械手系统"用户窗口，单击"动画组态"，进入动画制作窗口。在此窗口中，用户可以通过绘图工具或使用工具箱等途径来完成"机械手系统"的界面设计，如图 9-16 所示。

名字	类型	注释
InputETime	字符型	系统内建数据对象
InputSTime	字符型	系统内建数据对象
InputUser1	字符型	系统内建数据对象
InputUser2	字符型	系统内建数据对象
垂直移动量	数值型	控制构件上下移动的参量
单步计数	数值型	记录单步运行步值
夹紧	开关型	夹紧阀
连续标志	开关型	连续运行标志
起动	开关型	起动按钮
上限位	开关型	上限位行程开关
上移	开关型	
手动	开关型	手动单步开关
水平移动量	数值型	控制构件水平运动参量
停止	开关型	停止按钮
停止标志	开关型	控制机械手在一个周期后…
下限位	开关型	下限位行程开关
下移	开关型	
右限位	开关型	右限位行程开关
右移	开关型	
左限位	开关型	左限位行程开关
左移	开关型	

图 9-15　实时数据库定义数据

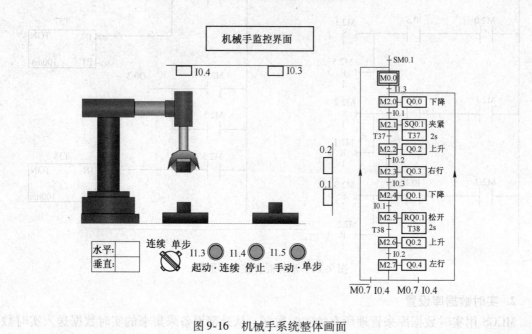

图 9-16　机械手系统整体画面

4. 构件设置

对所绘制界面中的各个构件进行设置，其中包括对填充颜色、水平移动、垂直移动、大小变化、按钮动作、可见度、闪烁效果等选项进行设置，使界面具有动画效果。

在机械手系统界面中，双击机械手水平伸缩臂，打开"动画属性设置"对话框，设置"表达式"为水平移动量，"最小变化百分比"为 100，"最大变化百分比"为 400，对应"表达式的值"分别为 0 和 50，如图 9-17 所示。机械手垂直升降臂大小变化设置如图 9-18 所示。按照此方法分别设置机械手上部气缸、机械手升降臂、机械手 1、机械手 2、工件 1 的"水平移动量"和"竖直移动量"，机械手 1、机械手 2、工件 1、工件 2、工件 3 的"可见度"，如图 9-19 所示，参数见表 9-2 及表 9-3。

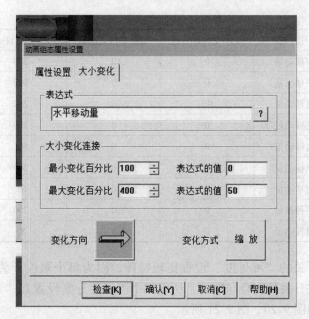

图 9-17　机械手水平伸缩臂大小变化设置

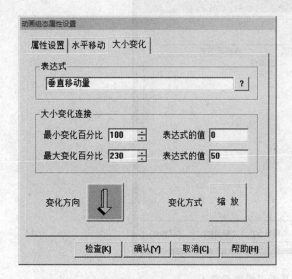

图 9-18　机械手垂直升降臂大小变化设置

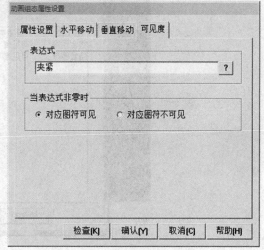

图 9-19　工件 1 可见度设置

表 9-2　构件可见度设置

构　　件	表　达　式	当表达式非零时
机械手 1	夹紧	对应图符不可见
机械手 2	夹紧	对应图符可见
工件 1	夹紧	对应图符可见
工件 2	夹紧	对应图符可见
工件 3	夹紧	对应图符不可见

表 9-3　构件大小变化设置

构　件	表　达　式	最小变化百分比	对应表达式的值	最大变化百分比	对应表达式的值
上部气缸	水平移动量	0	0	200	50
升降臂	水平移动量	0	0	200	50
	竖直移动量	90	0	230	50
机械手1	水平移动量	0	0	200	50
	竖直移动量	0	0	85	50
机械手2	水平移动量	0	0	200	50
	竖直移动量	0	0	85	50
工件1	水平移动量	0	0	200	50
	竖直移动量	0	0	85	50

　　左右上下限位开关的"可见度"设置比较特殊，因为每个限位开关构件都由两个图元组成，分别对应限位开关的闭合与断开，所以两个图元要分别设置其"可见度"。以左限位开关的设置为例，如图 9-20、图 9-21 所示。

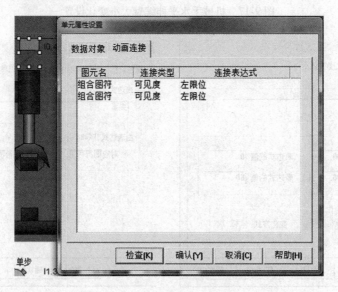

图 9-20　左限位开关可见度设置 1

　　设置连续开关及起动按钮的操作属性与可见度属性，如图 9-22 ~ 图 9-24 所示。
　　起动按钮、停止按钮、手动·单步按钮设置，起动按钮的操作属性与可见度属性设置。具体步骤与上述设置类似。

5. 设备窗口设置

　　设备窗口是 MCGS 系统的重要组成部分，负责建立系统与外部硬件设备的连接，使得 MCGS 能从外部设备读取数据并控制外部设备的工作状态，实现对工业过程的实时监控。
　　在 MCGS 单机版中，一个用户工程只允许有一个设备窗口，设置在主控窗口内。对用户来说，设备窗口在运行时是不可见的。在本窗口内可以完成配置数据采集、控制输出设备、注册设备驱动程序、定义连接与驱动设备用的数据变量等工作。

图 9-21　左限位开关可见度设置 2

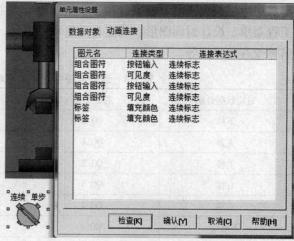

图 9-22　连续开关设置 1

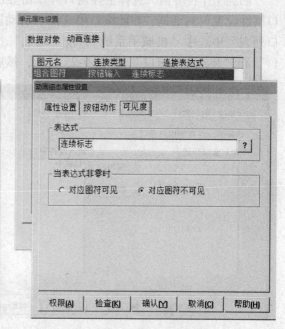

图 9-23　连续开关设置 2　　　　　　　　　　　图 9-24　连续开关设置 3

　　在组态工作台界面中，单击"设备窗口"选项，出现设备窗口图标并双击进入设备组态窗口。在设备组态窗口中，按 9.3.1 中的方法设置好设备属性，完成设备组态。设备组态完成后，双击"通用串口父设备 0"，进入"通用串口设备属性编辑"对话框，根据设备通信要求和连接情况，完成通用串口父设备属性编辑界面中相关的参数设置，具体设置见表 9-4，按"确认"完成设置。

6. 主控窗口设置

　　主控窗口是工程的主框架，负责调度和管理用户窗口，确定了工业控制中监控软件的总体轮廓、运行流程、菜单命令、特性参数和启动属性等内容，是应用系统的主框架。在主控窗口中可以放置一个设备窗口和多个用户窗口。主要的组态操作包括：定义工程名称、编制工程菜单、设计封面图形、确定自动启动的窗口、设定动画刷新周期、指定数据库存盘文件名称及存盘时间等。

表 9-4　通道连接中对应数据对象与通道类型的设置

对应数据对象	通道类型	对应数据对象	通道类型
下移	Q0.0	右限位	M0.3
夹紧	Q0.1	左限位	M0.4
上移	Q0.2	停止标志	M0.7
右移	Q0.3	起动	M1.3
左移	Q0.4	停止	M1.4
下限位	M0.1	手动	M1.5
上限位	M0.2	连续标志	M3.0

回到工作台界面，选择主控窗口并单击界面右侧的"系统属性"按钮，弹出"主控窗口属性设置"对话框，在此窗口中选择"启动属性"和"内存属性"选项卡，在"用户窗口列表"中选中"机械手系统"，按"增加"按钮，则"机械手系统"移入"自动运行窗口"和"装入内存窗口"，如图 9-25 所示，然后按"确认"键。

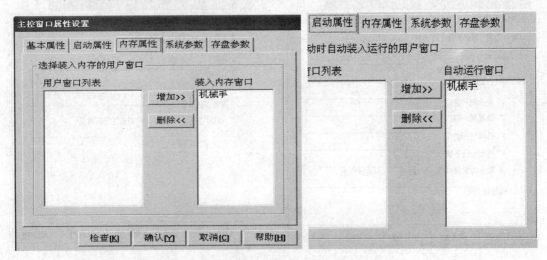

图 9-25　主控窗口启动属性及内存属性设置

7. 运行策略设置

运行策略是对系统运行流程实现有效控制的手段。本窗口主要完成对工程运行流程的控制，包括编写控制程序（IF…THEN 脚本程序）和选用各种功能构件，例如数据提取、定时器、配方操作和多媒体输出等。

运行策略本身是系统提供的一个框架，里面放置有策略条件构件和由策略构件组成的"策略行"。通过对运行策略的定义，使系统能够按照设定的顺序和条件操作实时数据库，控制用户窗口的打开、关闭并确定设备构件的工作状态等，从而实现对外部设备工作过程的精确控制。

一个应用系统有三个固定的运行策略：启动策略、循环策略和退出策略，用户也可根据具体需要创建新的用户策略、循环策略、报警策略、事件策略、热键策略。启动策略在应用系统开始运行时调用，退出策略在应用系统退出运行时调用，循环策略由系统在运行过程中定时循环调用，用户策略供系统中的其他部件调用。

在组态工作台界面中，用鼠标单击"运行策略"，再单击"新建策略"，弹出选择策略类型窗口，如图 9-26 所示。分别新建名为"初始化"、"左限位下降"、"夹紧"、"左限位上升"、"右移"、"右限位下降"、"放松"、"右限位上升"、"左移"的"用户策略"类型的运行策略，如图 9-27 所示。分别双击这几个类型的用户策略，弹出用户策略的"策略组态窗口"，利用"新增策略行"和"策略工具箱"建立脚本程序，如图 9-28 所示。双击窗口中的脚本程序，在弹出的脚本编辑器中键入相应的脚本，如图 9-29 所示，然后点击右下角的"确定"按钮。

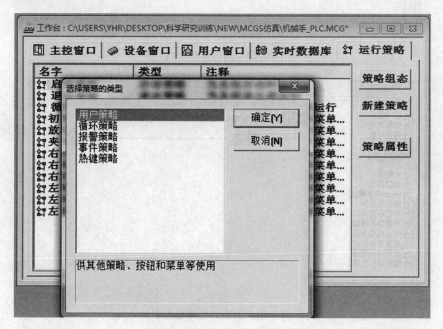

图 9-26　选择策略类型窗口

各个用户策略的脚本程序分别如下：

"初始化"

IF 水平移动量 = 0 AND 垂直移动量 = 0 THEN

　　上限位 = 1

　　左限位 = 1

ENDIF

"左限位下降"

IF 垂直移动量 > < 50 THEN

　　垂直移动量 = 垂直移动量 + 1

　　上限位 = 0

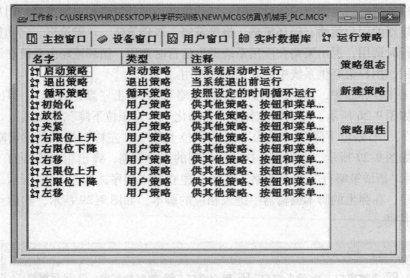

图 9-27　运行策略窗口

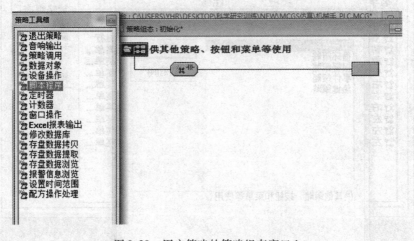

图 9-28　用户策略的策略组态窗口 1

```
ENDIF
IF 垂直移动量 = 50 THEN
    下限位 = 1
ENDIF


"夹紧"
夹紧 = 1


"左限位上升"
IF 垂直移动量 > < 0 THEN
    垂直移动量 = 垂直移动量 - 1
    下限位 = 0
```

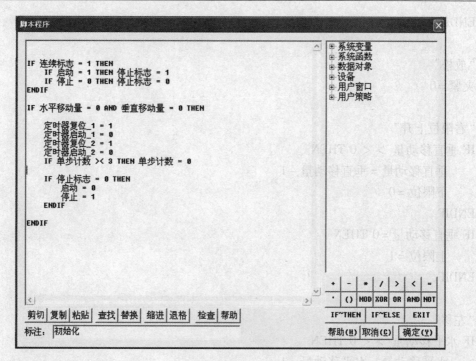

图 9-29　脚本编辑器

ENDIF
IF 垂直移动量 = 0 THEN
　　上限位 = 1
ENDIF

"右移"
IF 水平移动量 > < 50 THEN
　　水平移动量 = 水平移动量 + 1
　　左限位 = 0
ENDIF
IF 水平移动量 = 50 THEN
　　右限位 = 1
ENDIF

"右限位下降"
IF 垂直移动量 > < 50 THEN
　　垂直移动量 = 垂直移动量 + 1
　　上限位 = 0
ENDIF
IF 垂直移动量 = 50 THEN
　　下限位 = 1

ENDIF

"放松"
夹紧 = 0

"右限位上升"
IF 垂直移动量 > < 0 THEN
　　垂直移动量 = 垂直移动量 − 1
　　下限位 = 0
ENDIF
IF 垂直移动量 = 0 THEN
　　上限位 = 1
ENDIF

"左移"
IF 水平移动量 > < 0 THEN
　　水平移动量 = 水平移动量 − 1
右限位 = 0
ENDIF
IF 水平移动量 = 0 THEN
　　左限位 = 1
ENDIF

　　双击"循环策略",弹出循环策略窗口,用鼠标右键点击"按照设定时间循环运行"图标,利用"新增策略行"和"策略工具箱"中的"策略调用"工具建立策略行并调用相应的用户策略,如图 9-30 所示。双击第二个策略行左边的策略条件部分,在弹出的"表达式条

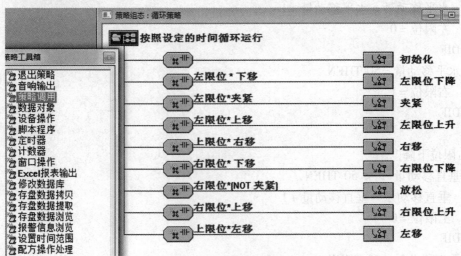

图 9-30　循环策略

件"对话框中,在"表达式"一栏中填入"左限位 * 下移"作为用户策略的调用条件,并在"内容注释"中填入相应注释,如图 9-31 所示。

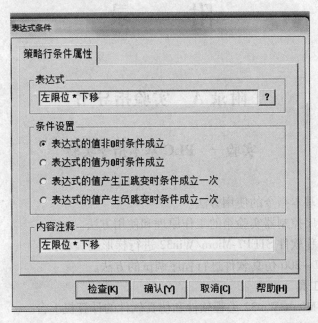

图 9-31　表达式条件对话框

在剩下第三到第九策略条的表达式条件对话框中分别如上填入"左限位 * 夹紧"、"左限位 * 上移"、"上限位 * 右移"、"右限位 * 下移"、"右限位 * (NOT 夹紧)"、"右限位 * 上移"、"上限位 * 左移"。

习　题

1. 什么是组态软件?常用的组态软件有哪些?
2. MCGS 组态软件有何特点?
3. MCGS 组态软件对系统有哪些要求?
4. 实时数据库中"数据对象"的含义是什么?
5. 对"数据对象"的操作应考虑哪几个方面的问题?
6. 启动属性设置的作用是什么?
7. 设备窗口组态的作用是什么?

体。验始单中，选"文件"一导出菜单入"文段存"；下下，作为口应用序程和应系件
其中"仍容为："中填入如应单标；如图9-31版示。

附 录

附录A 实验指导书

实验一 PLC 基本指令实验

1. 实验目的

1）学习位逻辑基本指令的使用方法。

2）学习可编程序控制器实验箱的工作原理和使用方法。

3）学习使用编程软件 STEP7-Micro/Win32 进行梯形图编程。

4）学习使用 S7–200 仿真软件进行程序调试的方法。

2. 实验用仪器工具

1）装有 STEP7-Micro/Win32 编程软件和仿真软件的计算机 1 台。

2）装有 CPU224 的 PLC 实验箱 1 台。

3）PC/PPI 编程电缆 1 根。

4）数字量输入模拟开关接线箱、数字量输出指示灯接线箱各 1 台。

3. 实验内容及步骤

在预实验报告中写出图 A-1a，图 A-1b，图 A-1c 的真值表。实验步骤：

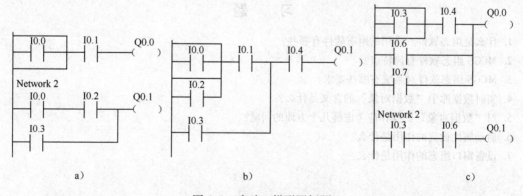

图 A-1　实验一梯形图例题

1）练习使用软件 STEP7-Micro/Win32 编制程序，按图 A-1 输入梯形图并保存，文件名为 "A-1a"、"A-1b"、"A-1c"，文件后缀为 "mwp"。

2）调出 A-1a. mwp，在 STEP7-Micro/Win32 编程软件菜单中选择 PLC > Compile，若底部状态栏显示 0 error，表明程序无错误，可以进行程序下载、运行等步骤，若显示错误，改正后再进行下面的步骤。

3）从菜单中选择 file > Export，按提示将程序存成仿真运行文件 run-A-1a，文件后缀为

"awl"。

4）运行 S7-200 仿真软件，载入文件 run-A-1a. awl，从菜单中选择 PLC > RUN，运行程序，按下仿真软件界面上 S7-200 的输入开关，对程序进行调试。观察实验结果与预习报告的真值表或时序图是否吻合，若不同，思考原因，并解决。

5）调入其他程序进行仿真调试，理解位逻辑指令的用法。

6）在确认 PLC 实验箱与计算机连接无误后，从 STEP7-Micro/Win32 编程软件菜单中选择 file > Download，将程序 A-1a. mwp，按提示下载到 PLC 中，菜单中选择 PLC > RUN，运行程序，拨动输入开关，对程序进行调试，观察实验结果与预习报告的真值表或时序图是否吻合，若不同，思考原因，并解决。

7）调入其他程序进行实际调试，理解位逻辑指令的用法。

4. 实验说明及注意事项

1）在接电源时，一定要接好线后，再打开电源，以防电源短路。

2）需认真观察线路，弄清原理后方可动手接线。

5. 实验报告要求

1）画出各程序的 PLC 电路接线图。

2）记录实验中仿真软件的输入开关和输出指示灯的状态，与预实验报告中真值表和时序图相对比分析，理解指令的工作原理。

实验二　定时器、计数器指令实验

1. 实验目的

1）学习定时器、计数器等基本指令的使用方法。

2）学习可编程序控制器实验箱的工作原理和使用方法。

3）学习使用编程软件 STEP7-Micro/Win32 进行梯形图编程。

4）学习使用 S7-200 仿真软件进行程序调试的方法。

2. 实验用仪器工具

1）装有 STEP7-Micro/Win32 编程软件和仿真软件的计算机 1 台。

2）装有 CPU224 的 PLC 实验箱 1 台。

3）PC/PPI 编程电缆 1 根。

4）数字量输入模拟开关接线箱、数字量输出指示灯接线箱各 1 台。

3. 实验内容及步骤

实验前准备：在预实验报告中画出图 A-2a、A-2b、A-2c、A-2d 的时序图。实验步骤：

1）练习使用软件编制程序，按图 A-2 输入梯形图并保存在磁盘上，文件名为"A-2a"、"A-2b"、"A-2c"、"A-2d"，后缀为"mwp"。

2）调出 A-2a. mwp，在 STEP7-Micro/Win32 编程软件菜单中选择 PLC > Compile，若底部状态栏显示 0 error，表明程序无误，可以进行程序下载、运行等步骤，若显示错误，改正后再进行下面的步骤。

3）从菜单中选择 file > Export，按提示将程序存成仿真运行文件 run-A-2a，文件后缀为"awl"。

4）运行 S7-200 仿真软件，载入文件 run-A-2a. awl，从菜单中选择 PLC > RUN，运行程序，按下仿真软件界面上 S7-200 的输入开关，对程序进行调试。观察实验结果与预习报告的真值表或时序图是否吻合，若不同，思考原因，并解决。

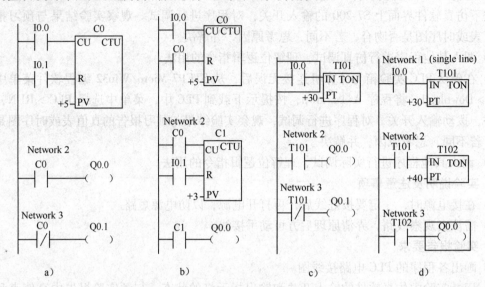

图 A-2　实验二梯形图例题

5）调入其他程序进行仿真调试，理解定时器、计数器指令的用法。

6）在确认 PLC 实验箱与计算机连接无误后，从 STEP7-Micro/Win32 编程软件菜单中选择 file > Download，将程序 A-2a.mwp，按提示下载到 PLC 中，菜单中选择 PLC > RUN，运行程序，拨动输入开关，对程序进行调试，观察实验结果与预习报告的真值表或时序图是否吻合，若不同，思考原因，并解决。

7）调入其他程序进行实际调试，理解定时器、计数器指令的用法。

4. 实验说明及注意事项

1）在接电源时，一定要接好线后，再打开电源，以防电源短路。

2）需认真观察线路，弄清原理后方可动手接线。

5. 实验报告要求

1）解释各程序的时序图。

2）记录实验中仿真软件的输入开关和输出指示灯的状态，与预实验报告中时序图相对比分析，理解定时器和计数器指令的工作原理。

实验三　三相交流电动机控制编程实验

1. 实验目的

1）了解电动机正反转需要满足的条件和电路工作原理。

2）了解继电器的结构和工作原理。

3）学习电动机正反转控制程序编程方法和技巧。

2. 实验用仪器工具

1）装有 STEP7-Micro/Win32 编程软件和仿真软件的计算机 1 台。

2）装有 CPU224 的 PLC 实验箱 1 台。

3）PC/PPI 编程电缆 1 根。

4）三相交流电动机接线箱 1 台。

3. 实验内容及步骤

实验前准备：在预实验报告中写出按照电动机正反转控制要求编制的 PLC 控制程序，并进行调试实验。已知电动机正转接触器 KM₁ 用 Q0.0 控制，电动机反转接触器 KM₂ 用 Q0.1 控制。三相交流电动机实验箱接线板如图 A-3 所示。

实验要求：

1）按下开关 I0.0，电动机正转。

2）按下开关 I0.1，电动机反转。

3）按下开关 I0.2，电动机停转。

4）当 Q0.0 输出时，Q0.1 无输出，反之依然，以保证电动机正转时不能反转。

实验步骤：

1）首先用仿真软件对自己所编制的程序进行调试，无误后将程序下载到 PLC 内。

2）了解继电器的结构和电动机正反转电路，如图 A-3 所示。

3）将实验板与 PLC 适配板的线路接好，检查无误后，按下 PLC 适配板电源开关。

4）观察实验面板上指示的输出，并调试程序，修改程序和接线。

4. 实验说明及注意事项

1）在接电源时，一定要接好线后，再打开电源，以防电源短路。

2）需认真观察线路，弄清原理后方可动手接线。

5. 实验报告要求

记录试验结果，并与预习报告比较，理解自锁、互锁的用法。

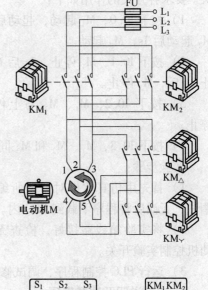

图 A-3　三相交流电动机实验箱接线板

实验四　多级传送控制编程实验

1. 实验目的

1）了解多级传送系统电路的工作原理。

2）熟练使用定时器指令。

3）会使用经验编程法编写程序。

2. 实验用仪器工具

1）装有 STEP7-Micro/Win32 编程软件和仿真软件的计算机 1 台。

2）装有 CPU224 的 PLC 实验箱 1 台。

3）PC/PPI 编程电缆 1 根。

4）多级传送控制实验箱 1 台。

3. 实验内容及步骤

实验前准备：在预实验报告中编写出按照控制要求编制的 PLC 控制程序。

实验要求：图 A-4 所示为多级传送系统示意图。传送带电动机编号分别为 M_1、M_2、M_3，分别与输出点 Q0.0、Q0.1、Q0.2 相接。I0.0 为传送系统的起动开关，I0.1 ~ I0.3 为传送系统的停止开关。要求各开关的作用如下：

1）按下 I0.0，M_1 起动，起动后 5s，M_2 起动，M_2 起动后 3s，M_3 起动。

2）按下 I0.1，M_1 停止，3s 后 M_2 停止，M_2 停止 3s 后，M_3 停止。

3）按下 I0.2，M_1、M_2 马上停止，5s 后 M_3 停止。

4）按下 I0.3，M_1、M_2 和 M_3 同时停止。

实验步骤：

1）首先用仿真软件对自己所编制的程序进行调试，无误后将程序下载到 PLC 内。

2）将实验箱线路接好，检查无误后，按下电动机控制实验开关。

3）运行 PLC 控制程序，调试修改程序，记录实验结果。

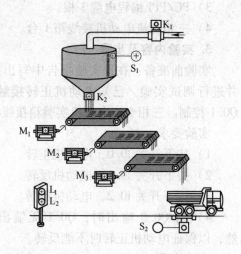

图 A-4　多级传送系统示意图

4. 实验说明及注意事项

1）在接电源时，一定要接好线后，再打开电源，以防电源短路。

2）需认真观察线路，弄清原理后方可动手接线。

5. 实验报告要求

记录试验结果，并与预习报告比较，掌握经验编程方法。

实验五　液体混合控制编程实验

1. 实验目的

1）了解液体自动混合系统的工作原理。

2）掌握顺序控制设计的概念和顺序功能图的画法。

3）掌握以转换为中心编写梯形图的方法。

2. 实验用仪器工具

1）装有 STEP7-Micro/Win32 编程软件和仿真软件的计算机 1 台。

2）装有 CPU224 的 PLC 实验箱 1 台。

3）PC/PPI 编程电缆 1 根。

4）液体混合控制实验箱 1 台，如图 A-5 所示。

3. 实验内容及步骤

实验前准备：在预实验报告中按照控制要求画出液体自动混合系统顺序功能图并以转换

为中心编写控制程序。

实验要求：I/O 分配表见表 A-1，初始状态容器是空的，Y_1、Y_2、电磁阀 Y_4 和搅拌电动机 M 均为 OFF，液面传感器 S_2、S_3、S_4 均为 OFF。按下起动按钮，开始下列操作：

1）电磁阀 Y_1 闭合（Y_1 = ON），开始注入液体 A，至液面高度为 S_3 = ON 时，停止注入液体 A（Y_1 = OFF），同时开启液体 B 电磁阀 Y_2（Y_2 = ON）注入液体 B，当液面高度为 S_2 = ON 时，停止注入液体 B（Y_2 = OFF）。

2）停止液体 B 注入时，开启搅拌电动机 M（M = ON），搅拌混合时间为 5s。

3）开始放出混合液体（Y_4 = ON），至液体高度降为 S_4 = ON 后，再经 3s 停止放出（Y_4 = OFF）。

4）液体混合循环进行，直到起动键被复位，在当前循环结束后循环停止，系统回到初始状态。

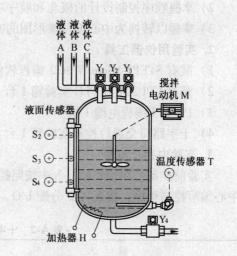

图 A-5　液体混合控制实验箱接线面板

表 A-1　液体混合 I/O 分配表

输　入		输　出	
I0.0	起动/停止	Q0.0	Y_1
I0.1	S_2	Q0.1	Y_2
I0.2	S_3	Q0.2	M
I0.3	S_4	Q0.3	Y_4

实验步骤：

1）首先用仿真软件对自己所编制的程序进行调试，无误后将程序下载到 PLC 内。

2）将实验箱线路接好，检查无误后，按下电动机控制实验开关。

3）运行 PLC 控制程序，调试修改程序，记录实验结果。

4. 实验说明及注意事项

1）在接电源时，一定要接好线后，再打开电源，以防电源短路。

2）需认真观察线路，弄清原理后方可动手接线。

5. 实验报告要求

记录试验结果，并与预习报告比较，掌握顺序图画法和以转换为中心的梯形图编程方法。

实验六　十字路口交通灯控制编程实验

1. 实验目的

1）掌握定时器的使用方法。

2）掌握顺序控制设计的概念和顺序功能图的画法。

3）掌握以转换为中心编写梯形图的方法。

2. 实验用仪器工具

1）装有 STEP7-Micro/Win32 编程软件和仿真软件的计算机 1 台。

2）装有 CPU224 的 PLC 实验箱 1 台。

3）PC/PPI 编程电缆 1 根。

4）十字路口交通灯控制实验箱 1 台。

3. 实验内容及步骤

实验前准备：在预实验报告中按照控制要求画出十字路口交通灯顺序功能图并以转换为中心编写控制程序，按表 A-2 分配 I/O。

表 A-2　十字路口交通灯 I/O 分配表

输　　入		输　　出	
I0.0	起动/停止	Q0.0	南北红
		Q0.1	南北黄
		Q0.2	南北绿
		Q0.3	东西绿
		Q0.4	东西黄
		Q0.5	东西红

按下启动/停止开关，实验箱上十字路口交通指示灯按图 A-6 的要求运行。

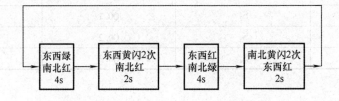

图 A-6　十字路口交通指示灯控制流程图

实验步骤：

1）首先用仿真软件对自己所编制的程序进行调试，无误后将程序下载到 PLC 内。

2）将十字路口交通灯实验箱线路接好，接线面板如图 A-7 所示，检查无误后，按下电动机控制实验开关。

3）运行 PLC 控制程序，调试修改程序，记录实验结果。

4. 实验说明及注意事项

1）在接电源时，一定要接好线后，再打开电源，以防电源短路。

2）需认真观察线路，弄清原理后方可动手接线。

5. 实验报告要求

记录试验结果，并与预习报告比较，掌握顺序功能图画法和以转换为中心的梯形图编程方法。

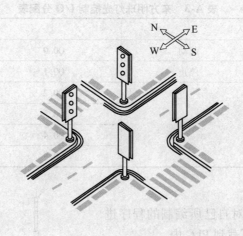

图 A-7 十字路口交通灯实验箱接线面板

实验七 东方明珠灯光控制编程实验

1. 实验目的

1）掌握定时器的使用方法。

2）掌握顺序控制设计的概念和顺序功能图的画法。

3）掌握以转换为中心编写梯形图的方法。

2. 实验用仪器工具

1）装有 STEP7-Micro/Win32 编程软件和仿真软件的计算机 1 台。

2）装有 CPU224 的 PLC 实验箱 1 台。

3）PC/PPI 编程电缆 1 根。

4）东方明珠灯光实验箱 1 台。

3. 实验内容及步骤

实验前准备：在预实验报告中按照控制要求画出东方明珠灯光顺序功能图并以转换为中心编写控制程序。控制要求：按下起动按钮 I0.0；L_7、L_9 亮，1s 后灭，接着 L_6、L_8 亮，1s 后灭，接着 L_2、L_4 亮，1s 后灭，接着 L_3、L_5 亮，1s 后灭，接着 L_1 亮，1s 后灭，接着 L_0 亮，1s 后灭，最后 L_0、L_1、L_2、L_3、L_4、L_5、L_6、L_7、L_8、L_9 亮；如此循环下去，形成灯光由下向上运动的动感效果，按下停止按钮 I0.1，所有灯光熄灭，显示结束，PLC 的 I/O 分配见表 A-3。

表 A-3　　东方明珠灯光控制 I/O 分配表

输　　入		输　　出	
I0.0	起动	Q0.0	L_0
I0.1	停止	Q0.1	L_1
		Q0.2	$L_2 \& L_4$
		Q0.3	$L_3 \& L_5$
		Q0.4	$L_6 \& L_8$
		Q0.5	$L_7 \& L_9$

实验步骤：

1）首先用仿真软件对自己所编制的程序进行调试，无误后将程序下载到 PLC 内。

2）将实验箱线路接好，检查无误后，按下电动机控制实验开关。实验箱接线面板如图 A-8 所示。

3）运行 PLC 控制程序，调试修改程序，记录实验结果。

4. 实验说明及注意事项

1）在接电源时，一定要接好线后，再打开电源，以防电源短路。

2）需认真观察线路，弄清原理后方可动手接线。

5. 实验报告要求

记录试验结果，并与预习报告比较，掌握顺序功能图画法和以转换为中心的梯形图编程方法。

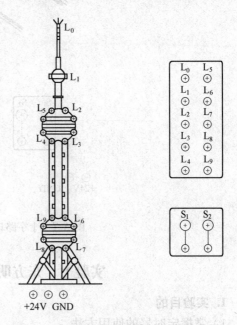

图 A-8　东方明珠灯光控制实验箱接线面板

实验八　　七段数码管显示控制编程实验

1. 实验目的

1）了解七段数码管显示系统的工作原理。

2）学习七段显示译码（SEG）指令及 INC_W 和 MOV_W 逻辑指令。

3）学会编写七段数码管显示控制梯形图。

2. 实验用仪器工具

1）装有 STEP7-Micro/Win32 编程软件和仿真软件的计算机 1 台。

2）装有 CPU224 的 PLC 实验箱 1 台。

3）PC/PPI 编程电缆 1 根。

4）七段数码显示控制实验箱 1 台，如图 A-9 所示。

3. 实验内容及步骤

实验前准备：在预习实验报告中按照控制要求画出数码管顺序功能图并以转换为中心编写控制程序。

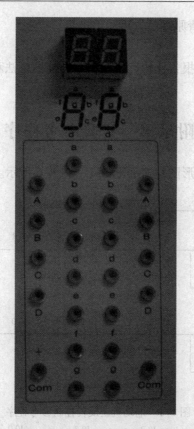

图 A-9 七段数码管控制实验箱接线面板

按下起动按钮；数码管依次按 1、2、3、4、5、6、7、8、9、0 循环显示，间隔 1s，直到按下停止按钮复位，显示结束。PLC 的 I/O 分配见表 A-4。

表 A-4 七段数码管 I/O 分配表

输 入		输 出	
I0.0	起动	Q0.0	a
I0.1	停止	Q0.1	b
		Q0.2	c
		Q0.3	d
		Q0.4	e
		Q0.5	f
		Q0.6	g

实验步骤：

1）首先用仿真软件对自己所编制的程序进行调试，无误后将程序下载到 PLC 内。

2）将实验箱线路接好，检查无误后，按下实验开关。

3）运行 PLC 控制程序，调试修改程序，记录实验结果。

4. 实验说明及注意事项

1）在接电源时，一定要接好线后，再打开电源，以防电源短路。

2）需认真观察线路，弄清原理后方可动手接线。

5. 实验报告要求

记录试验结果，并与预习报告比较，掌握顺序功能图画法和以转换为中心的梯形图编程方法。

附录 B　实验参考程序

实验一～实验八的参考梯形图程序如图 B-1～图 B-6 所示。

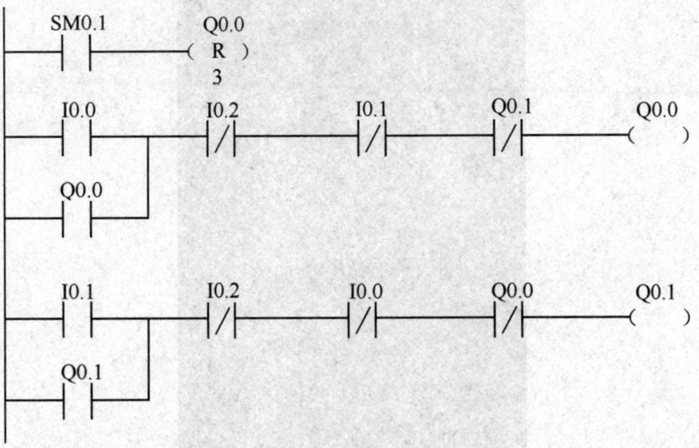

图 B-1　电动机正反转控制参考程序

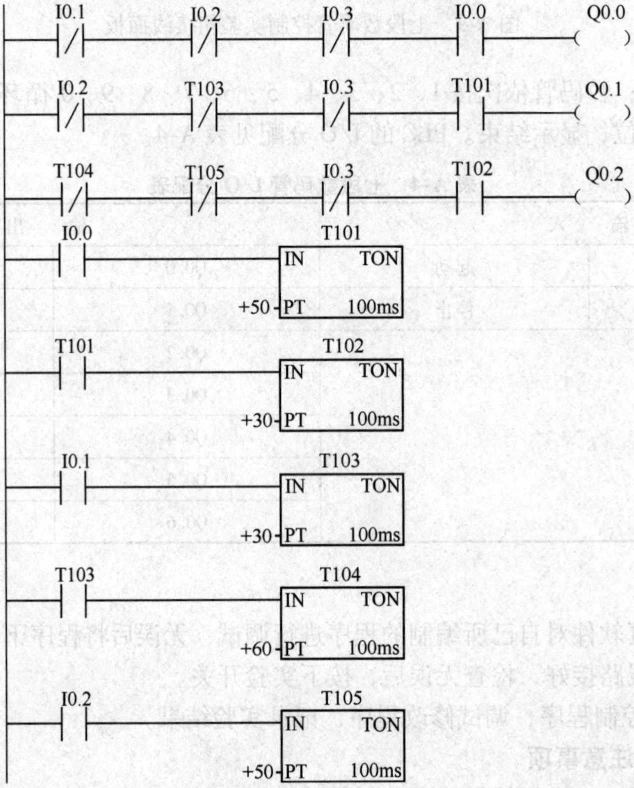

图 B-2　多级传送控制参考程序

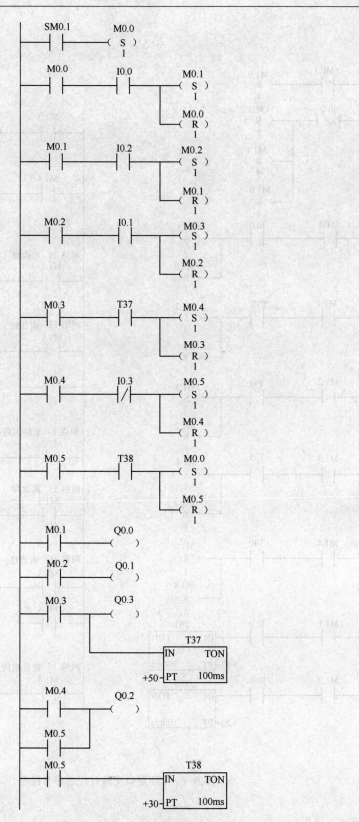

图 B-3　液体混合控制参考程序

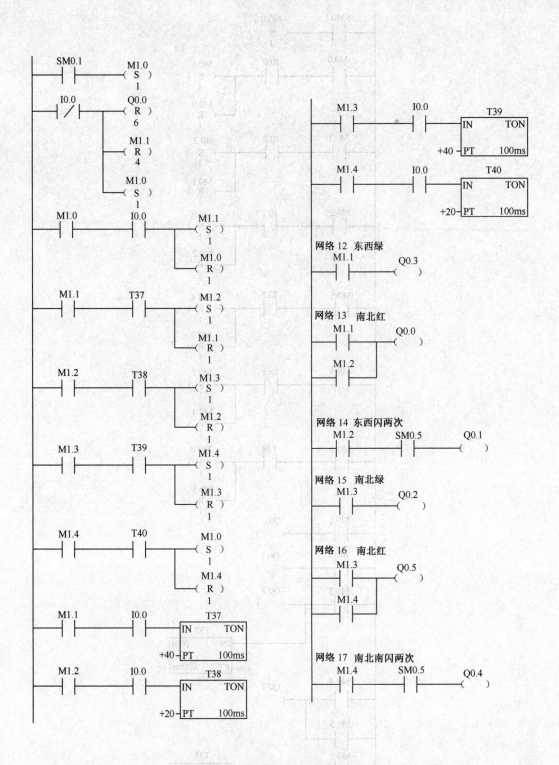

图 B-4　十字路口交通灯控制参考程序

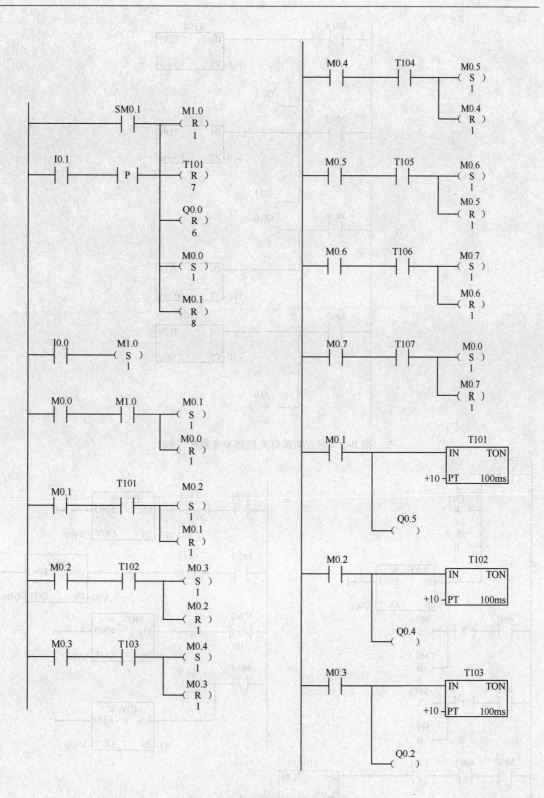

图 B-5　东方明珠灯光控制参考程序

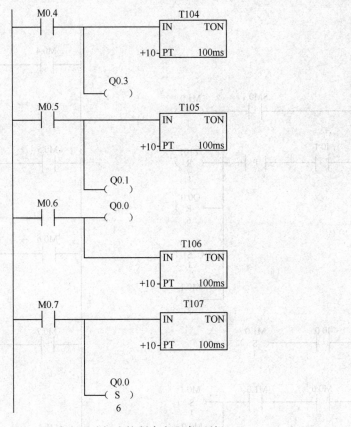

图 B-5 东方明珠灯光控制参考程序（续）

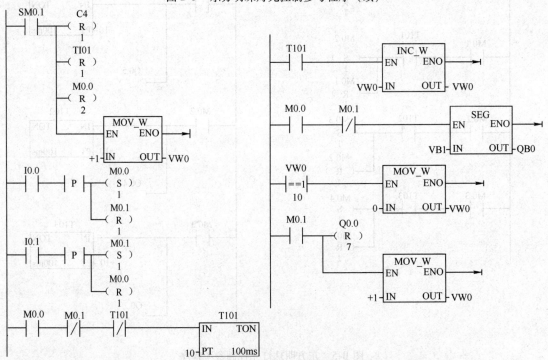

图 B-6 七段数码管显示控制参考程序

附录 C　S7 – 200 的特殊存储器（SM）标志位

特殊存储器位提供大量的状态和控制功能，用来在 CPU 和用户程序之间交换信息，特殊存储器能以位、字节、字或双字的方式使用。

1) SMB0（状态位）。各位的作用见表 C-1，在每个扫描周期结束时，由 CPU 更新这些位。

表 C-1　特殊存储器字节 SMB0

SM 位	描　述
SMB0.0	该位始终为 1
SMB0.1	首次扫描时为 1，可用于调用初始化子程序
SMB0.2	如果断电保持的数据丢失，此位在一个扫描周期中为 1。可用作错误存储器位或来调用特殊启动顺序功能
SMB0.3	开机后进入 RUN 方式，该位将 ON 一个扫描周期，可用于启动操作之前给设备提供预热时间
SMB0.4	该位提供高低电平各 30s，周期为 1min 的时钟脉冲
SMB0.5	该位提供高低电平各 0.5s，周期为 1s 的时钟脉冲
SMB0.6	该位为扫描时钟，本次扫描时为 1，下次扫描时为 0，可用作扫描计数器的输入
SMB0.7	该位指示工作方式开关的位置，0 为 TERM 位置，1 为 RUN 位置。当开关在 RUN 位置时，该位可使自由端口通信方式有效，转换至 TERM 位置时，可与编程设备正常通信

2) SMB1（状态位）。SMB1 包含了各种潜在的错误提示，这些位因指令的执行被置位或复位，见表 C-2。

表 C-2　特殊存储器字节 SMB1

SM 位	描　述
SMB1.0	零标志，当执行某些指令的结果为 0 时，该位置 1
SMB1.1	错误标志，当执行某些指令的结果溢出或检测到非法数值时，该位置 1
SMB1.2	负数标志，数学运算的结果为负时，该位置 1
SMB1.3	分母为 0 时，该位置 1
SMB1.4	执行 ATT（Add to Table）指令时超出表的范围，该位置 1
SMB1.5	执行 LIFO 或 FIFO 指令时试图从空表读取数据，该位置 1
SMB1.6	试图将非 BCD 数值转换为二进制数值时，该位置 1
SMB1.7	ASCII 数值无法被转换为有效的十六进制数值时，该位置 1

3) SMB2（自由端口接收字符缓冲区）。SMB2 为自由端口接收字符的缓冲区，在自由端口模式下从口 0 或口 1 接收的每个字符均被存于 SMB2，便于梯形图程序存取。

4) SMB3（自由端口奇偶校验错误）。接收到的字符有奇偶校验错误时，SM3.0 被置 1，根据该位来丢弃错误的信息。SM3.1 ~ SM3.7 位保留。

5) SMB4（队列溢出，只读）。SMB4 包含中断队列溢出位、中断允许标志位和发送空闲位，见表 C-3。队列溢出表示中断发生的速率高于 CPU 处理的速率，或中断已经被全局中断禁止指令关闭。只在中断程序中使用状态位 SM4.0、SM4.1 和 SM4.2，队列为空并且返回主程序时，这些状态位被复位。

表 C-3　特殊存储器字节 SMB4

SM 位	描　述
SMB4.0	通信中断队列溢出时，该位置 1
SMB4.1	输入中断队列溢出时，该位置 1
SMB4.2	定时中断队列溢出时，该位置 1
SMB4.3	在运行时发现编程问题，该位置 1
SMB4.4	全局中断允许位，允许中断时，该位置 1
SMB4.5	端口 0 发送器空闲时，该位置 1
SMB4.6	端口 1 发送器空闲时，该位置 1
SMB4.7	发生强制时，该位置 1

6）SMB5（I/O 错误状态）。SMB5 包含 I/O 系统里检测到的错误状态位，见表 C-4。

表 C-4　特殊存储器字节 SMB5

SM 位	描　述
SMB5.0	有 I/O 错误时，该位置 1
SMB5.1	I/O 总线上连接了过多的数字量 I/O 点时，该位置 1
SMB5.2	I/O 总线上连接了过多的模拟量 I/O 点时，该位置 1
SMB5.3	I/O 总线上连接了过多的智能 I/O 模块时，该位置 1
SMB5.4 ~ SMB5.6	保留
SMB5.7	DP 标准总线出现错误时，该位置 1

7）SMB6（CPU 标识（ID）寄存器）。SM6.4 ~ SM6.7 用于识别 CPU 的类型，见表 C-5。

表 C-5　特殊存储器字节 SMB6

SM 位	描　述	
格式	CPU 标志寄存器　MSB　7	LSB　0
	× × × ×	
SMB6.0 ~ SMB6.3	保留	
SMB6.4 ~ SMB6.7	× × × × = 0000：CPU 212/CPU 222 = 0110：CPU 221 = 1001：CPU 216/CPU 226	= 0010：CPU 214/CPU 224 = 1000：CPU 215

8）SMB8 ~ SMB21（I/O 模块识别与错误寄存器）。它们以字节对的形式用于 0 ~ 6 号扩展模块。偶数字节是模块标识寄存器，用于标记模块的类型、I/O 类型、输入和输出点数。奇数字节是模块错误寄存器，提供该模块 I/O 的错误，见表 C-6。

表 C-6　特殊存储器字节 SMB8 ~ SMB21

SM 位	描　　述	
格式	**偶数字节：模块标识寄存器** MSB　　　　　　　　　　LSB 7　　　　　　　　　　　0 | M	t	t	A	i	i	Q	Q | M：模块存在，0 = 有模块，1 = 无模块 tt：00 = 非智能 I/O 模块，01 = 智能模块 　　10 = 保留，11 = 保留 A：I/O 类型，0 = 开关量，1 = 模拟量 ii：00 = 无输入，01 = 2AI 或 8DI 　　10 = 4AI 或 16DI，11 = 8AI 或 32DI QQ：00 = 无输出，01 = 2AQ 或 8DQ 　　10 = 4AQ 或 16DQ，11 = 8AQ 或 32DQ	**奇数字节：模块错误寄存器** MSB　　　　　　　　　　LSB 7　　　　　　　　　　　0 | C	0	0	b	r	p	t	f | C：配置错误 b：总线错误或校验错误 r：超范围错误 P：无用户电源错误 t：端子块松错误 f：熔断器错误
SMB8 ~ SMB9	模块 0 识别（ID）寄存器和模块 0 错误寄存器	
SMB10 ~ SMB11	模块 1 识别（ID）寄存器和模块 1 错误寄存器	
SMB12 ~ SMB13	模块 2 识别（ID）寄存器和模块 2 错误寄存器	
SMB14 ~ SMB15	模块 3 识别（ID）寄存器和模块 3 错误寄存器	
SMB16 ~ SMB17	模块 4 识别（ID）寄存器和模块 4 错误寄存器	
SMB18 ~ SMB19	模块 5 识别（ID）寄存器和模块 5 错误寄存器	
SMB20 ~ SMB21	模块 6 识别（ID）寄存器和模块 6 错误寄存器	

9）SMW22 ~ SMW26（扫描时间）。SMW22 ~ SMW26 是以 ms 为单位的上一次扫描时间、最短扫描时间与最长扫描时间，见表 C-7。

10）SMB28 和 SMB29（模拟电位器）。它们中的数字分别对应于模拟电位器 0 和模拟电位器 1 动触点的位置（只读）。在 STOP/RUN 方式下，每次扫描时更新该值。

表 C-7　特殊存储器字节 SMW22 ~ SMW26

SM 字	描述（只读）
SMW22	上次扫描时间
SMW24	进入 RUN 方式后，所记录的最短扫描时间
SMW26	进入 RUN 方式后，所记录的最长扫描时间

11）SMB30 和 SMB130（自由端口控制寄存器）。SMB30 和 SMB130 分别控制自由端口 0 和自由端口 1 的通信方式，用于设置通信的比特率和奇偶校验等，并提供选择自由端口方式或使用系统支持的 PPI 通信协议，可以对它们读或写。

12）SMB31 和 SMW32（EEPROM 写控制）。在用户程序的控制下，将 V 存储器中的数据写入 EEPROM，可以永久保存。执行此功能时，先将要保存的数据的地址存入 SMW32，然后把写入命令存入 SMB31 中，见表 C-8。一旦发出存储命令，直到 CPU 完成存储操作后将 SM31.7 置为 0 之前，都不可以改变 V 存储器的值。在每次扫描周期结束时，CPU 检查是否有向 EEPROM 区保存数据的命令。如果有，则将该数据存入 EEPROM。

表 C-8　特殊存储器字节 SMB31、SMW32

SM 字节	描　　　述
格式	SMB31：软件命令　　　　　　　　　　　　　SMW32：V 存储器地址 MSB　　　　　　　　　　LSB　　　　MSB　　　　　　　　　　LSB 7　　　　　　　　　　　0　　　　　15　　　　　　　　　　　0 \[C | 0 | 0 | 0 | 0 | 0 | s | s \]　　　\[V 存储器地址 \]
SMB31.0 和 SMB31.1	ss：被存储数的数据类型，00 = 字节，01 = 字节，10 = 字，11 = 双字
SMB31.7	c：存入 EEPROM，0 = 没有存储数据的请求，1 = 用户程序申请向 EEPROM 写入数据，每次存储操作完成后，由 CPU 将该位复位
SMW32	SMW32 提供 V 存储器中被存储数据相当于 V0 的偏移地址，执行存储命令时，把该数据存到 EEPROM 中相应的位置

13）SMB34 和 SMB35（定时中断的时间间隔寄存器）。SMB34 和 SMB35 分别定义了定时中断 0 与定时中断 1 的时间间隔，单位为 ms，可以指定为 1 ~ 255ms。若为定时中断事件分配了中断程序，CPU 将在设定的时间间隔执行中断程序。要想改变定时时间间隔，必须把定时中断事件重新分配给同一个或另外的中断程序。可以通过撤销中断事件来终止定时中断事件。

14）SMB36 ~ SMB65（HSC0、HSC1 和 HSC2 寄存器）。SMB36 ~ SMB65 用于监视和控制高速计数 HSC0、HSC1 和 HSC2 的操作。

15）SMB66 ~ SMB85（PTO/PWM 寄存器）。SMB66 ~ SMB85 用于监视和控制脉冲输出（PTO）和脉宽调制（PWM）功能。

16）SMB86 ~ SMB94（端口 0 接收信息控制）。SMB86 ~ SMB94 用于控制和读出接收信息指令的状态。

17）SMB98 和 SMB99（扩展总线错误计数器）。当扩展总线出现校验错误时加 1，系统得电或用户写入零时清零，SMB98 是最高有效字节。

18）SMB131 ~ SMB165（高速计数器寄存器）。用于监视和控制高速计数器 HSC3 ~ HSC5 的操作（读/写）。

19）SMB166 ~ SMB179（PT01 包络定义表）。

20）SMB186 ~ SMB194（端口 1 接收信息控制）。

21）SMB200 ~ SMB299（智能模块状态）。SMB200 ~ SMB299 预留给智能扩展模块（例如 EM277PROFIBUS ~ DP 模块）的状态信息。SMB200 ~ SMB249 预留给系统的第一个扩展模块（离 CPU 最近的模块），SMB250 ~ SMB299 预留给第二个智能模块。

附录 D　部分习题答案

第 2 章部分习题答案如图 D-1 ~ 图 D-3 所示。

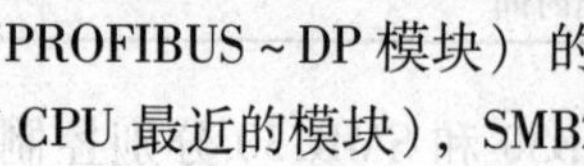

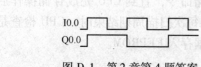

图 D-1　第 2 章第 4 题答案

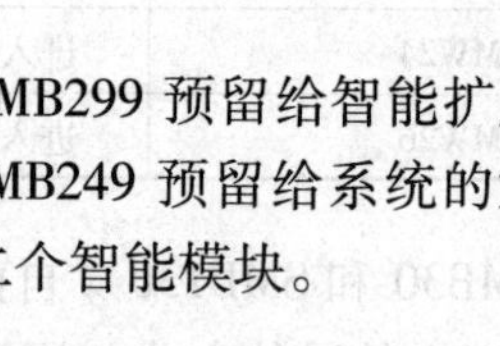

图 D-2　第 2 章第 5 题答案

第 4 章部分习题答案如图 D-4～图 D-10 所示。

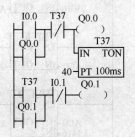

I0.0
T37
Q0.0
Q0.0
T37
IN TON
40 PT 100ms
T37
I0.1
Q0.1
Q0.1

图 D-3　第 2 章第 6 题答案

MW4
<=I
IW2
M0.1
S
1
MW4
>I
IW2
M0.1
R
1

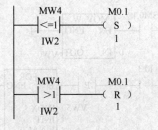

图 D-4　第 4 章第 1 题答案

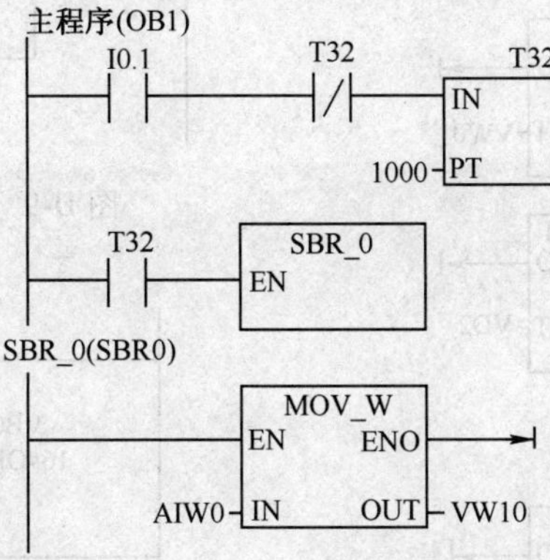

主程序(OB1)
I0.1
T32
T32
IN TON
1000 PT 1ms
T32
SBR_0
EN
SBR_0(SBR0)
MOV_W
EN ENO
AIW0 IN OUT VW10

图 D-5　第 4 章第 2 题答案

SM0.1
MOV_B
EN ENO
0 IN OUT VB0
MOV_B
EN ENO
100 IN OUT SMB34
SM0.0
ATCH
EN ENO
INT_0:INT0 INT
10 EVNT
INT_0(INT0)
INC_B
EN ENO
VB0 IN OUT VB0
VB0
==B
100
Q0.0
S
1
DISI
RETI

图 D-6　第 4 章第 3 题答案

SM0.1
MOV_B
EN ENO
1 IN OUT QB0
I0.0
P
Q0.0
S
1
I0.0
T37
M0.0
M0.0
T37
IN TON
5 PT 100ms
I0.1
T37
ROL_B
EN ENO
QB0 IN OUT QB0
1 N
I0.1
T37
ROR_B
EN ENO
QB0 IN OUT QB0
1 N

图 D-7　第 4 章第 4 题答案

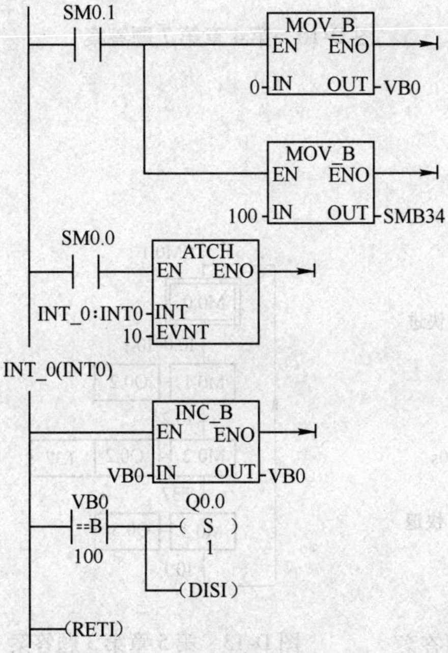

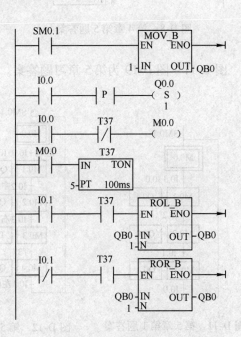

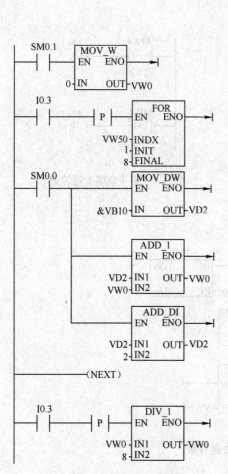

图 D-8　第 4 章第 5 题答案

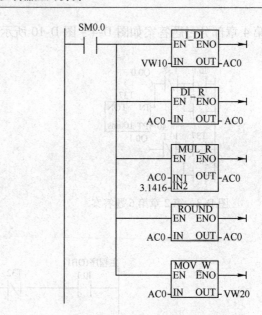

图 D-9　第 4 章第 6 题答案

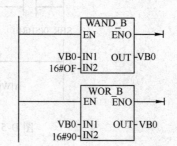

图 D-10　第 4 章第 7 题答案

图 D-11 ~ 图 D-19 为第 5 章习题答案。

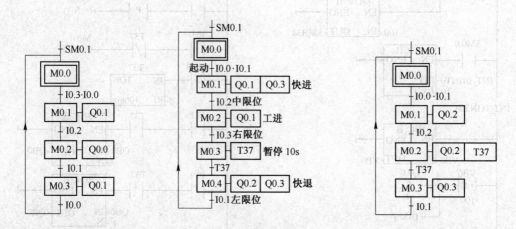

图 D-11　第 5 章第 1 题答案　　　　图 D-12　第 5 章第 2 题答案　　　　图 D-13　第 5 章第 3 题答案

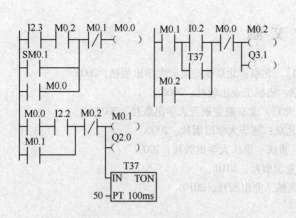

图 D-14　第 5 章第 4 题答案

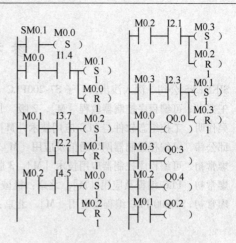

图 D-15　第 5 章第 5 题答案

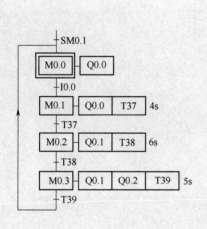

图 D-16　第 5 章第 6 题答案

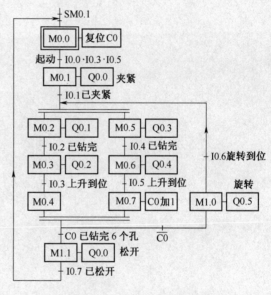

图 D-17　第 5 章第 7 题答案

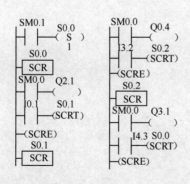

图 D-18　第 5 章第 8 题答案

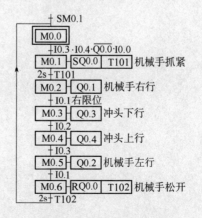

图 D-19　第 5 章第 9 题答案

参 考 文 献

[1] SIEMENS 公司. 深入浅出西门子 S7-200PLC [M]. 北京：北京航空航天大学出版社，2003.

[2] 王兆义. 可编程序控制器教程 [M]. 2 版. 北京：机械工业出版社，2006.

[3] 吴作明. 工控组态软件与 PLC 应用技术 [M]. 北京：北京航空航天大学出版社，2007.

[4] 邱公伟. 可编程控制器网络通信及应用 [M]. 北京：清华大学出版社，2000.

[5] 廖常初. 可编程序控制器应用技术 [M]. 3 版. 重庆：重庆大学出版社，2009.

[6] 廖常初. PLC 编程及应用 [M]. 北京：机械工业出版社，2010.

[7] 廖常初. S7-200 PLC 编程及应用 [M]. 北京：机械工业出版社，2010.